U0392671

“十三五”普通高等教育本科部委级规划教材

服装样板技术实训

陈明艳 | 主编

章纬超　朱江晖　高广明 | 副主编

中国纺织出版社

内 容 提 要

本书是“十三五”普通高等教育本科部委级规划教材。同时也是高校服装专业核心课程的实训教材，《服装结构设计》配套实训内容。

本书结合目前我国服装企业的生产实际需要，介绍了服装成衣的概况，列举了服装品种中男、女经典款例和时尚款例的纸样设计与样板制作。模拟企业服装产品项目开发，按服装品种、系列项目分类，展开直接法的结构设计与样板制作，每个项目的内容及步骤：服装款式图与款式特点分析→工艺计划单(含系列规格设计、质量要求、工艺要求与特殊要求) →直接法结构制图→样衣试穿修正→样板制作。书中配有大量图例，图文并茂、直观详实，易于理解与掌握，款式实例紧跟服装时尚流行趋势。

本书可作为服装设计与工程专业、服装与服饰专业等本专科院校实践课的实训教材，也可作为服装从业人员与爱好者学习服装纸样设计的工具书。

图书在版编目（CIP）数据

服装样板技术实训 / 陈明艳主编 . -- 北京：中国纺织出版社，2017.8

“十三五”普通高等教育本科部委级规划教材

ISBN 978-7-5180-3815-2

Ⅰ.①服… Ⅱ.①陈… Ⅲ.①服装样板—高等学校—教材—Ⅳ.① TS941.631

中国版本图书馆 CIP 数据核字（2017）第 173271 号

策划编辑：魏 萌 责任编辑：杨 勇 责任校对：武凤余
责任设计：何 建 责任印制：王艳丽

中国纺织出版社出版发行
地址：北京市朝阳区百子湾东里 A407 号楼 邮政编码：100124
销售电话：010—67004422 传真：010—87155801
http://www.c-textilep.com
E-mail：faxing@c-textilep.com
中国纺织出版社天猫旗舰店
官方微博 http://weibo.com/2119887771
三河市宏盛印务有限公司印刷 各地新华书店经销
2017 年 8 月第 1 版第 1 次印刷
开本：787 × 1092 1/16 印张：11.5
字数：173 千字 定价：38.00 元

前言

随着我国服装产业的发展，服装加工技术日新月异，现代服装的造型千变万化、层出不穷。而优美的服装造型、赏心悦目的时装源自完美而精确的板型，所以服装制板技术是服装造型的关键。精确的板型设计技术源自科学的基础理论知识与服装制板技术的训练。由此，我们结合多年的教学实践和企业挂职锻炼的实际经验编著本书。

编著宗旨：重实训，强实用，抓规律，拓创新；在内容形式上做到图文并茂、简明扼要，使学习者能够对照图文、灵活运用；把书中的款例结构样板知识转化为技能，在服装结构样板设计实训中能举一反三，充分发挥创新思维，设计出更多、更时尚的服装板型。

本书根据教育部新工科的服装设计与工程本科专业卓越应用型人才的培养要求编写，旨在提高学生的综合素质与职业能力，强调学生的动手能力与创新思维的培养模式，体现了“知识、能力、素质”的教育质量观。本书有以下特点：

一、采用直接制图法

本书采用直接制图法，即采用服装制图简单的比例公式和常见的经验数值，阐述款例的基本结构，根据款例造型展开服装结构变化设计。该方法简单易学，有利于样板的快速成型。

二、增加时尚款例，丰富知识点

以往的服装结构书选择的款式比较保守，款例显得过时。本书在编写中力求科学简明、内容精练、重点突出，着力反映时尚服装发展的新动向，各章除男、女装分类品种的经典款例外，还列举了近年来时尚流行的服装款式造型的纸样设计，书中内容更加新颖丰富；注重学生创新思维和市场意识的培养，从而提高学生的学习兴趣，达到技能型、实用型服装人才的培养目标。

三、配以思考题和形式多样的项目训练

本书力图使训练项目成为教学的突破口，实现实践技能与理论知识的整合，增强教材的可读性和自测性；启发学生深入思考，培养学生创新思维和市场意识，既适合教学，也适合行业内从业人员阅读。

全书由温州大学美术与设计学院和温州职业技术学院教师团队合作编著，由陈明艳教授汇编审阅全稿。第一章、第二章和第六章第一节由温州大学美术与设计学院陈明艳编写，第三章、第七章由温州大学美术与设计学院朱江晖副教授编写，第四章和第五章第一节由温州职业技术学院轻工系实验中心主任章纬超老师编写，第五章第二节、第六章第二节由温州大学美术与设计学院高广明讲师编写；全书款式图由朱江晖等绘制，成衣试穿效果照片由高广明拍摄整理，各章前页及课后思考题与练习均由陈明艳提供。本书的编写与出版得到了中国纺织出版社的协助以及温州大学重点教材建设基金项目的资助，在此表示感谢！

教学改革、教材建设任重而道远。由于时间的局限，难免有错误和疏漏之处，欢迎专家、同行和广大读者指正，不胜感激！

陈明艳

2017 年 3 月

教学内容及课时安排

章 / 课时	课程性质 / 课时	节	课程内容
第一章（2 课时）	基本理论（2 课时）	·	绪论
第二章（20课时）	应用理论与训练（108 课时）	·	裤子结构样板技术
		一	经典裤款结构样板
		二	时尚裤款结构样板
第三章（16课时）		·	连衣裙结构样板技术
		一	合体型连衣裙结构样板
		二	变化连衣裙结构样板
第四章（16课时）		·	衬衫结构样板技术
		一	女衬衫结构样板
		二	男衬衫结构样板
第五章（28课时）		·	女外套结构样板技术
		一	女春秋外套结构样板
		二	女皮装结构样板
第六章（20 课时）		·	现代男西装结构样板技术
		一	浅析现代男西装风格演变及创新
		二	男西服结构样板
第七章（8 课时）		·	男便装结构样板技术

注　各院校可根据自身的教学特色和教学计划对课程时数进行调整。

目录

基本理论

绪论

课程内容： 服装板型师

成衣纸样概述

（服装与成衣、服装种类、成衣纸样、纸样设计要素与成衣构成流程）

课程时数： 2课时

教学目的： 一是向学生介绍服装板型师的工作内容与地位及其应具备的知识与技能，并通过努力学习和技能训练提升自身素质与业务水平，以达到较高的技术境界；二是向学生解释成衣纸样概况，了解服装与成衣的区别、成衣纸样的概念、纸样的产生与发展、纸样的工业价值和意义、纸样设计的要素与构成流程等专业基本知识。

教学要求： 1. 使学生了解服装板型师的工作内容与地位及其所具备的技能。

2. 使学生了解成衣纸样的概念、纸样的产生与发展、纸样的工业价值和意义。

3. 使学生了解纸样设计的要素与构成流程。

课前准备： 阅读服装构成基本知识和服装工业样板的首章绪论的相关书籍。

第一章 绪论

一、服装板型师

服装纸样师又称为打板师、板师。2006年4月21日，中国服装设计师协会技术工作委员会成立大会上，王庆主席建议把纸样师更名为“板型师”，服装板型师也是服装设计师，确切地说是服装结构设计师，是分工和名称不同而已，首次将服装设计师的幕后工程师——纸样师从幕后推向前台，确立了纸样师的工作地位。

服装的结构造型、优美色彩设计、面料品质和精湛工艺一直是服装设计中引领时尚潮流的原动力，是时尚与个性品牌的代表。随着中国服装市场的不断分化，服装业的竞争也愈演愈烈，对服装的要求不仅体现在外观，更注重服装的内涵，即内在品质。而服装的内在品质不仅从面料品质体现，更是从板型和工艺等一些细节上体现，即细节促就品质。而这些工作均需板型师来塑造完成，且对纸样设计的制作水平、板型风格、技术要求都十分讲究，可见服装板型师在服装企业中占有举足轻重的地位。其工作内容包括：负责按设计师要求完成各款式的样板制作并指导样衣工制作样衣，负责调整板型和解决工艺问题，负责款式投产的推板工作，参与加工生产过程的质量控制等。

众所周知，人体是三维的，成型服装也应是三维立体结构，有长度（高度、深度）与围度。宽度和厚度等之差别，这是学习服装纸样设计与制板必须树立的观念。不管手工作坊、高级定制，还是工业化生产，服装纸样设计与制作是不可缺少的技术环节，从设计思维的展现到服装造型的确定，再至样衣呈现或成衣批量生产，都是由板型师来指导全过程的。因此，为能更好地设计制作成品服装，板型师必须能够领悟服装设计师的基本意图，了解服装造型结构与人体曲面的关系；熟悉人体比例和体表特征与纸样结构中的点、线、面的关系；掌握纸样成型后适合人体曲面的各种结构处理形式；熟知服装号型与规格制定的表现形式；掌握平面纸样与成衣立体造型的转换关系；认识面料变化对纸样的要求和相对完整的、系统的工艺指导技能；同时，板型师还需具备很好的沟通能力和团队协作精神，善于处理各种技术杂难问题等，以达到较高的技术境界。

二、成衣纸样概述

（一）服装与成衣

服装是使用适当材料制作，可以穿着运动，具备一定功能的人体包装。由于穿着的目的与要求不同，服装的形式多种多样。原始人的树皮、树叶是服装，汉代的大袖宽袍是服装，宇航员的太空服也是服装。当然，日常生活中人们不会穿树皮、太空服等，穿着最多的是“成衣”。

成衣是现代服装工业的产物，是指按一定规格尺寸标准、批量生产的服装产品。在市场上选购的服装一般都是成衣，成衣的设计与制造水准，可以衡量一个国家服装工业的发达程度。所以说，成衣是服装产品的主体。除批量生产的成衣之外，服装产品还包括单件定制的时装和家庭作坊式制作的简易服装。

（二）服装种类

1. 按性别分

分为男装、女装和中性服装。男装一般倾向庄重、稳定、挺拔的风格，结构设计多采用直线造型；女装强调秀丽俊美和体态变化，结构设计多运用曲线造型；中性服装为男女通用形式，不体现性别特征，造型宽松、适用面广。

2. 按年龄分

分为童装、少年装、青年装、中年装和老年装。由于儿童处于发育期，身体变化大，因此童装又细分为婴儿服（0~12 月）、幼儿服（1~5 岁）、学童服（6~12 岁）。

3. 按场合分

按穿着场合不同可分为礼服、日常正装、职业服、休闲服、家居服、运动服、特殊服等。

4. 按着装状态分

分为背心、内衣、裙子、裤子、衬衫、连衣裙、大衣、风衣及套装等。

（三）成衣纸样

1. 成衣纸样概念

成衣纸样是现代服装工业样板（Pattern maker）的专用术语，含有标准、模板等的意思，是指用于服装工业生产的所有纸型，是成衣工艺与造型的标准依据，即系列样板（图 1–1）。纸样是服装工业化、商品化的必要手段。

现今，在成衣加工中，服装设计制作往往通过“纸样”来实现，借助纸样得到裁片，再将裁片缝制加工成服装。服装结构设计图最终要转换为纸样，才能用于服装工业化生产。

2. 纸样的产生与发展

纸样，最初出现在 19 世纪初叶，当时的欧洲妇女都很崇尚巴黎时装，但因价格昂贵望而止步，于是一些时装店的商人便将时髦的服装复制成像裁片的纸样出售，由此纸样成为了一种商品。1850 年英国的《时装世界》杂志开始刊登各种服装的裁剪图样；1862 年，美国的裁剪师伯特尔·理克（Butter Rick）创造出大小不同的服装纸样进行多件加工，即现在服装工业样板的前身。

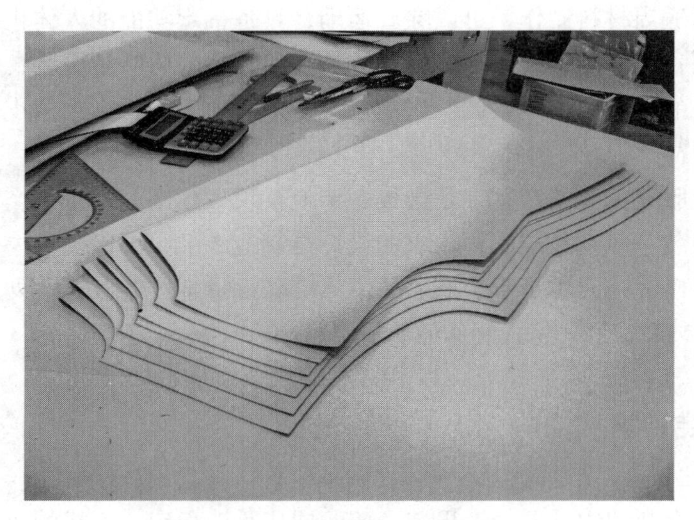

图 1–1　按规格绘制的系列样板

成衣工业产生于 19 世纪初，也是欧洲资本主义近代工业的兴起。近代工业的发展使社会经济得以发展，并带动服装工业的兴起（即缝纫工业的产生）。同时，纺织机械的发展也促进了旧工艺的改进和新工艺的产生，则成衣工业从手工艺时代开始，经过了三个时代：

（1）机械化时代：1845 年，美国伊莱亚斯·蒙第一台手摇式缝纫机——1859 年，胜家公司脚踏式缝纫机——“二战”。

（2）电动化时代：“二战”后工业缝纫机——1975 年。

（3）自动化时代：1975 年，胜家公司电脑控制缝纫机——直到现今。

3. 纸样的工业价值

纸样的价值是随着近代服装工业的发展而确立的，纸样是服装样板的统称，其包括：批量生产——工业样板，定制服装——单款纸样，家庭使用——简易纸样，地域性或社会性（中式、日式、英式、法式、美式等）——基础纸样，肥胖型、细长型——特体纸样等。

由此可见，服装工业化造就了纸样技术，其发展与完善又促进了成衣社会化的进程，繁荣时装市场，刺激服装业的发展。因此，纸样技术的产生被视为服装行业的第一次技术革命。

4. 纸样设计的意义

纸样设计是服装造型中的技术设计，是服装构思设计的具体化，是加工生产的物质和技术条件，因此，纸样设计在服装造型设计过程中起着重要作用。

工业造型结构设计作用于物体，而纸样设计则依据人，不能把纸样设计视为纯粹的物品的结构设计。纸样设计以人体的生理结构、运动机能为物质的结构基础，且是最大的满足不同种族的文化习惯、性格表现、审美情趣的要求，不能仅局限于一般的物体结构构成学的知识里，而要寻找出它的特殊构成模型和结构规律。

（四）纸样设计要素与成衣构成流程

1. 纸样设计要素

服装板型的构成方式，分为平面构成、立体构成两种。平面板型的构成理论，首先必须建立在立体造型至平面展开学说的基础上，在造型上划分单一可展开的区域及局部区域，再根据造型、款式、材料、力学、工艺等因素，进行区域平面图形的组合，组合中多余、缺少的量再运用省、褶、裥、松紧带及推、归、拔等手段进行处理。

当板型无法与造型、款式、材料、力学、工艺等要素合理组合时，必须调整以上因素，否则，构成的服装造型将出现弊病。尤其是服装构成的材料、结构与工艺三大要素，相互影响、互为作用，其中结构是造型变化的核心，材料是载体，工艺是手段。本书重点介绍服装结构设计的构成原理。

2. 纸样设计影响因素

影响结构设计的因素，包括款式设计因素、人体因素、面料因素、缝制工艺因素、人体运动因素，以及穿着舒适感因素等。各因素相互关联，相互制约。人体是服装设计制作的对象（基本条件），款式设计是对服装效果的构思、预想和策划，材料是服装结构设计与缝制的必备条件，制作是实现服装设计成功的手段。制作包括结构设计与缝制，两者紧密相扣，没有前期的结构设计，服装无法裁剪缝制。其具体表现如图 1–2 所示。

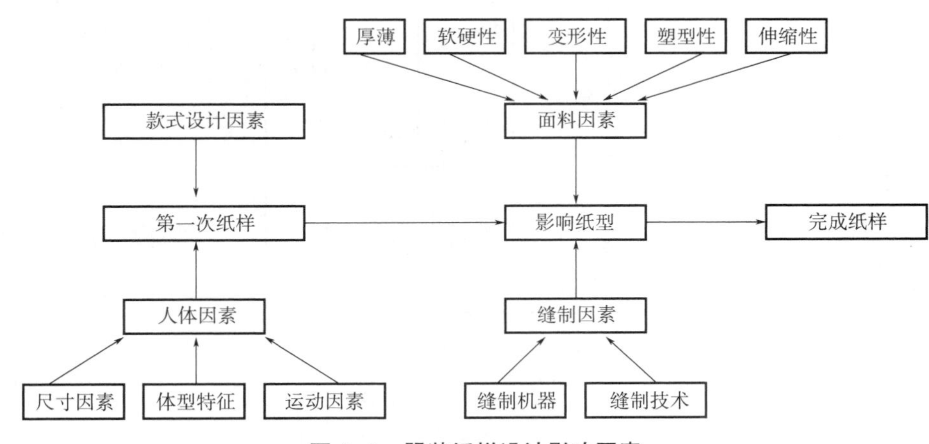

图 1–2 服装纸样设计影响因素

（1）款式：是纸样设计的前提。其必须根据款式来确定各部件的形状，不能脱离款式随意更改。如服装的长短肥瘦、口袋位置、腰节高低、分割线的弯曲程度等，都应依据款式精确绘制。因此，板型师要有良好的比例感和敏锐的观察力。

（2）面料：服装面料品种繁多，不同的面料其造型也不一样。有柔软飘逸、易贴附人体；有硬实挺括、不易贴附人体。所以，一样的样板，用不同的面料裁剪缝制，会获得不同的造型。弹力面料与无弹力面料特性不同，其纸样设计也是差别甚大。

（3）工艺：缝制虽是结构设计的后续环节，但要预先考虑。如服装中的省、省份的倒向，以及贴边、包边、滚边等工艺不同，裁片的廓型就不一样。所以，每个纸样设计都要关注后道工艺，才能保证衣片顺利成型。

（4）舒适感：可以说“服装是人体的第二层皮肤”，这就要求服装穿着时要有良好的舒适性。既要满足人体排汗、透气、散热、保暖等生理需要，又要不刺激皮肤、触感舒适等。当然，服装史上有过背离此原则的例子：欧洲文艺复兴时期，女性追求丰胸细腰的效果，用紧身胸衣紧勒腰部，使胸廓严重变形，压迫内脏，影响健康。随着社会的发展，现今人们在追求美感的同时，更重视服装的舒适性。

（5）运动机能：服装穿到人体上，就要肩负运动机能。人体的起立坐行都要求服装与之相适应，所以服装结构设计必须满足运动的需要。为保证人的正常行走，旗袍、紧身裙等服装必须下摆开衩；口袋的大小、位置和角度的设计要适当，方便手掌出入。

（6）其他：除上述因素外，流行因素、社会心理因素、地域环境、审美标准等都会对服装结构设计有所影响。

3. 成衣构成流程（图 1–3）

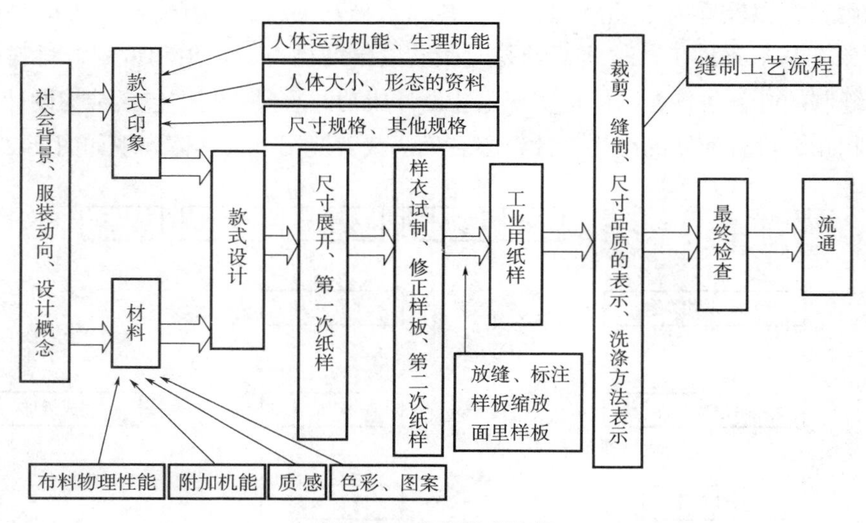

图 1–3 成衣构成流程

思考题与练习

1. 区别描述服装与成衣的概念。
2. 简述服装纸样设计的影响因素。
3. 简述服装企业成衣构成的流程。
4. 简述服装板型师应具备的知识与技能。

应用理论与训练

裤子结构样板技术

课程内容： 经典裤款结构样板（女西裤结构样板、男西裤结构样板）
时尚裤款结构样板（女紧身贴体裤结构样板、哈伦裤结构样板、跨裤结构样板）

课程时数： 20 课时

教学目的： 一是向学生介绍经典男女西裤的款式特点、规格与工艺单设计、结构样板制作；二是向学生介绍时尚女紧身贴体裤、哈伦裤、跨裤的款式特点、规格与工艺单设计、结构样板制作，并通过学习和技能训练，掌握各种造型的裤款结构样板制作的技术。

教学要求： 1. 使学生了解与掌握经典男、女西裤结构样板制作技术的思路与技巧，并进行相应的项目训练。
2. 使学生了解与掌握时尚女紧身贴体裤、哈伦裤、跨裤结构样板制作技术的思路与技巧，并进行相应的项目训练。

课前准备： 阅读服装结构设计相关书籍的裤子结构样板设计的内容。

第二章 裤子结构样板技术

第一节　经典裤款结构样板

一、女西裤结构样板

（一）款式解析

本款为百搭经典女西裤，也是女性职业装裤款。其款式特点为臀围松量适中，装腰头，串带五个，直筒裤管，前开门装拉链，前裤片左、右各有褶裥一个、省一个，直插袋，后裤片左、右各有两省。直筒西裤能够弥补体型的不足，体现女士端庄气质和修长体型，款式图如图 2-1 所示。

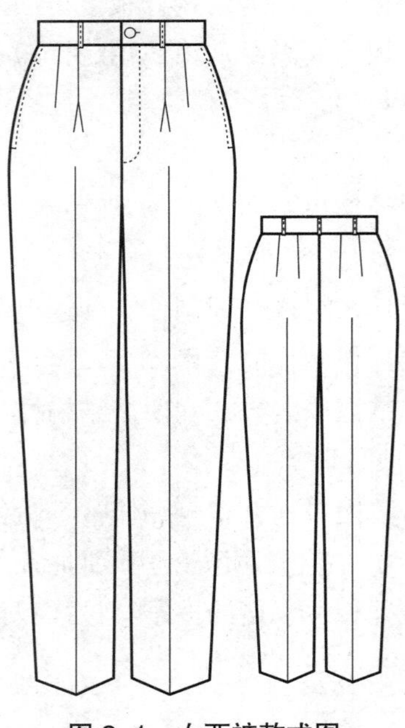

图 2-1　女西裤款式图

（二）样衣工艺计划单（表 2-1）

表 2-1　样衣工艺计划单

单位：cm

<table>
<tr><td colspan="3">产品名称：女西裤</td><td colspan="3">客户：×××</td><td colspan="2">数量：×××件</td></tr>
<tr><td colspan="3">订单号：××××××</td><td colspan="3">款号：×××××</td><td colspan="2">交货日期：×年×月×日</td></tr>
<tr><td rowspan="8">成品规格</td><td rowspan="2">号型
部位</td><td>S</td><td>M</td><td>L</td><td>XL</td><td>XXL</td><td rowspan="2">面料小样</td></tr>
<tr><td>155/62A</td><td>160/66A</td><td>165/70A</td><td>170/74A</td><td>175/78A</td></tr>
<tr><td>腰围</td><td>62</td><td>66</td><td>70</td><td>74</td><td>78</td><td rowspan="6">精纺毛料</td></tr>
<tr><td>臀围</td><td>92</td><td>96</td><td>100</td><td>104</td><td>108</td></tr>
<tr><td>裤长</td><td>96</td><td>98</td><td>100</td><td>102</td><td>104</td></tr>
<tr><td>上裆长</td><td>27.5</td><td>28</td><td>28.5</td><td>29</td><td>29.5</td></tr>
<tr><td>裤口宽</td><td>20.7</td><td>21</td><td>21.3</td><td>21.6</td><td>21.9</td></tr>
<tr><td>腰头宽</td><td>3.3</td><td>3.5</td><td>3.7</td><td>3.9</td><td>4.1</td></tr>
<tr><td colspan="8">质量要求</td></tr>
<tr><td colspan="4">工艺要求</td><td colspan="4">特殊要求</td></tr>
<tr><td colspan="4">（1）符合成品规格，外观美观，内外无线头
（2）缉省、褶：按纸样画出省和褶裥的位置，沿刀口起缉缝顺直、缉尖，左右对称，丝缕顺直，反压褶裥和省
（3）侧缝直插袋：直袋布和袋口平服，高低一致，袋口无豁开、袋布无外露、封口平齐
（4）门、里襟：长短一致，封口无起吊
（5）做、装腰头：腰头顺直，明缉线宽窄一致，面里平服，不起绺、不皱、不反吐</td><td colspan="4">（1）裁剪要求：裁剪时，丝缕按样板上标注
（2）用衬要求：腰头衬 ×1，门襟衬 ×1，直插袋口、后裤口粘牵条衬
（3）缝线要求：缝线针距 14~15 针 /3cm
（4）整烫要求：熨烫温度为 160~170℃，整烫符合人体体型，归拔熨烫侧缝、下裆缝及挺缝线，整烫平挺、无焦、无黄、无极光、无污渍</td></tr>
<tr><td colspan="8">备注：</td></tr>
</table>

（三）结构设计

1. 结构图（图 2-2）

2. 结构设计步骤

（1）框架线：

① 五线定长：包括腰围线、裤口线、横裆线、臀围线、中裆线的间距位置确定。

② 裤片宽度设计：

a. 前臀围 =$H^*/4$−1cm（前后差）+2.5 cm（松量），后臀围 =$H^*/4$+1 cm（前后差）+1.5 cm（松量）（根据功能和造型，臀围松量的分配为前多后少）。

b. 前裆宽 =0.5 $H^*/10$−0.5 cm，后裆宽 =$H^*/10$−1 cm。

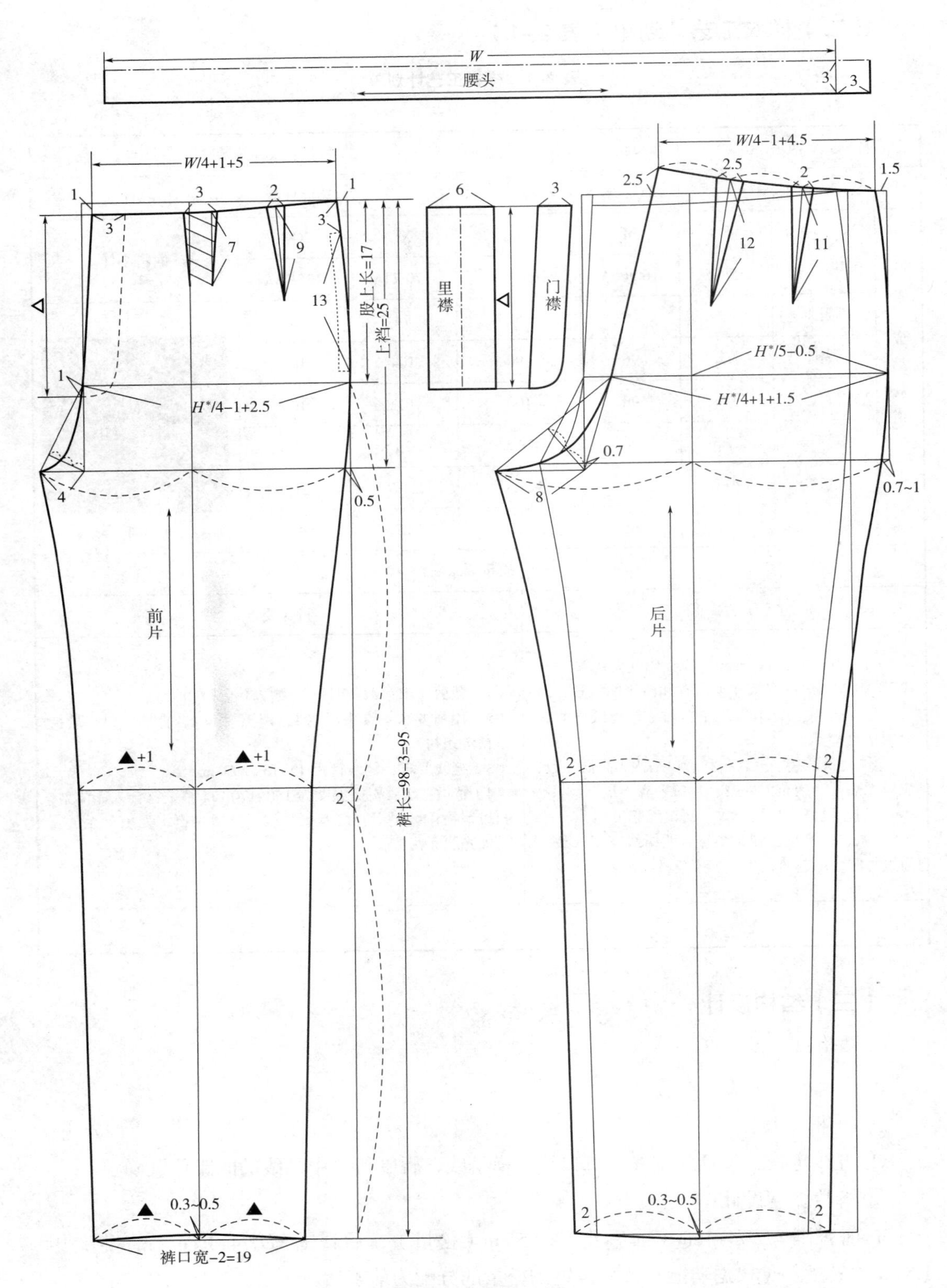

W
腰头
3
3
W/4+1+5
W/4−1+4.5
6
3
里襟
门襟
1
3
2
1
3
7
9
3
13
股上长=17
上裆=25
裤长=98−3=95
1
H*/4−1+2.5
4
0.5
前片
▲+1
▲+1
2
0.3~0.5
裤口宽−2=19
2.5
2.5
2
1.5
12
11
H*/5−0.5
H*/4+1+1.5
0.7
8
0.7~1
后片
2
2
0.3~0.5
2
2

图 2-2 女西裤结构图

c. 烫迹线 = 前横裆宽 /2，后烫迹线 = 后横裆宽 /2，向侧缝偏移 0.5cm。

d. 后臀围 /2= *H**/5–0.5 cm。

③上裆造型设计：后裆下落量 =0.7cm，后翘势 =2.5cm。

（2）内部结构及零部件：

① 前褶裥、腰省：于烫迹线处取腰褶，腰褶与侧腰 /2 处取腰省。

② 门、里襟宽 =3cm，止口在臀围线下 1cm 处。

③ 侧缝直插袋：侧腰点下 3cm 处起，袋口长 =13cm。

④ 后腰省：将后腰围三等分，各 1/3 起，向侧缝取 2 个腰省量。

⑤ 串带：裤襻大 =4.5cm × 1cm（5 个），分别位于后中腰、后侧缝偏进 2.5cm、前烫迹线处。

⑥ 腰头：（*W*+3cm 搭门）× 3.5cm 长方条。

（四）样衣试穿（图 2–3）

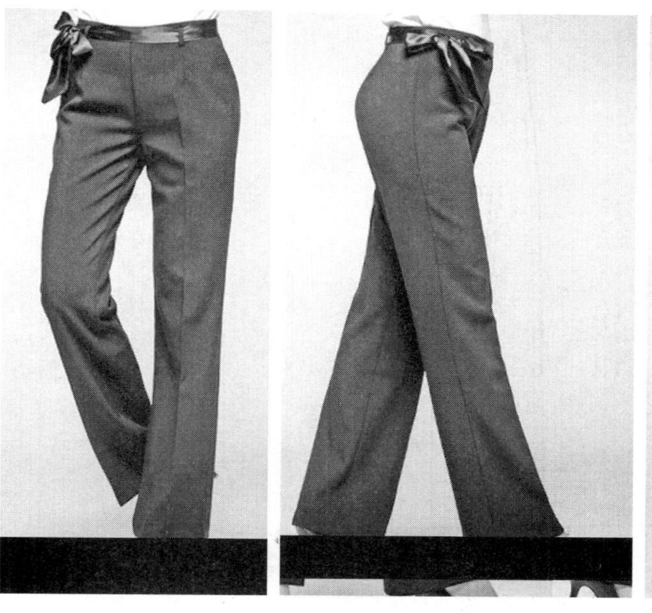

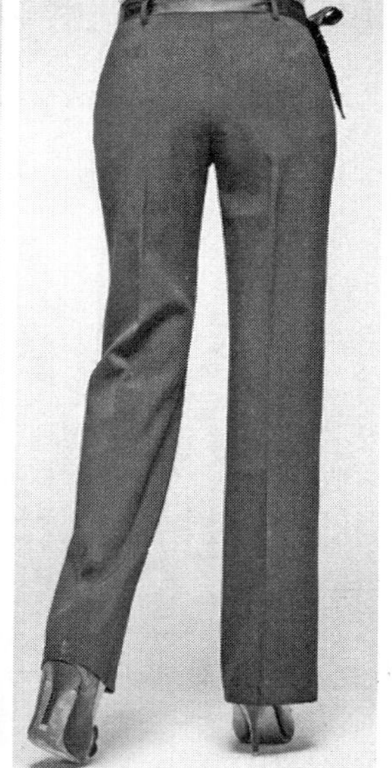

图 2–3　女西裤穿着效果

（五）样板图（图 2–4）

生产企业可根据自己企业的生产和面料特点来确定样板的放缝，但需要注意的是相关联部位的放缝量必须一致。本款放缝要点：

（1）侧缝、下裆缝缝份 =1~1.5cm。

（2）腰围、前裆弧缝份 =0.8~1cm，后裆弧递增缝份 1~2.5cm。

（3）裤口折边 =4cm，袋口折边 =2cm。

（4）里襟下口缝份 =2cm（比门襟封口缝份多 1cm 为拉链齿垫布）。

（5）标注：纱向、裁片名称、片数等。

（6）剪口：中裆、裤口、门襟止口、省位、褶位等均剪口。

（7）定位：省尖位。

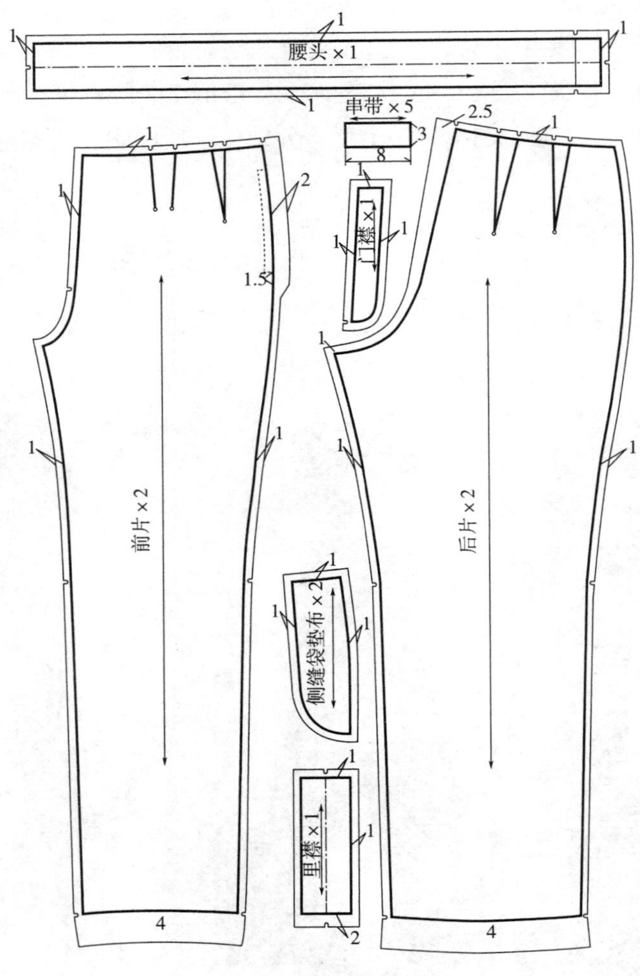

图 2–4　女西裤样板图

二、男西裤结构样板

（一）款式解析

本款为现代版男西裤，追求合体型。其款式特点为臀围松量适中，装腰头，串带六个，前开门装拉链，直筒裤管；前裤片无裥无省，斜插袋；后裤片左、右各两个省，单嵌线开袋左右各一个。款式图如图 2–5 所示。

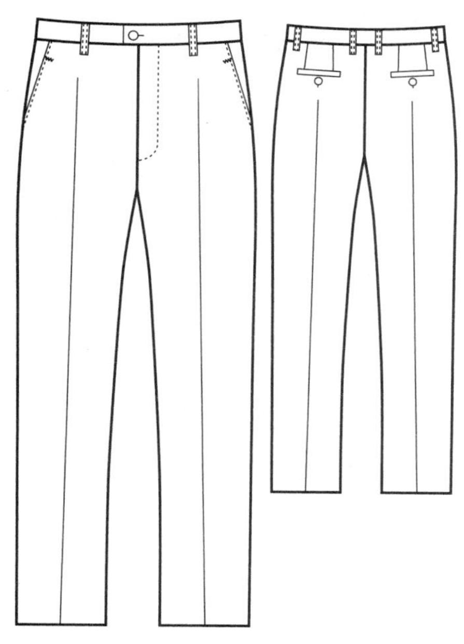

图 2-5　男西裤款式图

（二）样衣工艺计划单（表 2-2）

表 2-2　样衣工艺计划单

单位：cm

产品名称：男西裤			客户：×××		数量：×××件		
订单号：××××××			款号：×××××		交货日期：×年×月×日		
成品规格	号型 部位	S 165/76A	**M** **170/80A**	L 175/84A	XL 180/88A	XXL 185/92A	面料小样
	腰围	78	**82**	86	90	94	
	臀围	96.6	**99.4**	102.2	105	107.8	
	裤长	103	**105**	107	109	111	
	上裆长	27.5	**28**	28.5	29	29.5	
	裤口宽	20.5	**21.2**	21.9	22.6	23.3	
	腰头宽	3.3	**3.5**	3.7	3.9	4.1	精纺毛料

续表

产品名称：男西裤	客户：×××	数量：××× 件
订单号：××××××	款号：×××××	交货日期：× 年 × 月 × 日
质量要求		
工艺要求	特殊要求	
（1）符合成品规格，外观美观，内外无线头 （2）门、里襟：缉线顺直，长短一致，封口处无起吊 （3）做、装腰头：腰头顺直、宽窄一致；串带整齐、无歪斜，左右对称 （4）斜插袋、后袋：袋口平服，后袋四角方正，袋角无裥、无毛出	（1）裁剪要求：裁剪时，丝缕按样板上标注 （2）用衬要求：腰头衬 ×1，门、里襟衬各 1 片，斜插袋口、后袋口及后袋嵌线粘牵条衬 （3）缝线要求：缝线针距 14~15 针 /3cm （4）整烫要求：熨烫温度为 160~170℃，整烫符合人体体型，归拔熨烫侧缝、下裆缝及烫迹线，裤子整体烫熨烫平挺、无极光	
备注：		

（三）结构设计

1. 结构图（图 2–6、图 2–7）

2. 结构设计要点

（1）结构设计步骤：类同女西裤，根据男女体型差别，各部位尺寸数据有别。

① 前、后臀围 =$H^*/4 \pm 1$cm（前后差）+1.5 cm（松量），臀围松量分配前后相等。

② 前裆宽 =0.5 $H^*/10-1$ cm，后裆宽 =$H^*/10-1.5$ cm。

③后裆下落量 =1cm。

（2）内部结构及零部件：

① 前侧斜插袋：侧腰点下落 3cm、斜进 3.5cm 处起画斜插袋，袋口长 =15cm。

② 门、里襟：缉线宽 =3.5cm，止口在臀围线下 3cm 处，门、里襟裁片如图 2–7 所示。

③ 单嵌线袋：袋位在腰线下 8.5cm、侧缝进 6cm 处，口袋大为 13cm × 1.5cm。

④ 后腰省：基于单嵌线袋位，左右各进 2cm 处，垂直后腰线设省。

⑤ 串带：2 cm × 48 cm（6 个），位于后中腰 2 个、后侧缝偏进 2.5cm 处各 1 个、前烫迹线处各 1 个。

⑥ 腰头：门襟腰头 =（$W/2$+6cm 搭门）× 3.5cm 长方条，里襟腰带 =（$W/2$+4.5cm 搭门）× 3.5cm 长方条。

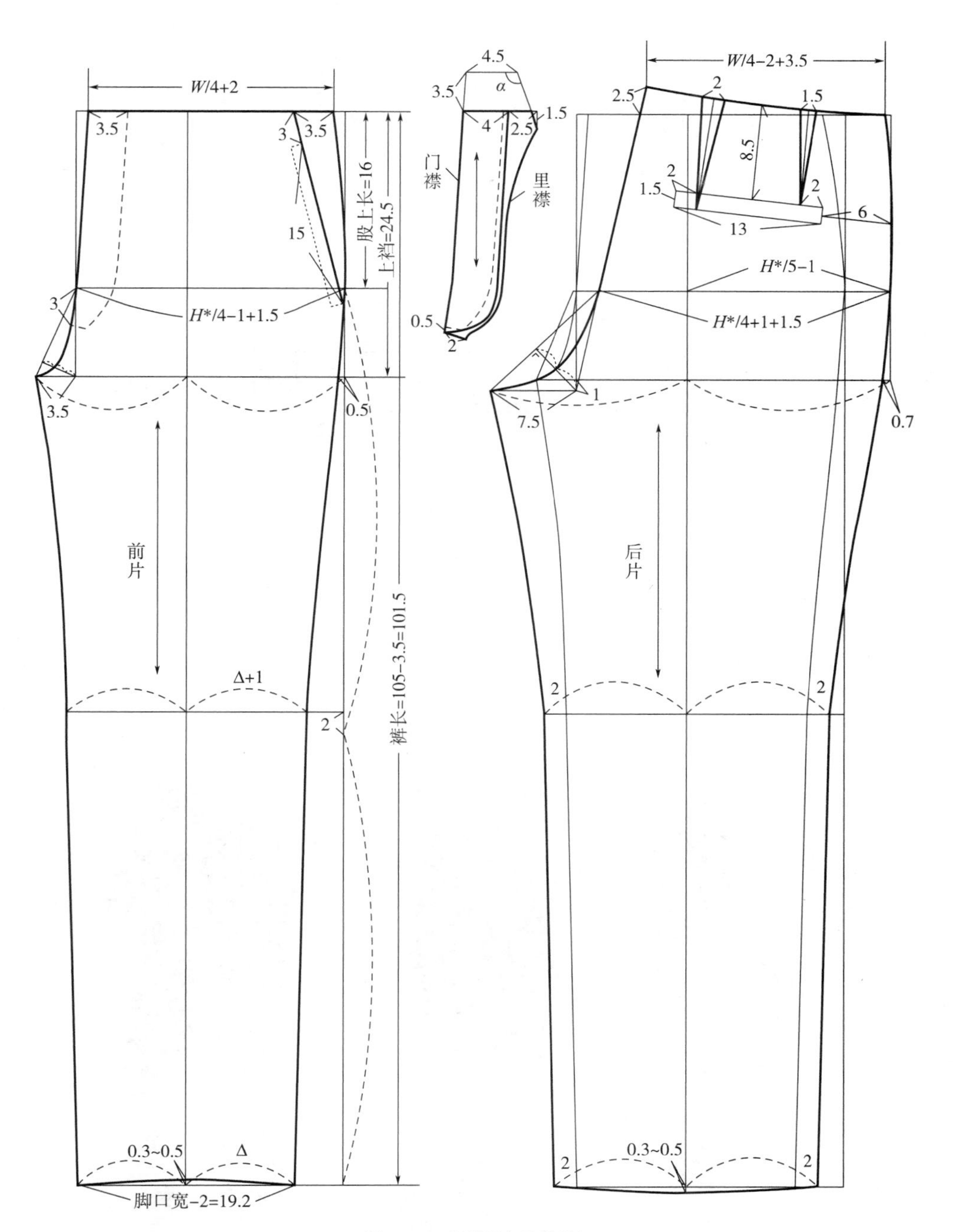
W/4+2
3.5
3.5
3
15
股上长=16
上裆=24.5
3
H*/4−1+1.5
3.5
0.5
前片
Δ+1
2
裤长=105−3.5=101.5
0.3~0.5
Δ
脚口宽−2=19.2
4.5
3.5
α
4
1.5
2.5
门襟
里襟
0.5
2
W/4−2+3.5
2.5
2
1.5
8.5
2
1.5
2
13
6
H*/5−1
H*/4+1+1.5
1
7.5
0.7
后片
2
2
0.3~0.5
2
2

图 2–6　男西裤结构图

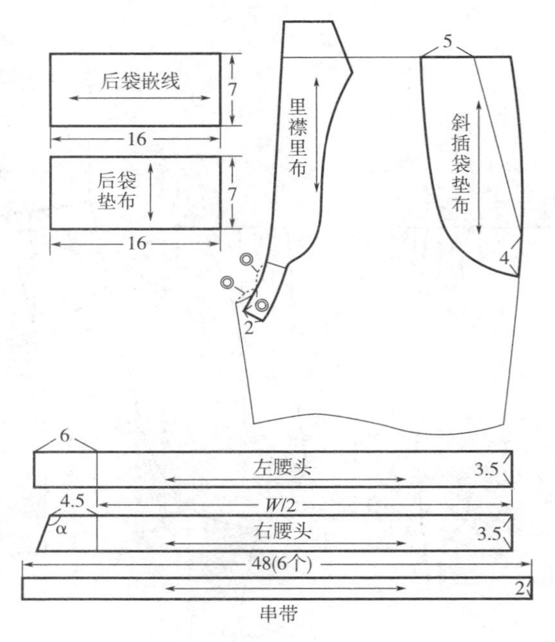

图 2-7　男西裤零部件样片图

（四）样衣试穿（图 2-8）

图 2-8　男西裤试穿效果

（五）样板图（图 2–9、图 2–10）

生产企业可根据自己企业的生产和面料特点来确定样板的放缝，但需要注意的是相关联部位的放缝量必须一致。本款放缝要点：

（1）侧缝、下裆缝缝份 =1~1.5cm。

（2）腰围、前裆弧缝份 =0.8~1cm，后裆弧递增缝份 1~2.5cm。

（3）裤口折边 =4cm，斜插袋口折边 =2.5cm。

（4）腰头后中留缝份 2.5cm，与后裆弧腰处相等。

（5）标注：纱向、裁片名称、片数等。

（6）剪口：中裆、裤口、门襟止口、省位、褶位等剪口。

（7）定位：省尖位、袋口位。

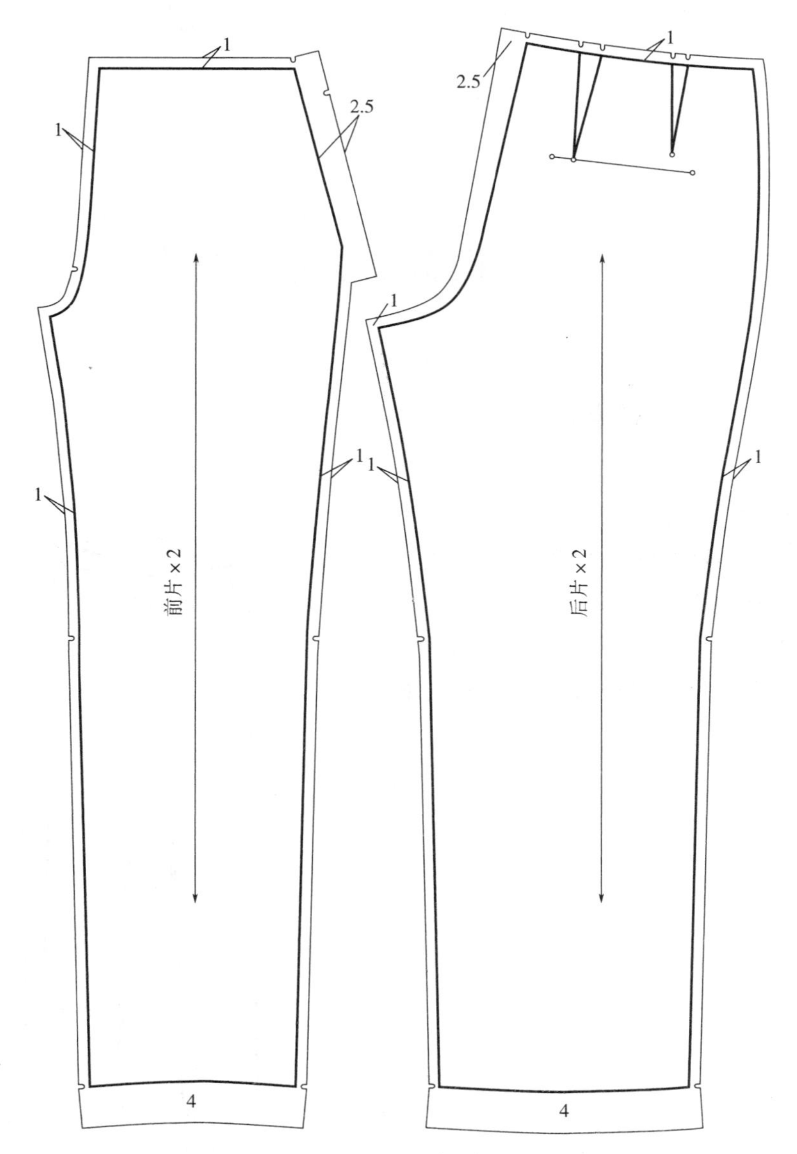

图 2–9　男西裤样板图

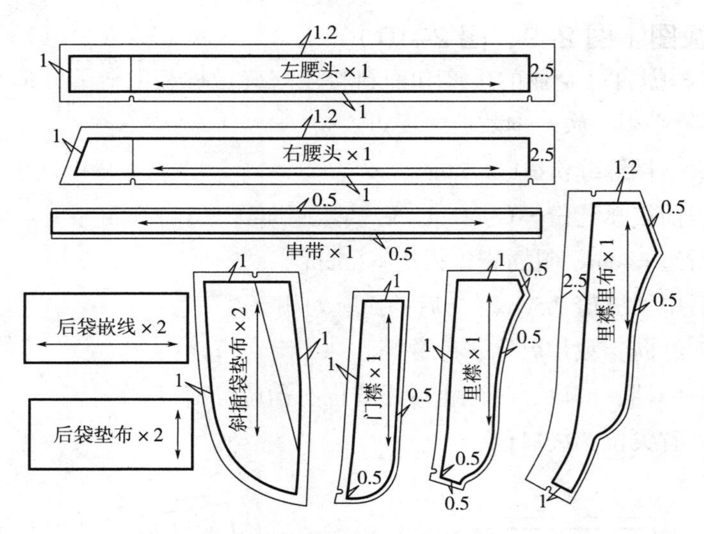

图 2–10　男西裤零部件样板图

第二节　时尚裤款结构样板

一、女紧身贴体裤结构样板

（一）款式解析

本款为紧身贴体女裤，也是百搭裤款。其款式特点为臀围松量少或无，低腰的弧形腰头，前开门装拉链；前裤片无省，斜插袋；后裤片左右各设一省，单嵌线开袋。款式图如图 2–11 所示。

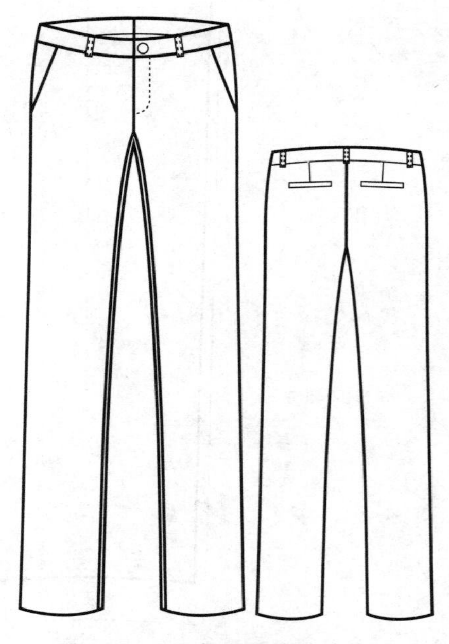

图 2–11　女紧身贴体裤款式图

（二）样衣工艺计划单（表 2–3）

表 2–3　样衣工艺计划单

单位：cm

<table>
<tr><td colspan="4">产品名称：女紧身贴体裤</td><td colspan="2">客户：×××</td><td colspan="2">数量：××× 件</td></tr>
<tr><td colspan="4">订单号：××××××</td><td colspan="2">款号：×××××</td><td colspan="2">交货日期：× 年 × 月 × 日</td></tr>
<tr><td rowspan="8">成品规格</td><td rowspan="2">号型
部位</td><td>S</td><td>M</td><td>L</td><td>XL</td><td>XXL</td><td rowspan="2">面料小样</td></tr>
<tr><td>155/62A</td><td>160/66A</td><td>165/70A</td><td>170/74A</td><td>175/78A</td></tr>
<tr><td>腰围</td><td>62</td><td>66</td><td>70</td><td>74</td><td>78</td><td rowspan="6">中厚涤棉加绒布</td></tr>
<tr><td>臀围</td><td>82~84</td><td>86~88</td><td>90~92</td><td>94~96</td><td>98~100</td></tr>
<tr><td>裤长</td><td>94</td><td>96</td><td>98</td><td>100</td><td>102</td></tr>
<tr><td>上裆长</td><td>21.5</td><td>22</td><td>22.5</td><td>23</td><td>23.5</td></tr>
<tr><td>裤口宽</td><td>15.5</td><td>16</td><td>16.5</td><td>17</td><td>17.5</td></tr>
<tr><td>弧形腰头宽</td><td>4</td><td>4</td><td>4</td><td>4</td><td>4</td></tr>
<tr><td colspan="8">质量要求</td></tr>
<tr><td colspan="4">工艺要求</td><td colspan="4">特殊要求</td></tr>
<tr><td colspan="4">（1）符合成品规格，外观美观，内外无线头
（2）前斜插袋：袋布和袋口平服，高低一致，袋口无豁开、袋布无外露、封口平齐
（3）门、里襟：长短一致，封口无起吊
（4）做、装腰头：腰头圆顺、宽窄一致；明缉线宽窄一致，面里平服，不起绺、不皱、不反吐</td><td colspan="4">（1）裁剪要求：裁剪时，丝缕按样板上标注
（2）用衬要求：腰头衬 ×2，门襟衬 ×1，斜插袋口、后袋口及后袋嵌线粘牵条衬
（3）缝线要求：缝线针距 14~15 针 /3cm
（4）整烫要求：熨烫温度为 160~170℃，整烫平挺、无焦、无黄、无极光、无污渍</td></tr>
<tr><td colspan="8">备注：</td></tr>
</table>

（三）结构设计

1. 结构图（图 2–12）

2. 结构设计要点

相对西裤而言，本款的结构特点一是紧身无松量或松量少，腰臀差小，各部位取值偏小；二是低腰结构（按正常腰位绘制结构后，再下移腰位线）；三是前无省、后设一省结构设计。

（1）臀围 $=H/4\pm1.5$cm（前后差）±1 cm（松量），臀围松量根据面料弹力性能和穿者松紧习惯，±0~2cm。

（2）前裤片：前中下落 2 cm，前腰围 $=W/4+0$~1 cm，无松量，臀腰差小，前腰无省设计。

（3）后裤片：后腰翘 =3 cm，后腰围 $=W/4+2.5$ cm（省）。

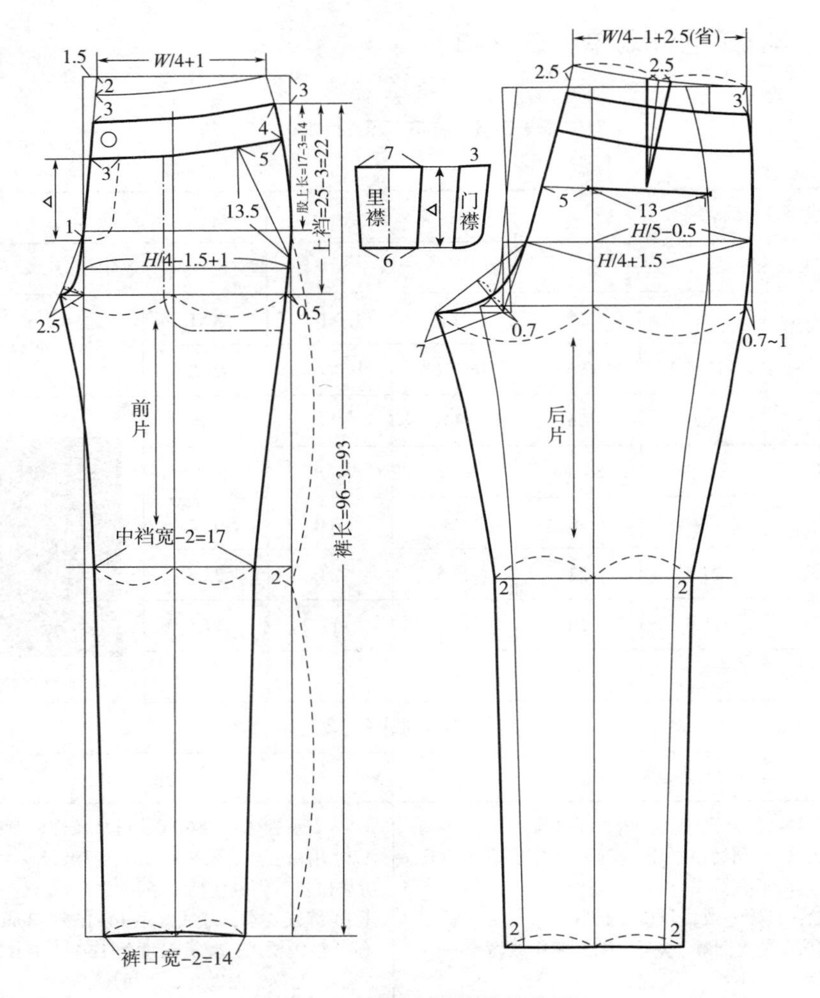

图 2-12　女紧身贴体裤结构图

（4）裆部：贴体状，前裆宽 =0.5H^*/10−2 cm =2.5 cm，后裆宽 =H^*/10−2 cm =7 cm。

（5）腰位线：下移 2~3cm，弧形腰头宽 4cm。

（四）样衣试穿（图 2-13）

（五）样板图（图 2-14、图 2-15）

生产企业可根据自己企业的生产和面料特点来确定样板的放缝，但需要注意的是相关联部位的放缝量必须一致。本款放缝要点：

（1）侧缝、下裆缝缝份 =1~1.5cm。

（2）腰围、前裆弧、后裆弧缝份 =0.8~1cm。

（3）裤口折边 =4cm，袋口折边 =2cm。

（4）零部件缝份 =1cm，里襟下口线缝份 =2cm（比门襟封口缝份长 1cm 为拉链齿垫布）。

（5）标注：纱向、裁片名称、片数等。

（6）剪口：中裆、裤口、门襟止口、弧腰侧腰位等。

（7）定位：袋位。

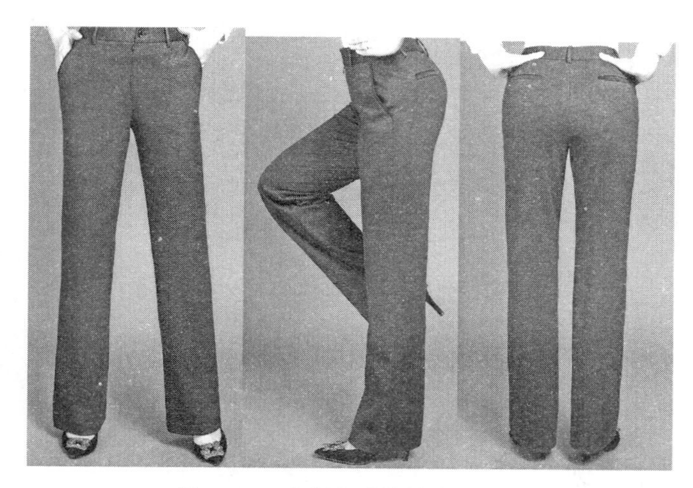

图 2-13　女紧身贴体裤试穿效果

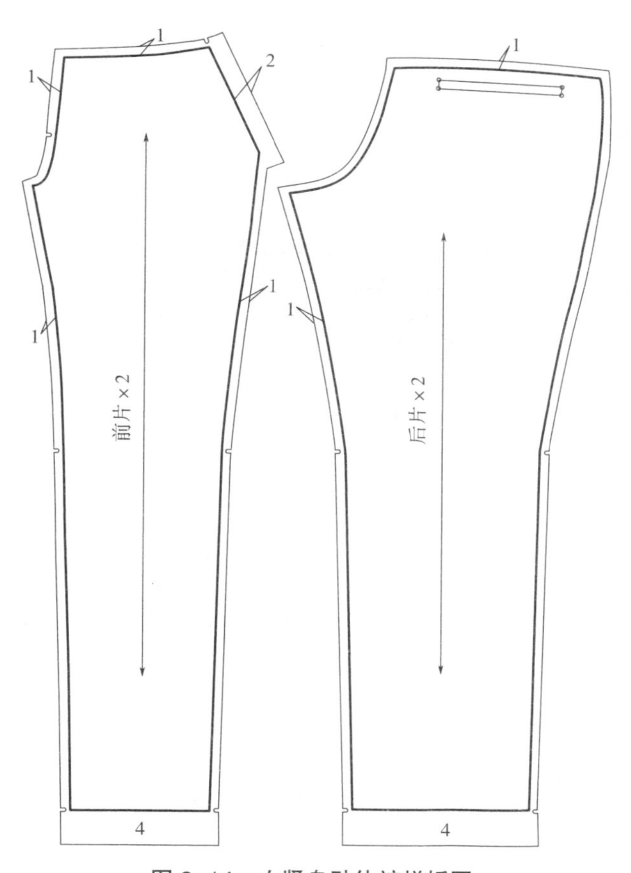

图 2-14　女紧身贴体裤样板图

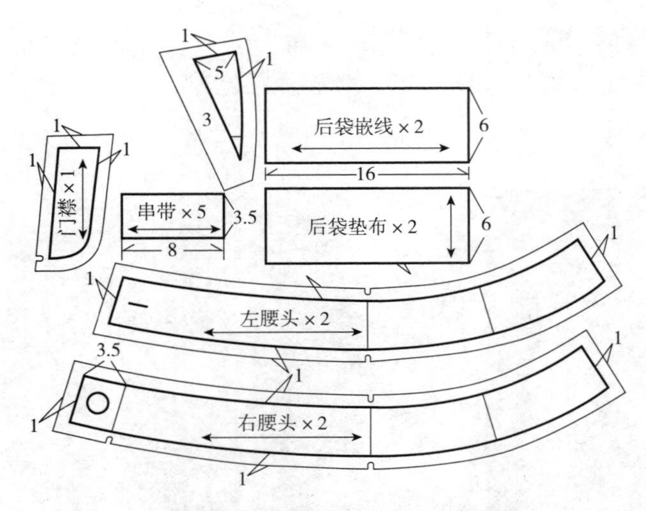

图 2-15　女紧身贴体裤零部件样板图

二、哈伦裤结构样板

（一）款式解析

本款为时尚潮流的哈伦裤，源于罗马垂褶裤的演变。其款式特点为低腰育克，前开门装拉链，臀部较宽松，至脚口逐渐收小；前裤片侧身多个垂褶，斜弧形插袋；后裤片腰育克下设袋盖。款式图如图 2-16 所示。

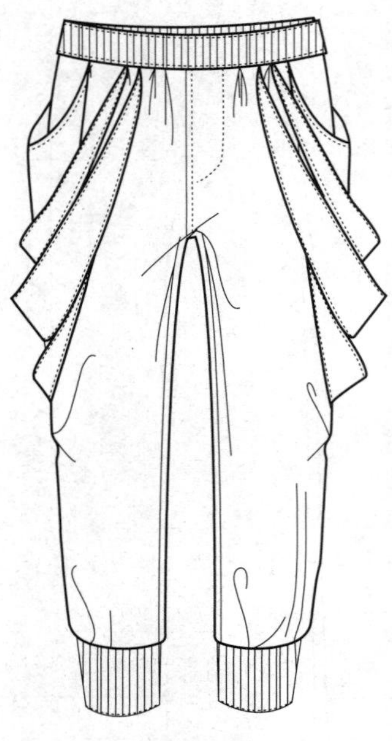

图 2-16　哈伦裤款式图

（二）样衣工艺计划单（表 2-4）

表 2-4　样衣工艺计划单

单位：cm

产品名称：哈伦裤				客户：×××		数量：×××件	
订单号：××××××				款号：×××××		交货日期：×年×月×日	
成品规格	号型 部位	S	**M**	L	XL	XXL	面料小样
		155/62A	**160/66A**	165/70A	170/74A	175/78A	
	腰围	62	**66**	70	74	78	
	臀围	92	**96**	100	104	108	
	裤长	78.5	**88**	89.5	91	92.5	
	上裆长	23.5	**24**	24.5	25	25.5	
	裤口宽	17.5	**18**	18.5	19	19.5	
	育克宽	7.8	**8**	8.2	8.4	8.5	涤棉布
质量要求							
工艺要求						特殊要求	
（1）符合成品规格，外观美观，内外无线头 （2）育克圆顺、宽窄一致 （3）缉省、裥：按纸样画出前片褶裥和后片省的位置，沿刀口起缉缝顺直、缉尖，前垂褶自然、左右对称，反压褶裥和省 （4）门、里襟：缉线顺直，长短一致，封口处无起吊 （5）侧袋、后袋：袋口平服，后袋口四角方正，袋角无裥、无毛出 （6）做、装育克：明缉线宽窄一致，面里平服，不起绺、不皱、不反吐 （7）锁眼：锁眼 3 个，扣眼大 2cm						（1）裁剪要求：裁剪时，丝缕按样板上标注 （2）用衬要求：育克衬 ×2，门襟衬 ×1，后袋衬 ×2，斜插袋口贴边衬 ×2 （3）缝线要求：缝线针距 14~15 针 /3cm （4）整烫要求：熨烫温度为 160~170℃，整烫平挺、无焦、无黄、无极光、无污渍	
备注：							

（三）结构设计

1. 结构图（图 2-17）

2. 结构设计要点

（1）本裤款较为宽松，松量分配前多后少，即前臀围 $=H^*/4-1$cm（前后差）+2.5cm（松量），后臀围 $=H^*/4+1$cm（前后差）+1.5 cm（松量）。

（2）腰臀差较大，前裤片以褶裥处理，后裤片以腰省处理；腰线下落 2~3cm，并向下 8cm 处设平行分割，合并前褶和后省为育克片。

（3）九分裤，裤长 =88cm，膝下至脚踝处收小。

（4）前裤片侧身如图 2-18 设 3 条弧线分割，并要剪开拉展增加垂褶量。

（5）斜弧形插袋：侧腰点向里 5cm、向下 13cm 画弧为袋口长。

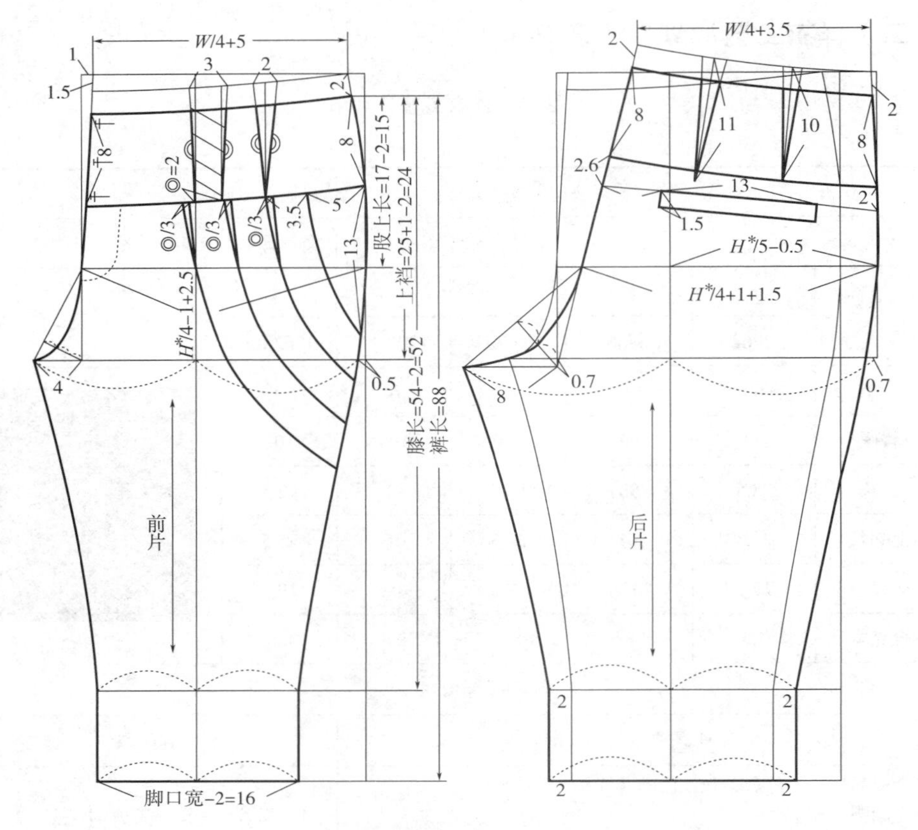

图 2-17　哈伦裤结构图

（四）样衣试穿（图 2-18）

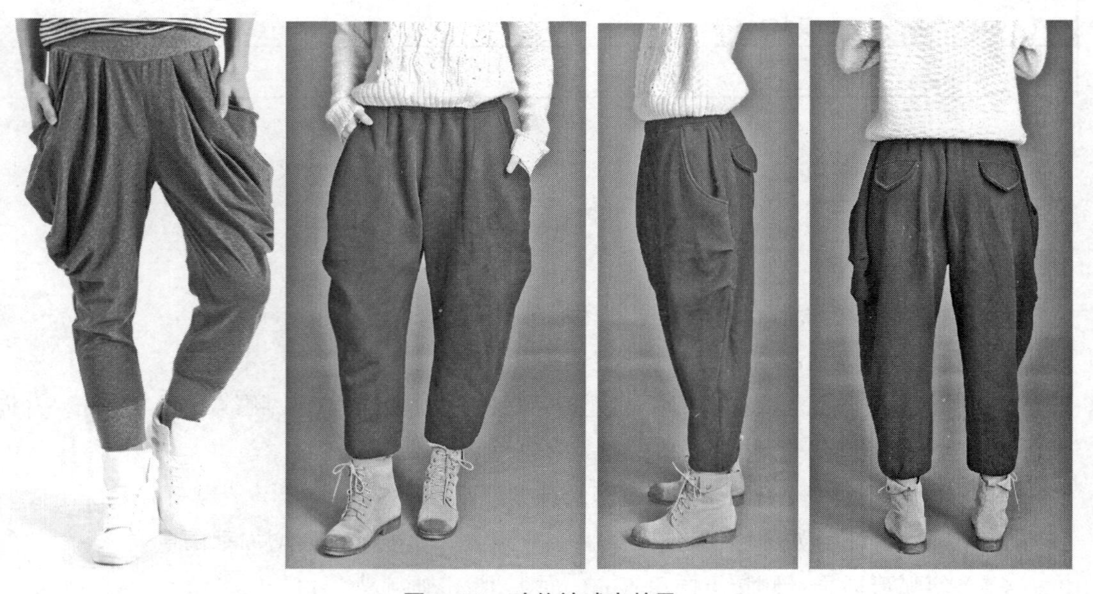

图 2-18　哈伦裤试穿效果

（五）样板图（图 2-19、图 2-20）

可根据企业的生产和面料特点来确定样板的放缝，但需要注意的是相关联部位的放缝量必须一致。本款放缝要点：

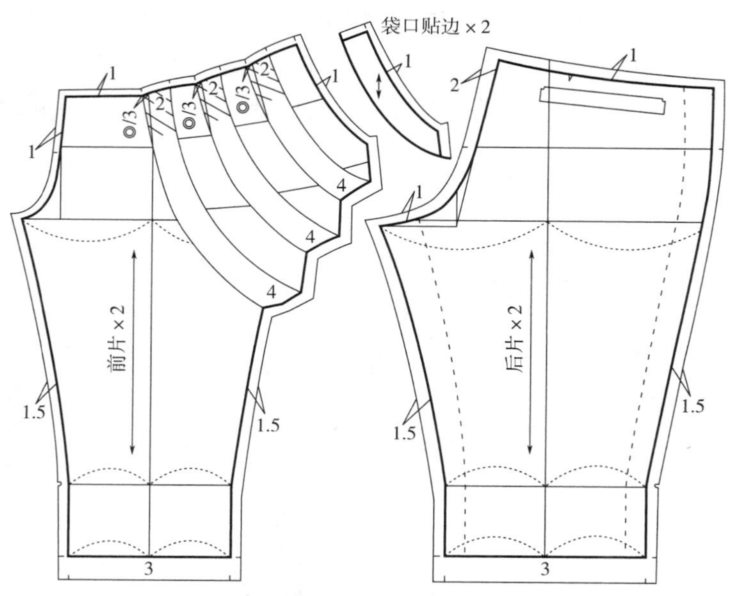

图 2-19　哈伦裤裤片样板图

（1）侧缝、下裆缝缝份 =1.5cm。

（2）腰围、前裆弧缝份 =0.8~1cm，后裆弧递增缝份 =1~2cm。

（3）裤口折边 =3~6cm，斜弧形插袋口贴边缝份 =1cm。

（4）标注：纱向、裁片名称、片数等。

（5）剪口：中裆、裤口、育克侧身位等。

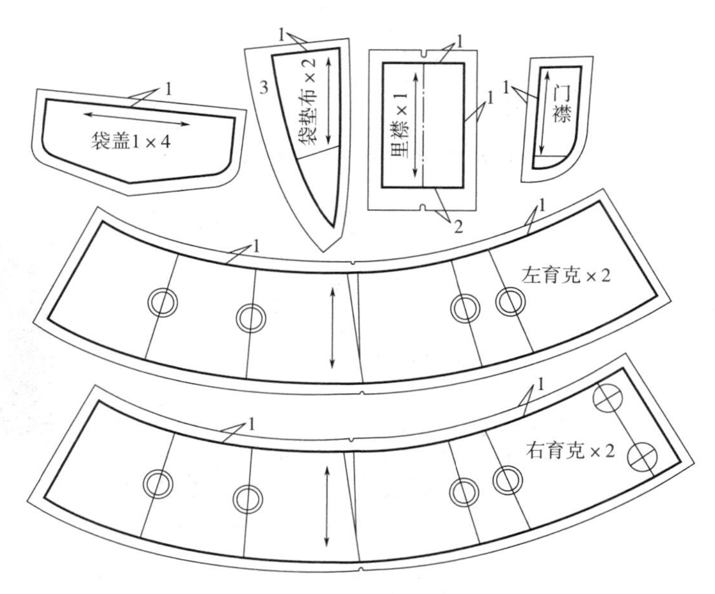

图 2-20　哈伦裤零部件样板图

三、跨裤结构样板

（一）款式解析

本款为时尚潮流的跨裤（亦称垮裤、垮裆裤），源于伊斯兰裤款演变。其款式特点主要是裆部低至膝盖上下，裆部余量为跨步的活动松量，裤长至脚踝收小，前后连身无侧缝，侧贴袋，左右片分裁，腰部装松紧带（或低腰育克，前开门装拉链）。款式图如图 2-21 所示。

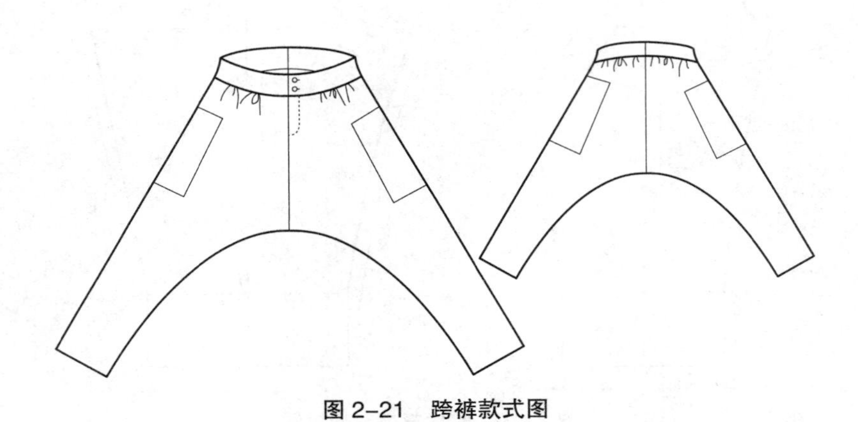

图 2-21 跨裤款式图

（二）样衣工艺计划单（表 2-5）

表 2-5 样衣工艺计划单

单位：cm

<table>
<tr><td colspan="4">产品名称：跨裤</td><td colspan="2">客户：×××</td><td colspan="2">数量：×××件</td></tr>
<tr><td colspan="4">订单号：××××××</td><td colspan="2">款号：×××××</td><td colspan="2">交货日期：×年×月×日</td></tr>
<tr><td rowspan="8">成品规格</td><td rowspan="2">号型
部位</td><td>S</td><td>M</td><td>L</td><td>XL</td><td>XXL</td><td rowspan="2">面料小样</td></tr>
<tr><td>155/62A</td><td>160/66A</td><td>165/70A</td><td>170/74A</td><td>175/78A</td></tr>
<tr><td>腰围</td><td>62</td><td>66</td><td>70</td><td>74</td><td>78</td><td rowspan="6">金丝桃面绒</td></tr>
<tr><td>裤长</td><td>78.5</td><td>88</td><td>89.5</td><td>91</td><td>92.5</td></tr>
<tr><td>臀长</td><td>17.5</td><td>18</td><td>18.8</td><td>19</td><td>19.5</td></tr>
<tr><td>上裆长</td><td colspan="5">膝盖长 ±5~10</td></tr>
<tr><td>裤口宽</td><td>15.5</td><td>16</td><td>16.5</td><td>17</td><td>17.5</td></tr>
<tr><td>育克宽</td><td>5.8</td><td>6</td><td>6.2</td><td>6.4</td><td>6.5</td></tr>
<tr><td colspan="8">质量要求</td></tr>
<tr><td colspan="5">工艺要求</td><td colspan="3">特殊要求</td></tr>
</table>

续表

<table>
<tr><td colspan="2">产品名称：跨裤</td><td>客户：×××</td><td>数量：×××件</td></tr>
<tr><td colspan="2">订单号：××××××</td><td>款号：×××××</td><td>交货日期：×年×月×日</td></tr>
<tr><td colspan="2">（1）符合成品规格，外观美观，内外无线头
（2）育克圆顺、宽窄一致
（3）侧缝贴袋：直袋布和袋口平服，高低一致，避免袋口豁开袋布外露、袋下口封不齐
（4）门、里襟：门、里襟长短一致，避免中段松紧不一，起皱或下口豁开
（5）做、装育克：明缉线宽窄一致，面里平服，不起绺、不皱、不反吐
（6）锁眼：锁眼 2 个，扣眼大 1.5cm</td><td colspan="2">（1）裁剪要求：裁剪时，丝缕按样板上标注
（2）用衬要求：育克衬 ×2，门襟衬 ×1，贴袋口、裤口粘牵条衬
（3）缝线要求：缝线针距 14~15 针 /3cm
（4）整烫要求：熨烫温度为 160~170℃，整烫平挺、无焦、无黄、无极光、无污渍</td></tr>
<tr><td colspan="4">备注：</td></tr>
</table>

（三）结构设计

1. 结构图（图 2-22、图 2-23）

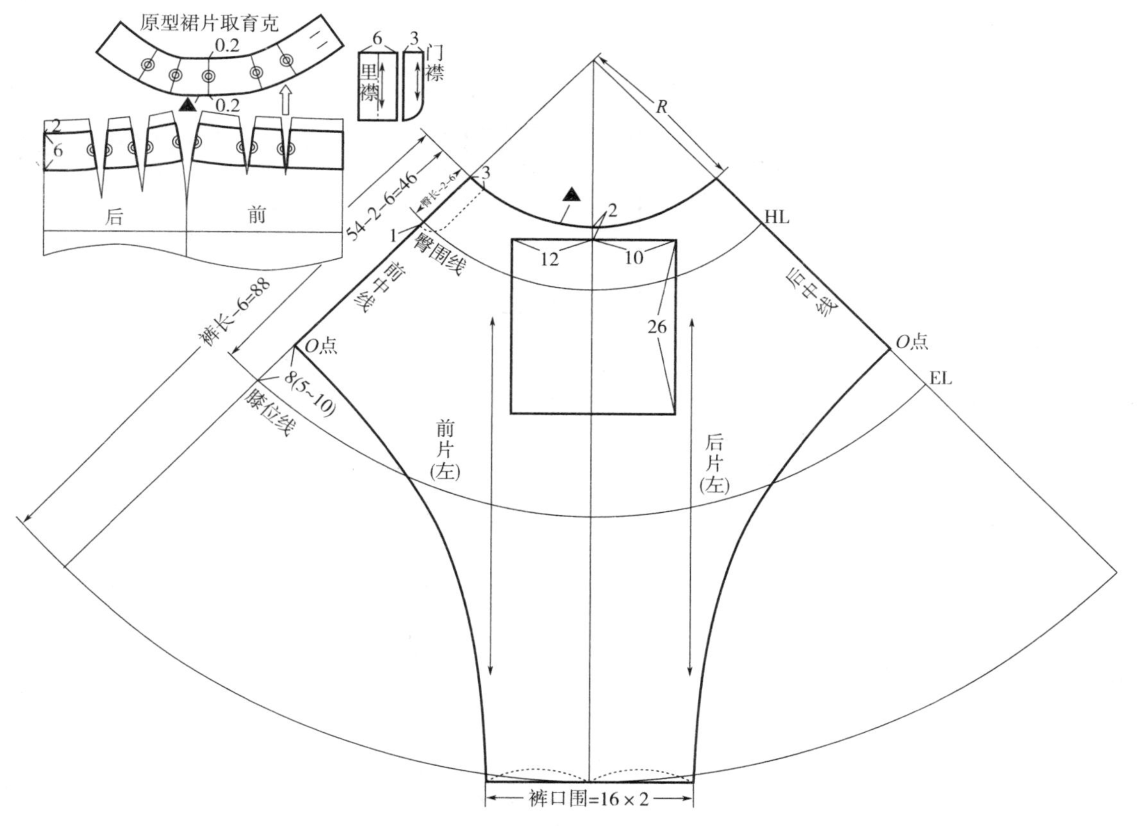

图 2-22　90°　跨裤结构图

2. 结构设计要点

跨裤最直接、最简单的结构设计是以圆弧几何作图法实现，如同圆裙（波浪裙）。结构步骤如下：

（1）以基本圆裙结构获取育克片，如图 2-23 所示，前、后育克拼接，设育克片下弧线长 = △。

（2）圆周 =4 △，以 R=2 △ / π 、L=R+（裤长 -6cm 育克宽）= R+82cm 为半径画 90° 圆弧。

（3）在 90° 圆弧里，一般臀长 = 腰长 =18cm，以臀长 -（2cm 低腰 +6cm 育克）画出臀围弧线 HL；以膝长 -（2cm 低腰 +6cm 育克）画出膝位弧线 EL。

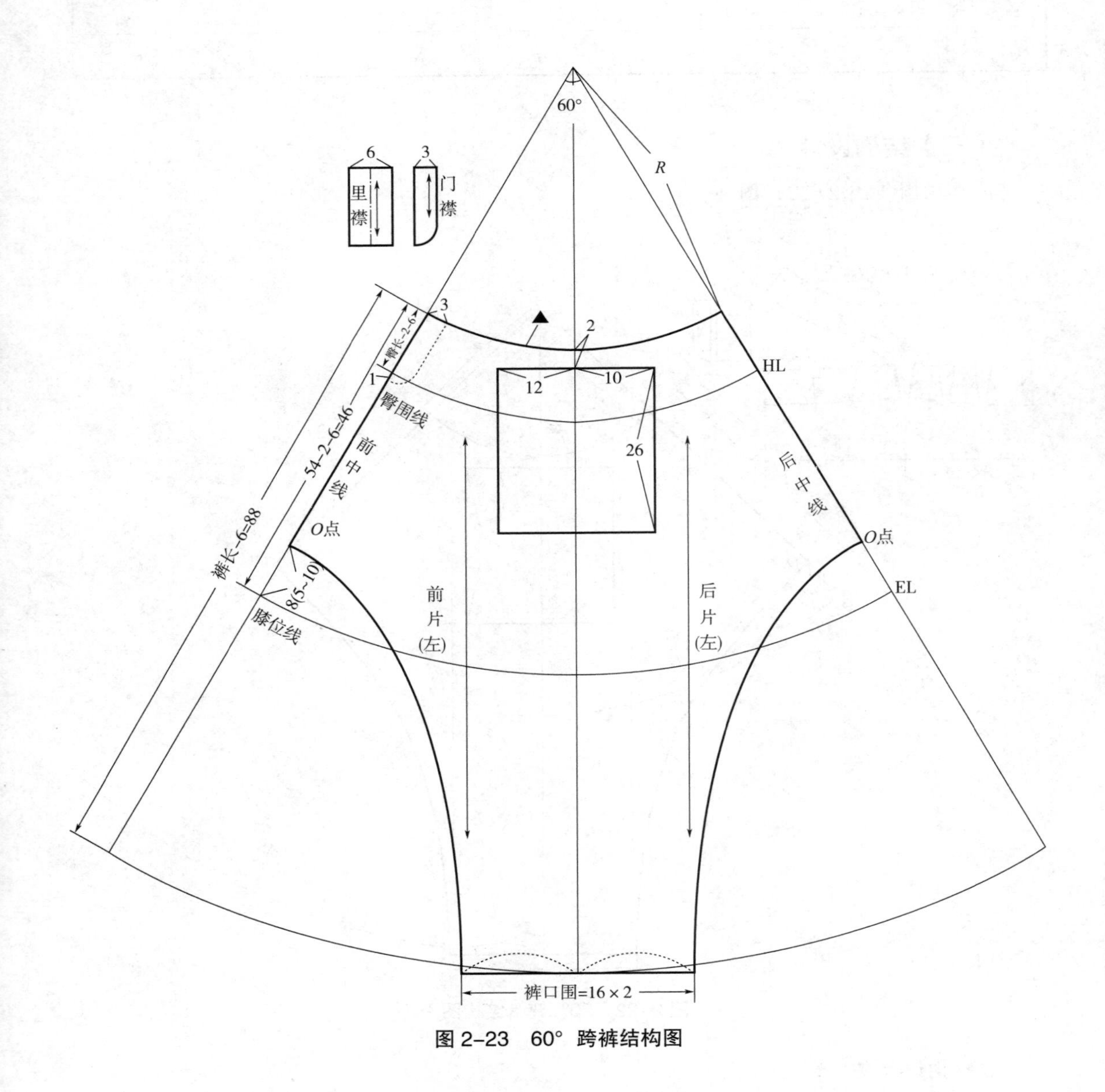

图 2-23　60° 跨裤结构图

（4）90° 圆弧的左、右边线对应人体的前中线和后中线，在前、后中线上，膝位线上下 5~10cm 取 O 点；在 90° 圆弧中线外弧线上，中线的左、右侧取裤口宽，并与 O 点连线画弧。

（5）如果只需满足日常行走跨步，裆部余量可减少，无需画 90° 圆弧，如图 2–24 所示画 60° 圆弧即可。

（四）样衣试穿（图 2–24）

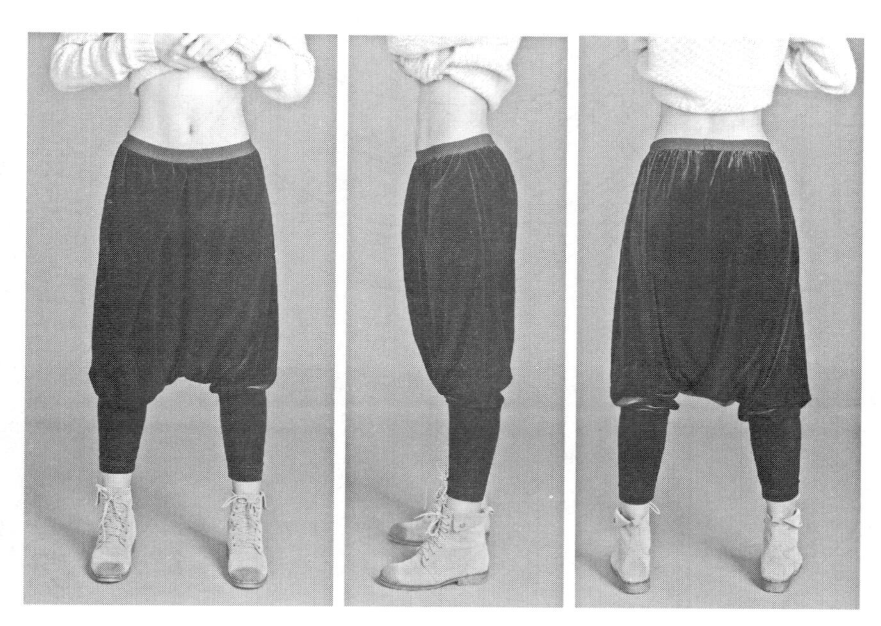

图 2–24　跨裤试穿效果

（五）样板图（图 2–25、图 2–26）

可根据企业的生产和面料特点来确定样板的放缝，但需要注意的是相关联部位的放缝量必须一致。本款放缝要点：

（1）侧贴袋口、裤口折边 =3cm，里襟下口缝份 =2cm，其余各样片缝份均为 1cm。

（2）标注：纱向、裁片名称、片数等。

（3）剪口：侧腰、侧裤口、门襟止口、中裆位等。

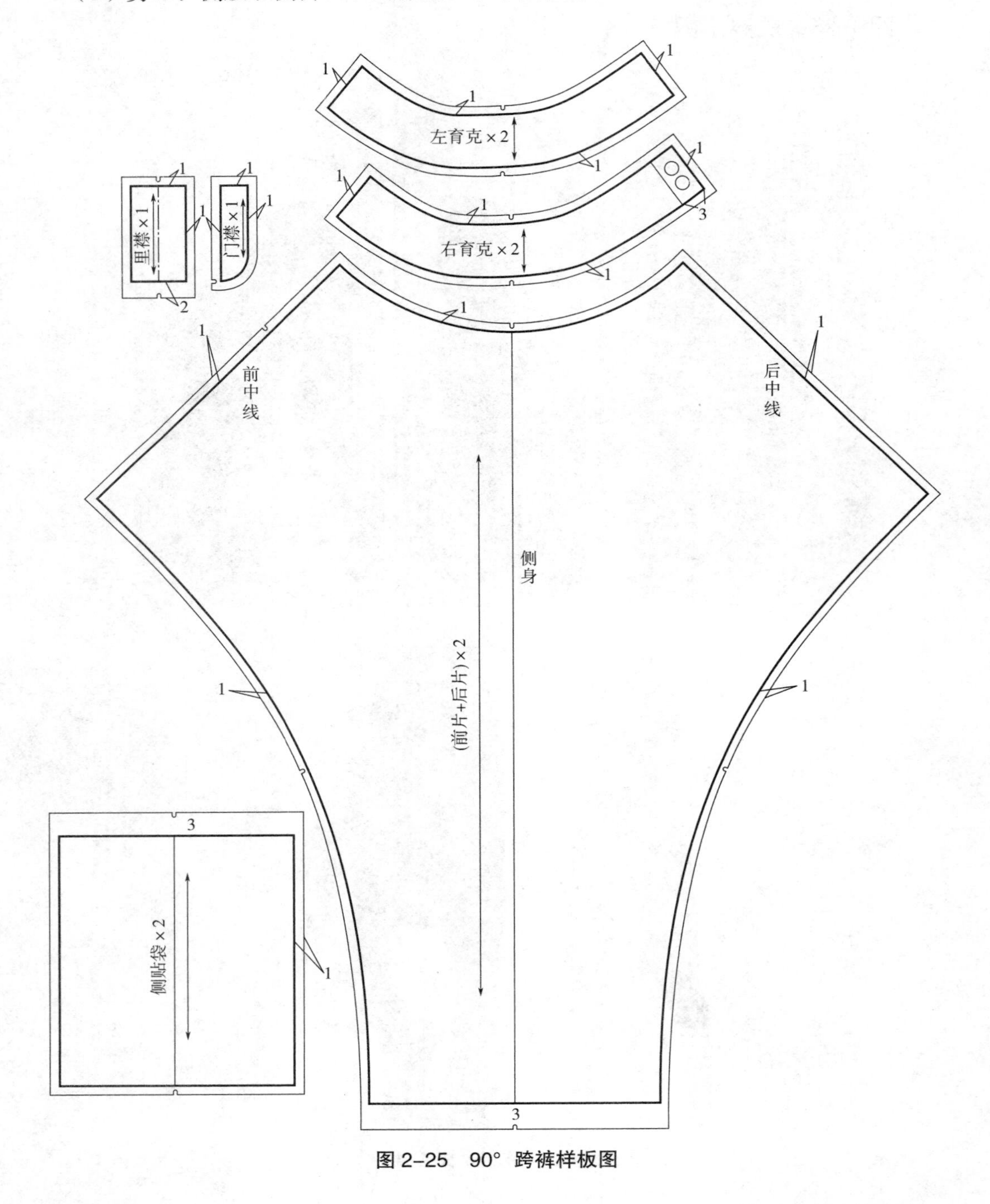

图 2–25　90° 跨裤样板图

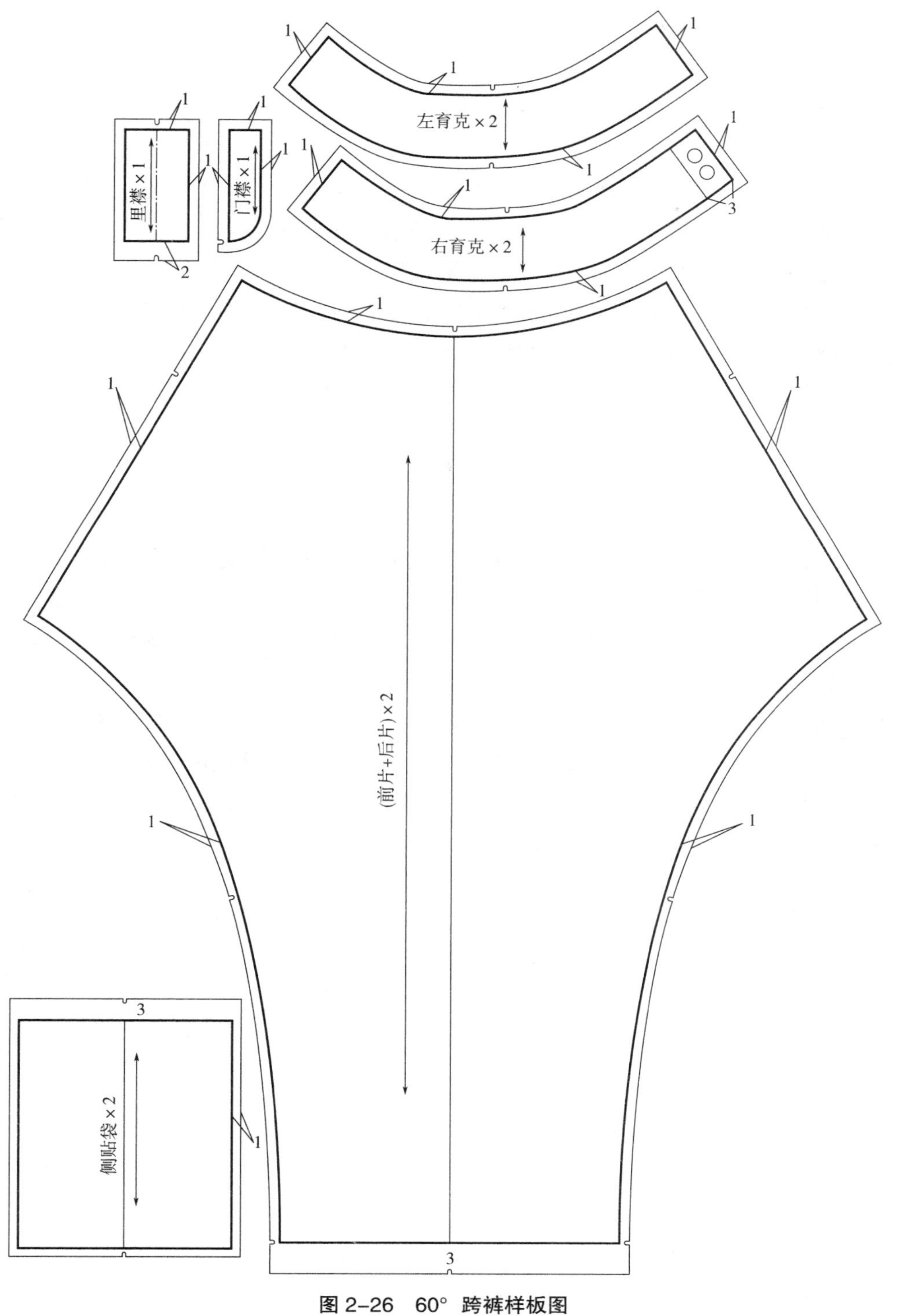

图 2-26　60° 跨裤样板图

思考题与练习

一、思考题

1. 查阅资料，简述裤子有哪些形式分类？
2. 查阅资料，收集时尚男、女裤款，简述现代裤子的风格特点？
3. 分析人体腰下的肢体特征与裤子结构的关系。
4. 根据裤子的宽松程度，如何加放臀围松量，以及前后差的分配处理？
5. 比较分析男、女西裤中的结构与样板处理的差异。
6. 思考分析跨裤、长裤及短裤的落裆量取值差异及不同处理法。

二、练习

1. 针对经典西裤与时尚裤款，有选择性地进行结构制图与纸样制作，制图比例分别为 1∶1 结构图和 1∶3 的缩小图。

要求：制图步骤合理，基础图线与轮廓线清晰分明，公式尺寸、纱向、符号标注工整明确。

2. 根据市场调研收集时尚流行裤款，归类整理；并自行设计系列裤子 3~5 款，选择 1~3 款展开 1∶1 结构纸样设计与成衣制作，达到举一反三、灵活应用能力。

要求：制图步骤合理，基础图线与轮廓线清晰分明，公式尺寸、纱向、符号标注工整明确。

应用理论与训练

连衣裙结构样板技术

课程内容： 合体型连衣裙结构样板（连身裙结构样板、接腰型连衣裙结构样板）
变化连衣裙结构样板（刀背缝连衣裙结构样板、吊带连衣裙结构样板）

课程时数： 16 课时

教学目的： 一是向学生介绍合体型连身裙、接腰型连衣裙的款式特点、规格与工艺单设计、结构样板制作；二是向学生介绍刀背缝连衣裙、吊带连衣裙的款式特点、规格与工艺单设计、结构样板制作，并通过学习和技能训练，掌握各种风格的连衣裙结构样板制作的技术。

教学要求： 1. 使学生了解与掌握合体型连身裙和接腰型连衣裙结构样板制作技术的思路与技巧，并进行相应的项目训练。
2. 使学生了解与掌握刀背缝连衣裙和吊带连衣裙结构样板制作技术的思路与技巧，并进行相应的项目训练。

课前准备： 阅读服装结构设计相关书籍的连衣裙结构样板设计的内容。

第三章 连衣裙结构样板技术

连衣裙是上衣与下裙相连的女性春夏季理想的服装，具有简洁、流畅的特点，能够展示出女性柔美、婀娜多姿的俏丽体态，体现淑女妩媚风姿和少女动人的风采。款式变化多样，根据收腰程度、裙摆和肩部的造型变化，通常可以形成H型、X型、A型、V型等衣身廓型。连身裙因而深受不同年龄层妇女的青睐。

第一节　合体型连衣裙结构样板

一、连身裙结构样板

（一）款式解析

连身裙是连衣裙中最基本的款式，它是将上衣和下裙相连贯通而成，从而形成连体式的服装，故称为连身裙。该款连身裙的款式特点为圆领，腋下省，前、后片设腰省后中缝装拉链方便穿脱；裙身下摆拼接波浪形圆摆，显得活泼灵动，同时又便于行走；袖子采用波浪饰边，与衣身底摆相呼应。由于该款连身裙衣身合体，裙摆没开衩，因此面料和里料均选用有弹力的化纤面料，在突出整体造型的同时又能便于日常活动。连身裙款式图如图3-1所示。

图3-1　连身裙款式图

（二）样衣工艺计划单（表 3-1）

表 3-1 样衣工艺计划单

单位：cm

<table>
<tr><td colspan="4">产品名称：连身裙</td><td colspan="2">客户：×××</td><td colspan="2">数量：×××件</td></tr>
<tr><td colspan="4">订单号：××××××</td><td colspan="2">款号：×××××</td><td colspan="2">交货日期：×年×月×日</td></tr>
<tr><td rowspan="10">成品规格</td><td rowspan="2">号型
部位</td><td>S</td><td>M</td><td>L</td><td>XL</td><td>XXL</td><td rowspan="2">面料小样</td></tr>
<tr><td>155/80A</td><td>160/84A</td><td>165/88A</td><td>170/92A</td><td>175/96A</td></tr>
<tr><td>后衣长</td><td>78</td><td>80</td><td>82</td><td>84</td><td>86</td><td rowspan="8">涤棉弹力布</td></tr>
<tr><td>肩宽</td><td>33</td><td>34</td><td>35</td><td>36</td><td>37</td></tr>
<tr><td>胸围</td><td>84</td><td>88</td><td>92</td><td>96</td><td>100</td></tr>
<tr><td>腰围</td><td>70</td><td>74</td><td>78</td><td>82</td><td>86</td></tr>
<tr><td>臀围</td><td>88</td><td>92</td><td>96</td><td>100</td><td>104</td></tr>
<tr><td>下摆围</td><td>164</td><td>168</td><td>172</td><td>176</td><td>180</td></tr>
<tr><td>后背宽</td><td>31</td><td>32</td><td>33</td><td>34</td><td>35</td></tr>
<tr><td>前胸宽</td><td>29</td><td>30</td><td>31</td><td>32</td><td>33</td></tr>
<tr><td colspan="8">质量要求</td></tr>
<tr><td colspan="5">工艺要求</td><td colspan="3">特殊要求</td></tr>
<tr><td colspan="5">（1）卷边：裙下摆和袖饰边的外缘卷细边
（2）拉链：采用尼龙隐形拉链，拉链止点在腰围线下13cm处
（3）里布：裙身采用里布，波浪下摆边与袖饰边无里布</td><td colspan="3">（1）裁剪要求：裁剪时，丝缕按样板上标注
（2）缝线要求：采用普通涤纶线，缝线针距 11~12 针 /3cm
（3）缝制要求：采用薄料缝纫机、专用送布牙送布，隐形拉链压脚，卷边器等专用设备、工具和工艺</td></tr>
<tr><td colspan="8">备注：</td></tr>
</table>

（三）结构设计

1. 结构图（图 3-2）

2. 结构设计要点

（1）后裙片 $S/2$ 处为后肩端点，根据后肩线长确定前肩端点。

（2）根据前、后裙身的下摆尺寸，用圆周率公式分别计算出半圆弧的半径和圆心角，然后分别画出前、后波浪下摆边弧线。

（3）袖饰边是先将前、后身的侧缝线合并拷贝前、后袖窿弧线，然后根据宽度尺寸画出袖饰边，再由肩线分别延长 5cm（肩端点前、后的重叠量）。

（4）前裙片腋下的胸省和腰部的腰省分别距 BP 点 2.5cm 和 3cm。

（5）后中缝装隐形拉链，距腰围线以下 13cm 处为拉链止点。

（6）裙身片配有里料，袖饰边和下摆边无里料。

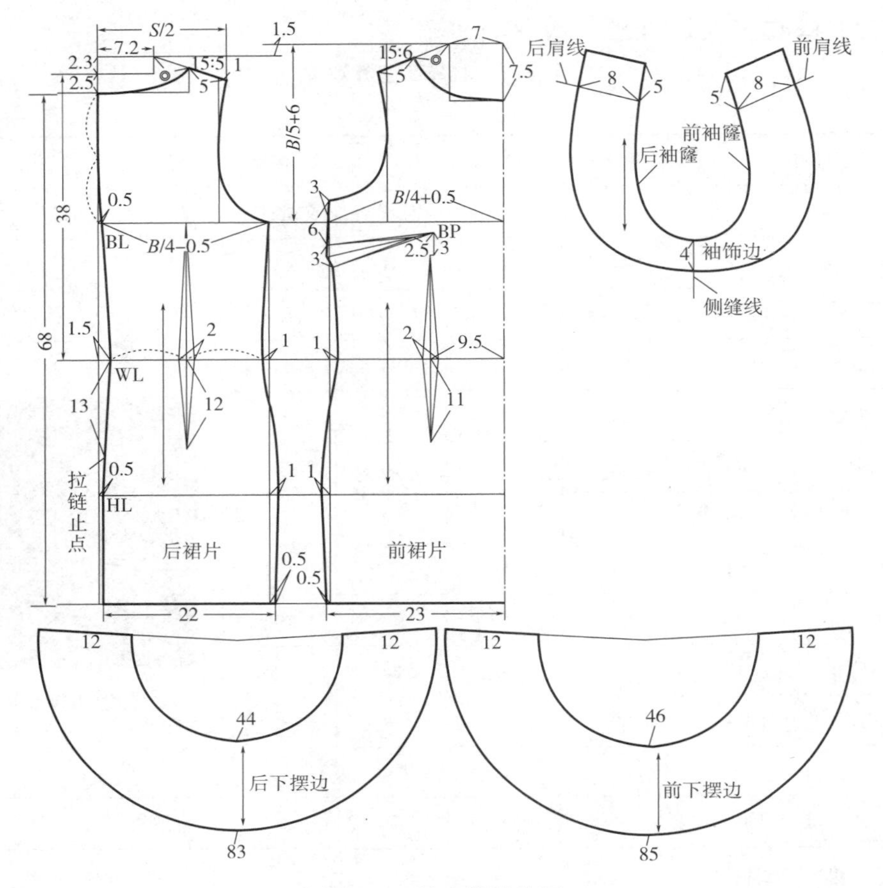

图 3-2　连身裙结构图

（四）样衣试穿（图 3-3）

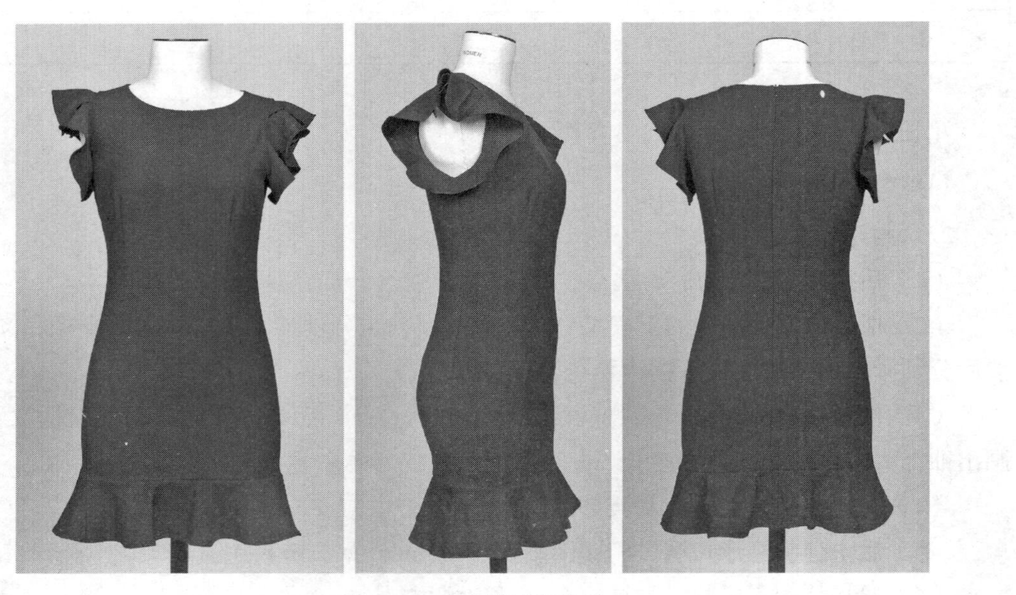

图 3-3　连身裙试穿效果

（五）样板图（图 3-4、图 3-5）

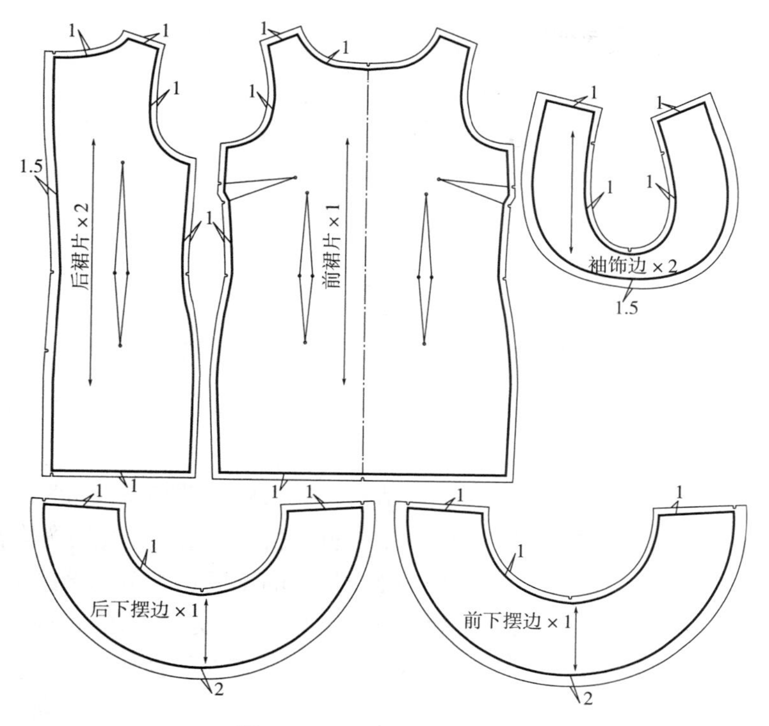

图 3-4 连身裙面布样板图

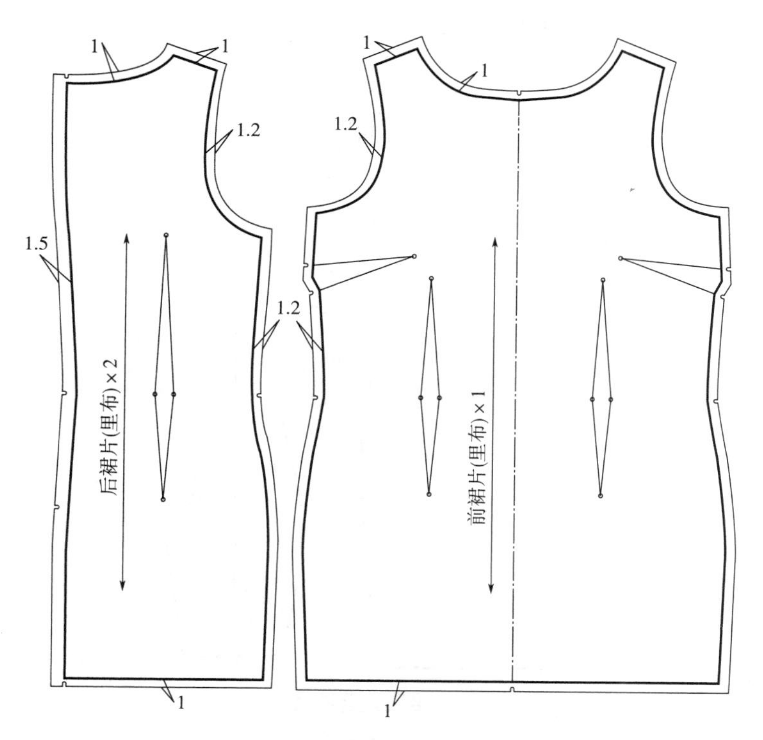

图 3-5 连身裙里布样板图

（六）样板校对

（1）校验各部位的尺寸是否正确。

（2）曲线部位的弧度是否合理、圆顺等。

（3）对合相应，缝合部位的长短是否一致。

（4）缝份的大小是否符合工艺要求等。

（5）全套纸样是否齐全。

（6）刀口整齐、弧线圆顺、造型美观、划线清楚，样片、纱向、缝份均标注清楚，刀口齐全、摆缝长短一致。

二、接腰型连衣裙结构样板

（一）款式解析

接腰型连衣裙是连衣裙中常见的一种结构，在人体腰部加横向分割线，将衣片与裙片分开，以达到收省、添加褶裥的目的。同时，也使腰部的结构变化更为丰富，造型美观、秀丽，适合各年龄层次的妇女穿着。根据腰线位置的不同通常分为低腰型（腰线位置在腰围线以下 6~8cm）、高腰型（腰线位置在腰围线以上 6~8cm）和标准型（正常腰位线）。

该款接腰型连衣裙的款式特点为 V 型领口，且左右交叠延伸至腰线；衣片的肩部和腰线分别采用活褶；裙片下摆略收，后开衩，收腰；与衣身相呼应，袖山及袖口均采用活褶设计以增强立体效果；后中缝装拉链，方便穿脱。面料选用棉、麻以及化纤类等面料，突出整体造型。连衣裙的款式图如图 3-6 所示。

图 3-6　接腰型连衣裙款式图

（二）样衣工艺计划单（表 3–2）

表 3–2　样衣工艺计划单

单位：cm

<table>
<tr><td colspan="4">产品名称：接腰型连衣裙</td><td colspan="2">客户：×××</td><td colspan="2">数量：×××件</td></tr>
<tr><td colspan="4">订单号：××××××</td><td colspan="2">款号：×××××</td><td colspan="2">交货日期：×年×月×日</td></tr>
<tr><td rowspan="12">成品规格</td><td rowspan="2">号型
部位</td><td>S</td><td>M</td><td>L</td><td>XL</td><td>XXL</td><td rowspan="2">面料小样</td></tr>
<tr><td>155/80A</td><td>160/84A</td><td>165/88A</td><td>170/92A</td><td>175/96A</td></tr>
<tr><td>后衣长</td><td>85</td><td>87</td><td>89</td><td>91</td><td>93</td><td rowspan="10">平纹棉麻布</td></tr>
<tr><td>肩宽</td><td>35</td><td>36</td><td>37</td><td>38</td><td>39</td></tr>
<tr><td>胸围</td><td>88</td><td>92</td><td>96</td><td>100</td><td>104</td></tr>
<tr><td>腰围</td><td>70</td><td>74</td><td>78</td><td>82</td><td>86</td></tr>
<tr><td>臀围</td><td>88</td><td>92</td><td>96</td><td>100</td><td>104</td></tr>
<tr><td>后背宽</td><td>32</td><td>33</td><td>34</td><td>35</td><td>36</td></tr>
<tr><td>前胸宽</td><td>29</td><td>30</td><td>31</td><td>32</td><td>33</td></tr>
<tr><td>袖长</td><td>24</td><td>25</td><td>26</td><td>27</td><td>28</td></tr>
<tr><td>袖肥</td><td>33.5</td><td>34.5</td><td>35.5</td><td>36.5</td><td>37.5</td></tr>
<tr><td>袖口围</td><td>27</td><td>28</td><td>29</td><td>30</td><td>31</td></tr>
<tr><td colspan="8">质量要求</td></tr>
<tr><td colspan="4">工艺要求</td><td colspan="4">特殊要求</td></tr>
<tr><td colspan="4">（1）前片：V 型领左右交叠，重叠 16cm，各自延伸至腰线，交叠点处采用线结固定
（2）后片：后裙片开衩，位置距裙底边 18cm
（3）腰线：衣片在腰部有活褶，裙片在腰部有省道，收褶与收省后的腰部拼接处长度吻合
（4）拉链：采用尼龙隐形拉链，拉链止点距腰线 13cm
（5）里布：衣片和裙片均采用里布，袖片无里布</td><td colspan="4">（1）裁剪要求：裁剪时，丝绺按样板上标注
（2）缝线要求：采用普通涤纶线，缝线针距 11~12 针 /3cm
（3）缝制要求：采用连衣裙缝制的专用设备、工具和工艺</td></tr>
<tr><td colspan="8">备注：</td></tr>
</table>

（三）结构设计

1. 结构图（图 3–7、图 3–8）

2. 结构设计要点

（1）前衣片肩部的褶裥由腋下省转移而至，各自转移省量的 1/2，左、右前片的 V 型领分别延伸至腰线处。

（2）前、后腰线在腰围线的基础上上抬 1cm，以此增加视觉上的美感。

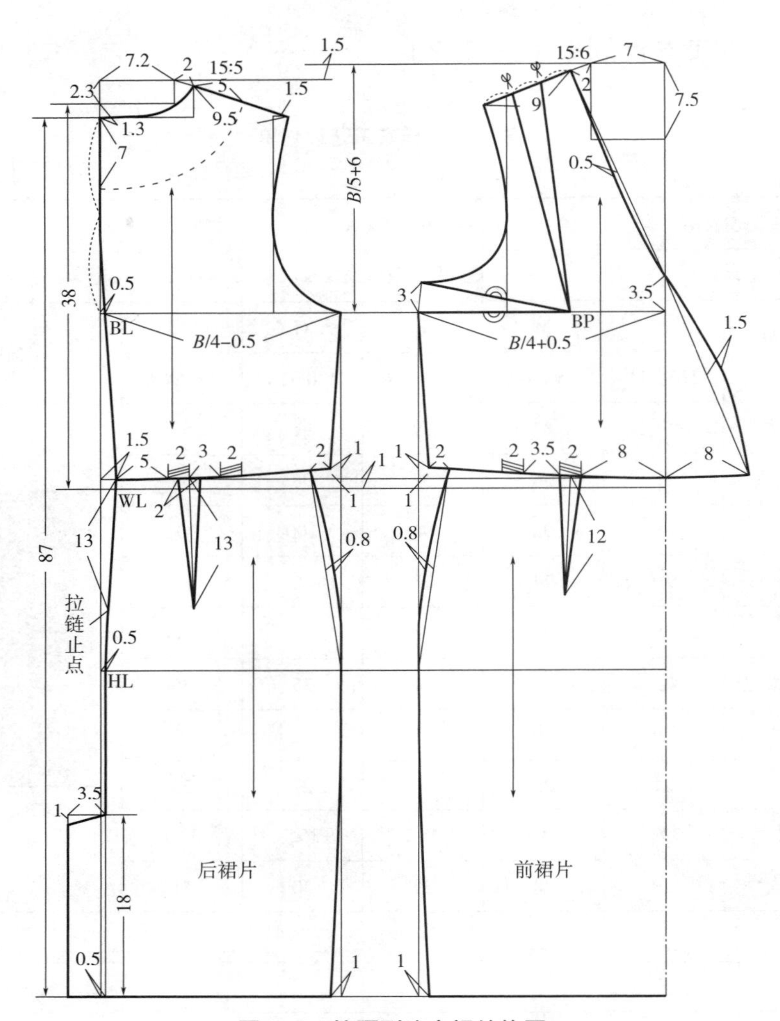

图 3-7　接腰型连衣裙结构图

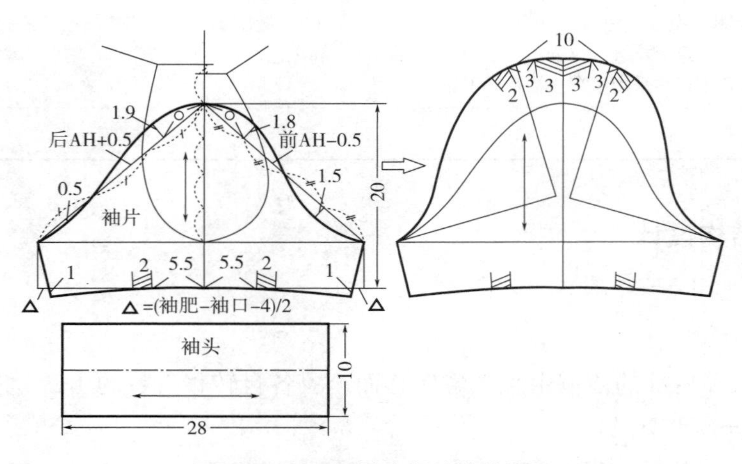

图 3-8　接腰型连衣裙袖片结构图

（3）前、后腰线的褶裥量以及腰线在侧缝处的收进量根据成衣规格的胸腰差进行分配。

（4）袖山高根据前、后肩端点距离的1/2至胸围线4/5取得，通过量取前、后袖山斜线获得袖肥。

（5）连衣裙的后中缝装隐形拉链，距离裙底边18cm开衩，前裙片为整片。

（6）袖山头设四个活褶，先画出基本袖结构，然后剪开袖山弧线并展开10cm，再进行褶裥量分配。

（四）样衣试穿（图3-9）

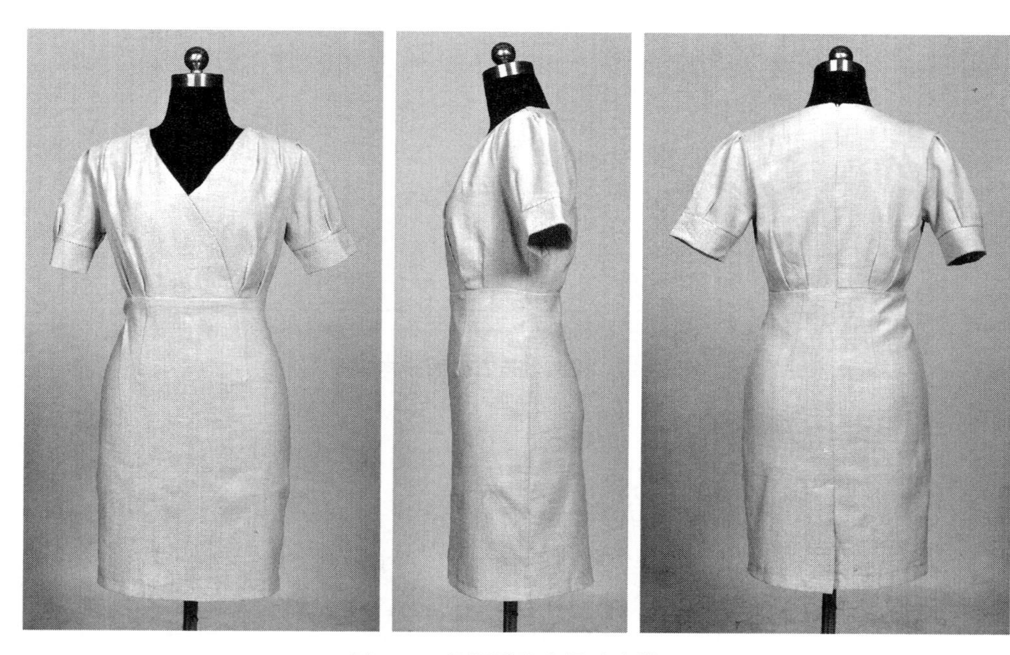

图3-9　接腰型连衣裙试穿效果

（五）样板图（图3-10、图3-11）

（六）样板校对

（1）校验各部位的尺寸是否正确。

（2）曲线部位的弧度是否合理、圆顺等。

（3）对合相应，缝合部位的长短是否一致。

（4）缝份的大小是否符合工艺要求等。

（5）全套纸样是否齐全。

（6）刀口整齐、弧线圆顺、造型美观、划线清楚，样片、纱向、缝份均标注清楚，刀口齐全、摆缝长短一致。

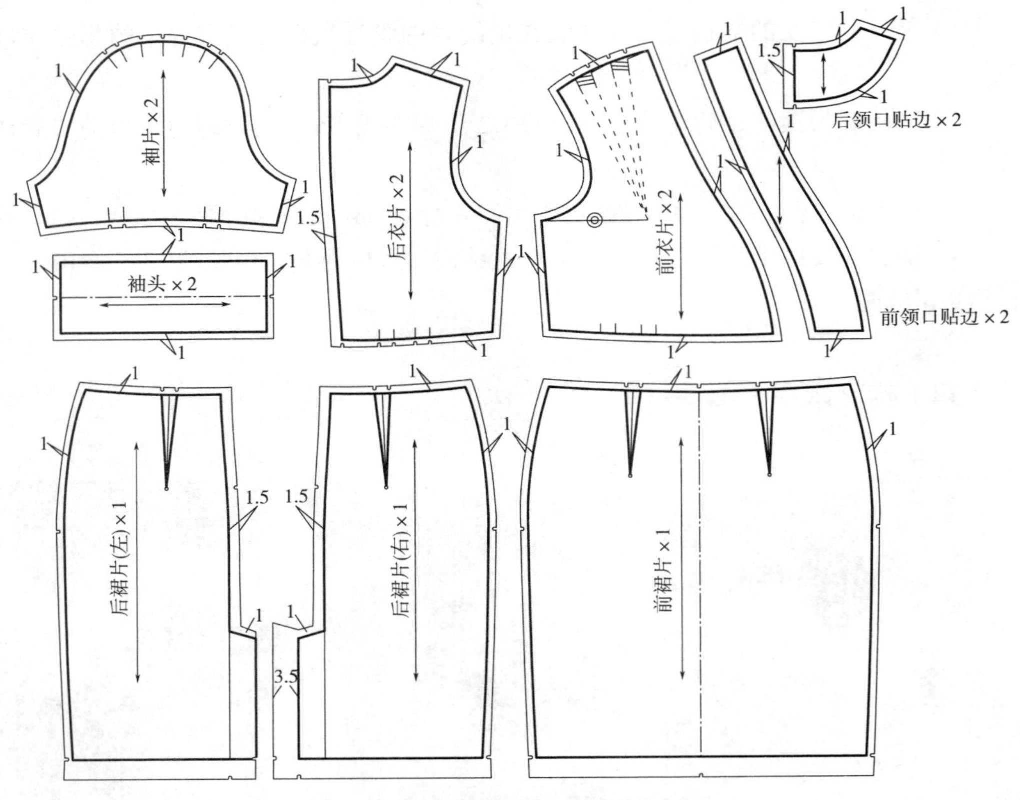

图 3–10　接腰型连衣裙面布样板图

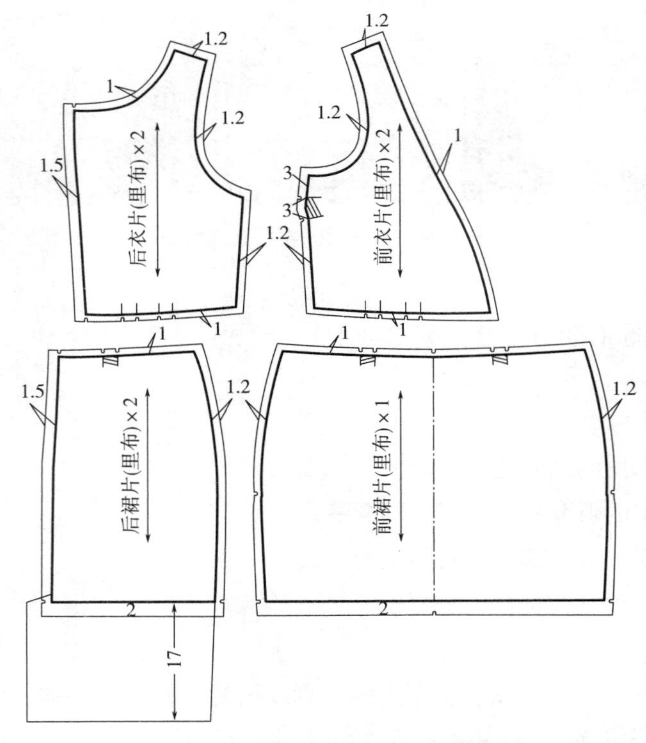

图 3–11　接腰型连衣裙里布样板图

第二节　变化连衣裙结构样板

一、刀背缝连衣裙结构样板

（一）款式解析

本款为夏季连衣裙，裙长在膝盖上下。其款式特点为衣裙前、后身设刀背分割缝，钻石型领口，无袖，收腰，右侧装拉链，款式简洁大方，适合各年龄段女性穿着。一般可选择轻薄透气、吸湿性好，且有垂感的面料，如真丝双绉、电力纺、棉麻混纺布、雪纺、黏纤、化纤等面料。款式图如图 3–12 所示。

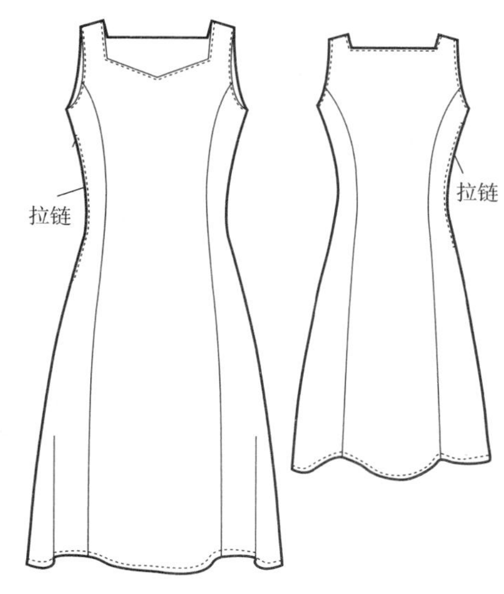

图 3–12　刀背缝连衣裙款式图

（二）样衣工艺计划单（表 3–3）

表 3–3　样衣工艺计划单

单位：cm

<table>
<tr><td colspan="4">产品名称：刀背缝连衣裙</td><td colspan="3">客户：×××</td><td>数量：×××件</td></tr>
<tr><td colspan="4">订单号：××××××</td><td colspan="3">款号：×××××</td><td>交货日期：×年×月×日</td></tr>
<tr><td rowspan="6">成品规格</td><td rowspan="2">号型
部位</td><td>S</td><td>M</td><td>L</td><td>XL</td><td>XXL</td><td rowspan="2">面料小样</td></tr>
<tr><td>155/80A</td><td>160/84A</td><td>165/88A</td><td>170/92A</td><td>175/96A</td></tr>
<tr><td>后衣长</td><td>84</td><td>88</td><td>92</td><td>96</td><td>100</td><td rowspan="4">平纹色布</td></tr>
<tr><td>胸围</td><td>86</td><td>90</td><td>94</td><td>98</td><td>102</td></tr>
<tr><td>腰围</td><td>68</td><td>72</td><td>76</td><td>80</td><td>84</td></tr>
<tr><td>臀围</td><td>88</td><td>92</td><td>96</td><td>100</td><td>104</td></tr>
<tr><td colspan="8">质量要求</td></tr>
<tr><td colspan="5">工艺要求</td><td colspan="3">特殊要求</td></tr>
<tr><td colspan="5">（1）前片：前分割缝分烫，前片胸腰处归拔符合人体胸腰造型要求
（2）后片：后分割缝分烫，后片归拔符合人体背部造型要求
（3）前、后领袖贴：领口、袖口缉明线，肩缝分烫
（4）装拉链：右侧缝缉缝隐形拉链并固定
（5）下摆：下摆折边包缝，缉明线，宽度 1.5cm</td><td colspan="3">（1）裁剪要求：裁剪时，丝缕按样板上标注
（2）用衬要求：前领袖贴 ×1，后领袖贴 ×1
（3）缝线要求：明、暗线针距 12~14 针 /3cm
（4）整烫要求：熨烫温度为 160~170℃。胸部分割线处烫饱满，领止口平整不外吐，整件衣服无污渍、无极光</td></tr>
<tr><td colspan="8">备注：</td></tr>
</table>

（三）结构设计

1. 结构图（图 3–13、图 3–14）

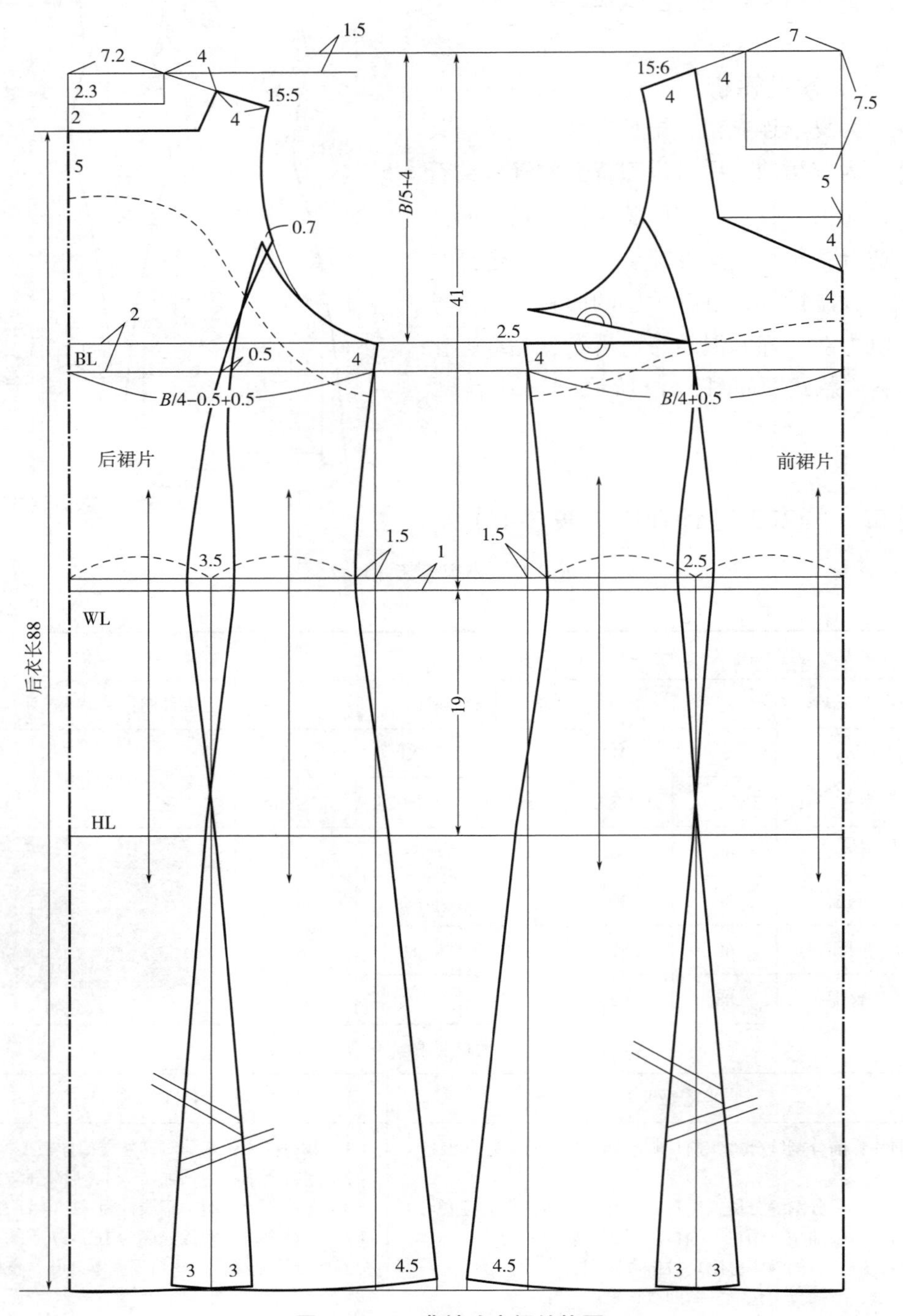

图 3–13　刀背缝连衣裙结构图

2. 结构设计要点

（1）图中 B、W、H 分别为成衣的胸围、腰围、臀围。

（2）合体服装的前、后上平线高度一般相差 1~2cm，此差值跟人体的前、后腰节长相关。

（3）因为款式是合体无袖连衣裙，所以袖窿深在胸围线的基础上抬高 2cm。

（4）为了使连衣裙在视觉上比例更美观，在腰节线基础上抬高 1 cm。

（5）根据人体前、后体型特点，合体服装的后腰省量大于前腰省量，所以图中后腰省量为 3.5cm，前腰省量为 2.5cm。

（6）胸省量为 2.5cm，此省量与服装合体度以及乳胸大小相关。乳胸越大，服装越合体，胸省也越大。

（7）后刀背缝起点偏进 0.7cm，考虑后刀背缝不宜过弯的造型要求，刀背缝可有 0~0.5cm 的缩缝量，如图 3–13 所示；后侧片刀背缝也可以采用另一种方法处理，如图 3–14 所示。

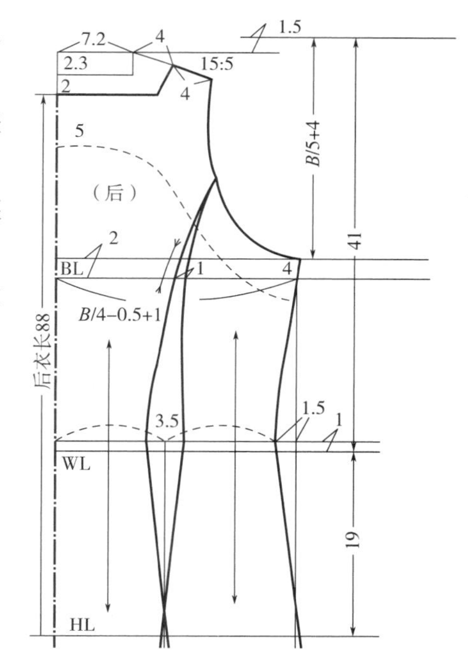

图 3–14　后刀背缝结构处理方法二

（四）样衣试穿（图 3–15）

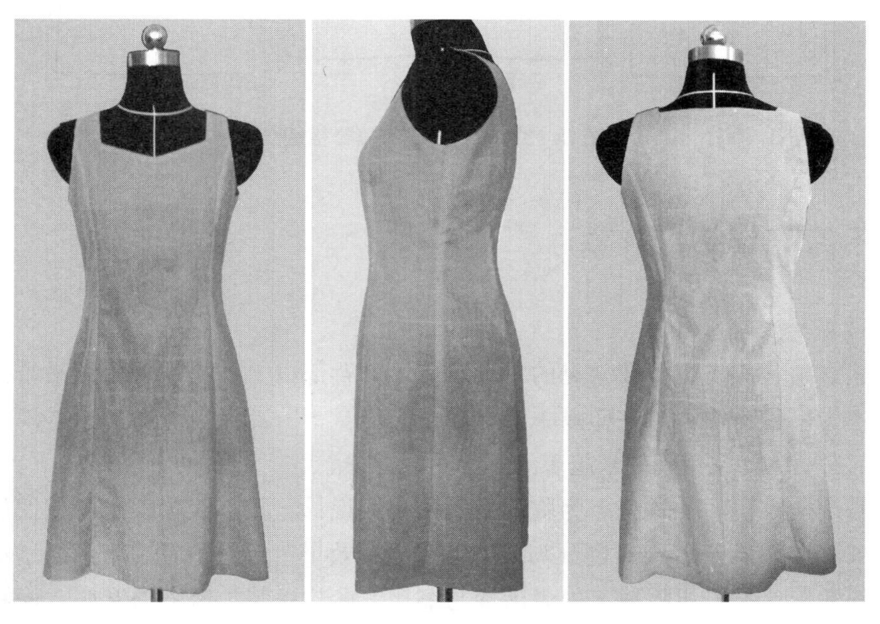

图 3–15　刀背缝连衣裙试穿效果

（五）样板图（图 3–16）

（1）尖角及对应角缝份做平角处理，便于对齐缝合。

（2）剪口：胸围、腰围、臀围缝份画剪口，领口前后中心、下摆前后中心画剪口。

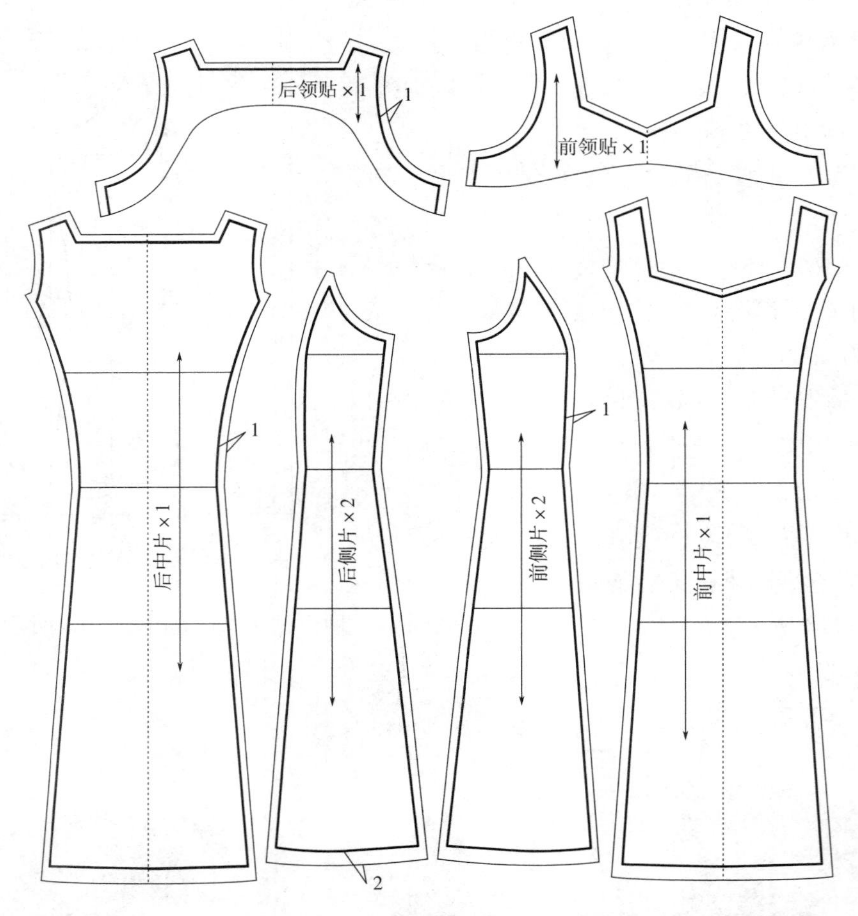

图 3–16 刀背缝连衣裙样板图

二、吊带连衣裙结构样板

（一）款式解析

吊带连衣裙是连衣裙中较常见的一种款式，胸背部以上裸露，采用细吊带连接，故形象地称之为吊带连衣裙。在盛夏季节穿着使人感觉十分凉快、舒适；随着现代社会的进步，除了女童之外，受到越来越多的年青女性青睐。

该款吊带连衣裙的款式特点为胸部采用紧身式设计，腰部收紧，裙身下摆展开，整体造型呈 X 型。前胸及后背通过分割线增强了立体效果，后身护背采用橡筋增加弹性。前侧身设斜弧形口袋，裙腰接口处设活褶与缩褶，前门襟装拉链方便穿脱。面料选用带有弹性的牛仔布，既突出了整体造型，又穿着舒适。款式图如图 3–17 所示。

图 3-17　吊带连衣裙款式图

（二）样衣工艺计划单（表 3-4）

表 3-4　样衣工艺计划单

单位：cm

<table>
<tr><td colspan="4">产品名称：吊带连衣裙</td><td colspan="3">客户：×××</td><td>数量：×××件</td></tr>
<tr><td colspan="4">订单号：××××××</td><td colspan="3">款号：×××××</td><td>交货日期：×年×月×日</td></tr>
<tr><td rowspan="6">成品规格</td><td rowspan="2">号型
部位</td><td>S</td><td>M</td><td>L</td><td>XL</td><td>XXL</td><td rowspan="2">面料小样</td></tr>
<tr><td>155/84A</td><td>160/88A</td><td>165/92A</td><td>170/96A</td><td>175/100A</td></tr>
<tr><td>后衣长</td><td>61</td><td>63</td><td>65</td><td>67</td><td>69</td><td rowspan="4">牛仔布</td></tr>
<tr><td>胸围</td><td>84</td><td>88</td><td>92</td><td>96</td><td>100</td></tr>
<tr><td>腰围</td><td>66</td><td>70</td><td>74</td><td>78</td><td>82</td></tr>
<tr><td>下摆围</td><td>194</td><td>198</td><td>202</td><td>206</td><td>210</td></tr>
<tr><td colspan="8">质量要求</td></tr>
<tr><td colspan="6">工艺要求</td><td colspan="2">特殊要求</td></tr>
<tr><td colspan="6">（1）前片：前中线装拉链，加装门襟贴边，前片有分割线
（2）后片：后片护背为整片通过橡筋收紧，后片有分割线
（3）前后裙片：腰部有活褶和缩褶，收褶后与腰部拼接处长度吻合
（4）拉链：采用金属拉链，拉链止口距拉链齿 0.5cm，拉链底端距裙底边 4cm
（5）明线：双明线部位有胸背部育克、胸背部分割线、前后腰部上下拼接处、前胸省道、口袋口、后裙片分割线、裙底边；单明线部位有拉链止口、前贴边、腰襻、后片中缝</td><td colspan="2">（1）裁剪要求：裁剪时，丝缕按样板上标注
（2）缝线要求：明线采用黄色牛仔线，缝线针距 10~11 针 /3cm；暗线采用普通涤纶线，缝线针距 11~12 针 /3cm
（3）缝制要求：采用牛仔布料缝制的专用设备、工具和工艺</td></tr>
<tr><td colspan="8">备注：</td></tr>
</table>

（三）结构设计

1. 结构图（图 3-18）

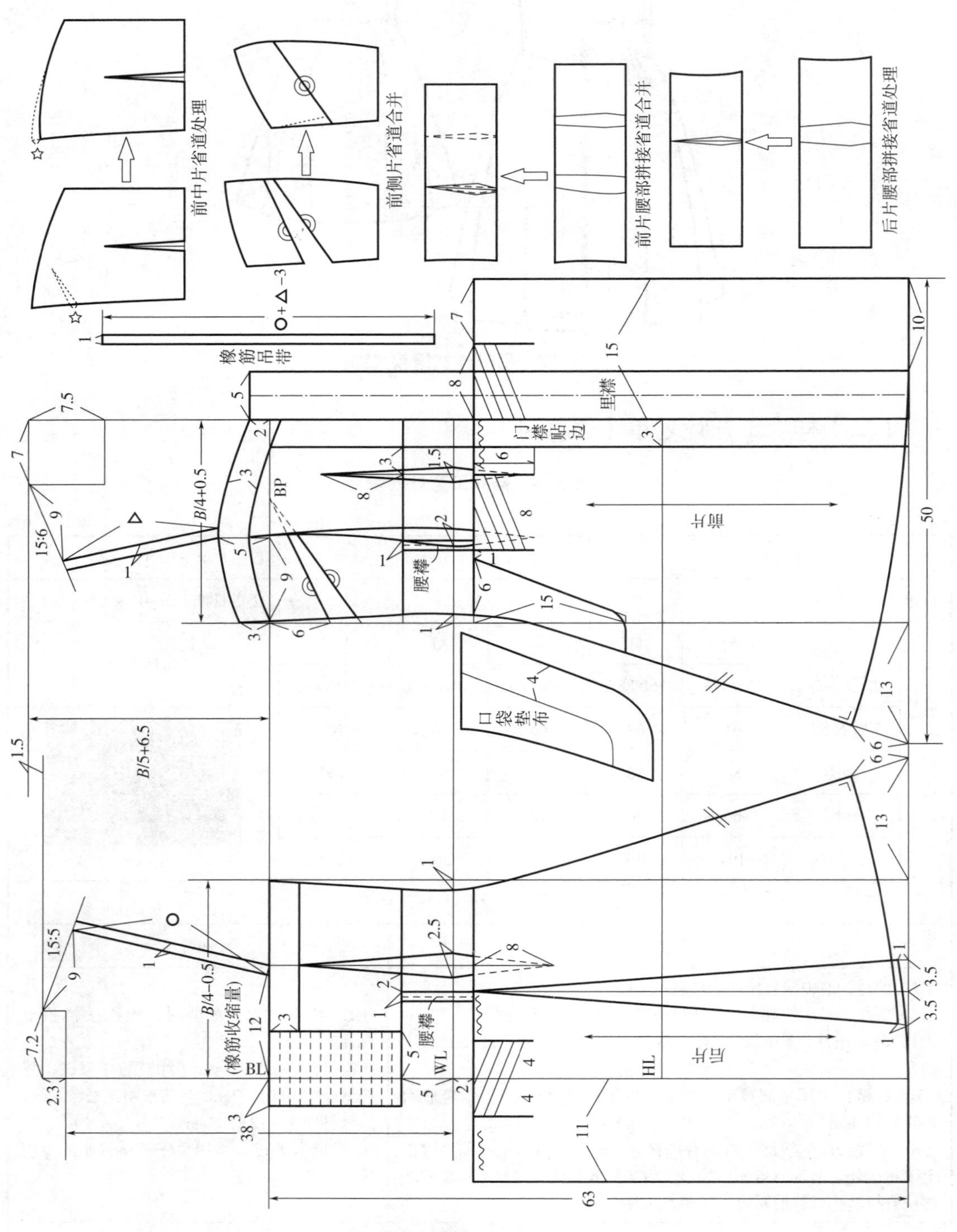

图 3-18　吊带连衣裙结构图

2. 结构设计要点

（1）前、后胸背部的衣片进行分割处理，前片胁部省道在分割线处合并。前中线为无搭门的拉链设计，并在左片加装门襟贴边。

（2）后背中部的护背通过缝制细橡筋进行收缩处理，橡筋的收缩量为 3cm。

（3）前、后片腰部拼接处的省道分别处理，其中前片的两个省道合并为一个。

（4）前、后裙腰的接口处分别设计有活褶与缩褶，收褶后前、后裙腰接口处的长度与腰部拼接处的长度相吻合。

（5）吊带采用宽度为 1cm 的专用橡筋带，由于橡筋具有弹性，因此其长度为前后的实际长度 -3cm，以防止吊带滑落。

（6）前、后腰部共有四个腰带襻，配有装饰腰带。

（四）样衣试穿（图 3–19）

图 3–19　吊带连衣裙试穿效果

（五）样板图（图 3–20）

（六）样板校对

（1）校验各部位的尺寸是否正确。

（2）曲线部位的弧度是否合理、圆顺等。

（3）对合相应，缝合部位的长短是否一样。

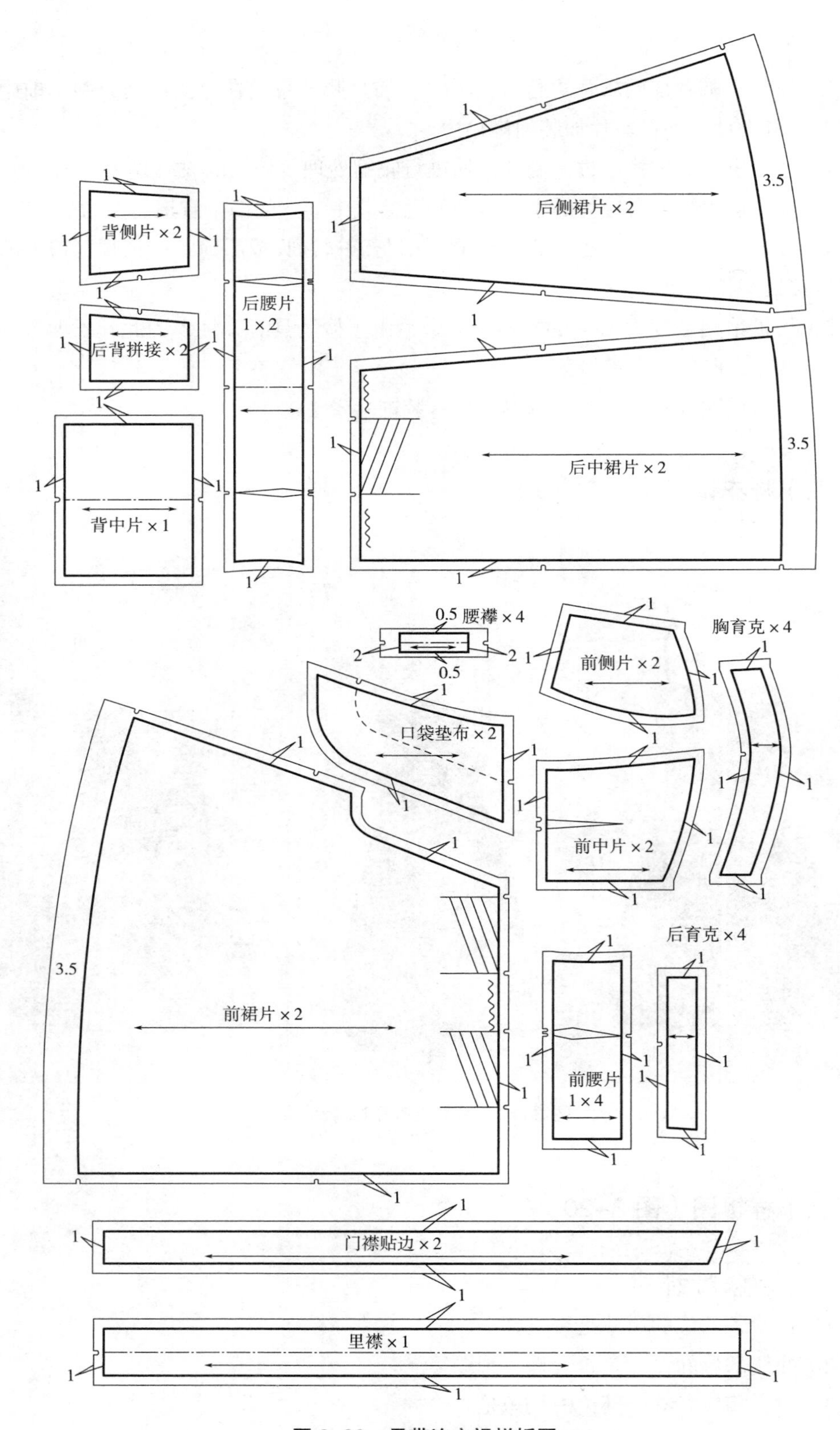

图 3-20　吊带连衣裙样板图

（4）缝份的大小是否符合工艺要求等。

（5）全套纸样是否齐全。

（6）刀口整齐、弧线圆顺、造型美观、划线清楚，款式、纱向、缝份均应标注清楚，刀口齐全、摆缝长短一致。

思考题与练习

一、思考题

1. 查阅资料，简述连衣裙有哪些形式分类和风格特点？

2. 如何根据连衣裙的不同廓型设计围度尺寸的放松量？

3. 对于紧身裙和半紧身裙而言，制约裙摆的关键因素是什么？

4. 试从人体特征考虑，为什么靠近前、后中线的分割线所增加的裙摆量越小，靠近侧缝的分割线增加的裙摆量越大？

二、练习

1. 针对本章连衣裙款式，有选择性地进行结构制图与纸样制作，制图比例分别为 1∶1 结构图或 1∶3 的缩小图。

要求：制图步骤合理，基础图线与轮廓线清晰分明，公式尺寸、纱向、符号标注工整明确。

2. 根据市场调研收集时尚流行连衣裙款式，分类整理；并自行设计系列连衣裙（或礼服裙）3~5 款，选择 1~3 款展开 1∶1 结构纸样设计与成衣制作，达到举一反三、灵活应用能力。

要求：制图步骤合理，基础图线与轮廓线清晰分明，公式尺寸、纱向、符号标注工整明确。

应用理论
与训练

衬衫结构样板技术

课程内容： 女衬衫结构样板（长袖女衬衫结构样板、短袖女衬衫结构样板、无袖女衬衫结构样板）
男衬衫结构样板（长袖男衬衫结构样板、男合体短袖衫结构样板）

课程时数： 16 课时

教学目的： 一是向学生介绍女衬衫的款式特点、规格与工艺单设计、结构样板制作；二是向学生介绍男衬衫的款式特点、规格与工艺单设计、结构样板制作，并通过学习和技能训练，掌握不同风格的男、女衬衫结构样板制作的技术。

教学要求： 1. 使学生了解与掌握女衬衫不同款式结构样板制作技术的思路与技巧，并进行相应项目训练。
2. 使学生了解与掌握男衬衫不同款式结构样板制作技术的思路与技巧，并进行相应项目训练。

课前准备： 阅读服装结构设计相关书籍的衬衫结构样板设计的内容。

第四章 衬衫结构样板技术

衬衫又名衬衣，是上衣的重要品种之一，是春夏季男女上身穿着的单层服装的总称，包括长袖、短袖、罩衫及背心等。衬衫的穿着方式多样，既可以作为正式的服装外穿，也可以内穿；既可以罩在下装外面穿着，也可以塞在下装里面穿着等。

第一节　女衬衫结构样板

一、长袖女衬衫结构样板

（一）款式解析

本款为较典型的长袖女衬衫，款式特点为女式小圆角翻立领（亦称衬衫领），七粒纽扣，前衣片上段暗门襟，反压褶裥工艺，后中与袖头也采用反压褶裥工艺装饰；前、后衣片设刀背分割缝，长袖，宝剑头袖衩，圆弧下摆。采用面料以中薄型的棉织物为主，全棉、涤棉等棉与化纤的混纺面料亦可，如府绸、斜纹布及薄型牛仔布等。款式图如图 4–1 所示。

图 4–1　长袖女衬衫款式图

（二）样衣工艺计划单（表 4–1）

表 4–1 样衣工艺计划单

单位：cm

<table>
<tr><td colspan="4">产品名称：长袖女衬衫</td><td colspan="2">客户：×××</td><td colspan="2">数量：××× 件</td></tr>
<tr><td colspan="4">订单号：××××××</td><td colspan="2">款号：×××××</td><td colspan="2">交货日期：× 年 × 月 × 日</td></tr>
<tr><td rowspan="11">成品规格</td><td rowspan="2">号型
部位</td><td>S</td><td>M</td><td>L</td><td>XL</td><td>XXL</td><td rowspan="2">面料小样</td></tr>
<tr><td>155/80A</td><td>160/84A</td><td>165/88A</td><td>170/92A</td><td>175/96A</td></tr>
<tr><td>后衣长</td><td>54.5</td><td>56.5</td><td>58.5</td><td>60.5</td><td>62.5</td><td rowspan="9">平纹细布</td></tr>
<tr><td>肩宽</td><td>38</td><td>39</td><td>40</td><td>41</td><td>42</td></tr>
<tr><td>胸围</td><td>90</td><td>94</td><td>98</td><td>102</td><td>106</td></tr>
<tr><td>腰围</td><td>72</td><td>76</td><td>80</td><td>84</td><td>88</td></tr>
<tr><td>臀围</td><td>90</td><td>94</td><td>98</td><td>102</td><td>106</td></tr>
<tr><td>领围</td><td>39</td><td>40</td><td>41</td><td>42</td><td>43</td></tr>
<tr><td>袖长</td><td>56.5</td><td>58</td><td>59.5</td><td>61</td><td>62.5</td></tr>
<tr><td>袖肥</td><td>30.8</td><td>32</td><td>33.2</td><td>34.4</td><td>35.6</td></tr>
<tr><td>袖口围</td><td>23</td><td>24</td><td>25</td><td>26</td><td>27</td></tr>
<tr><td colspan="8">质量要求</td></tr>
<tr><td colspan="6">工艺要求</td><td colspan="2">特殊要求</td></tr>
<tr><td colspan="6">（1）压褶工艺：按纸样位置分别在前片右门襟上段、后中和袖口上画出褶裥的位置，然后按刀口均匀缉缝，要求缝线顺直，褶裥量与褶裥距均匀，丝缕顺直，再按样板位置反压褶裥
（2）前片：贴边门襟宽 2.8cm，上段压褶部分做暗门襟
（3）衣领：立翻领，圆领角；底领后中宽 2.5cm，底领前宽 1.8cm；翻领后中宽 5cm，领角长 6cm；左右对称，宽窄一致
（4）衣袖：绱袖吃势均匀，袖衩平整不露毛，小袖衩扣烫成 1 cm 宽，大袖衩扣烫成 2 cm
（5）下摆：圆摆，底边折边第一次折 0.5cm，第二次折 0.7cm，沿边缉 0.1 cm，正面见线 0.6cm
（6）锁眼：平头锁眼 7 个，扣眼大 1.5cm</td><td colspan="2">（1）裁剪要求：裁剪时，丝缕按样板上标注
（2）用衬要求：门襟 ×2，翻领 ×2，底领 ×2
（3）缝线要求：明、暗线针距 14~15 针 /3cm
（4）整烫要求：熨烫温度为 160~170℃；前领口不可烫死，留有窝势；整件衣服无污渍与极光</td></tr>
<tr><td colspan="8">备注：</td></tr>
</table>

（三）结构设计

1. 结构图（图 4–2、图 4–3）

2. 结构设计要点

（1）由于女性的体型特征，后腰比前腰向内弯的幅度更大，所以在计算和分配腰省量时，后省量应该比前省量稍大。

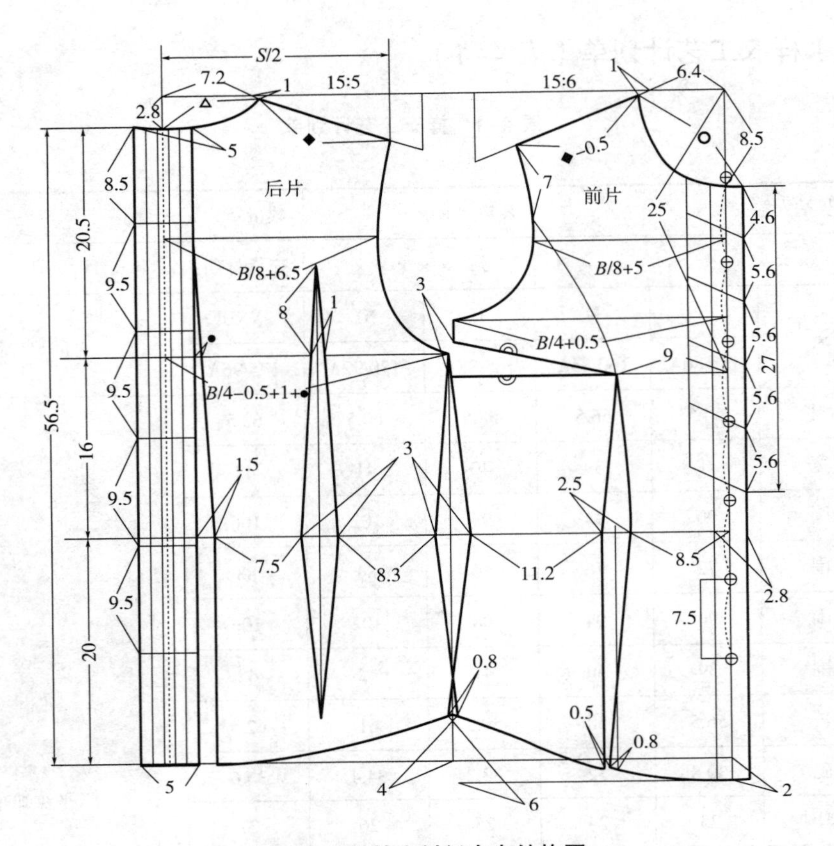

图 4–2　长袖女衬衫衣身结构图

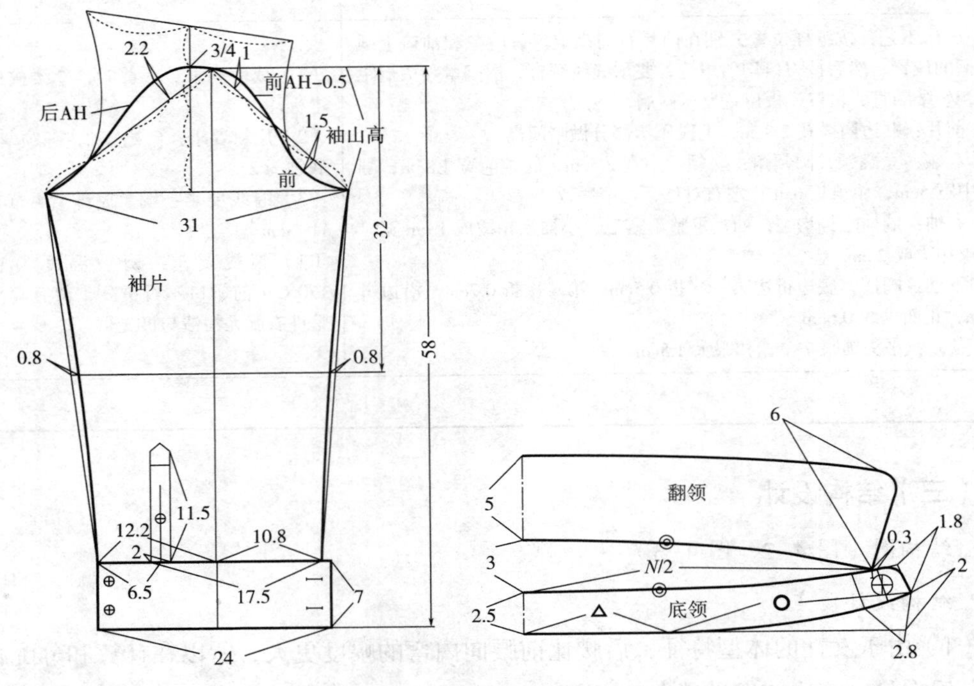

图 4–3　长袖女衬衫领、袖结构图

（2）本款为合体女衬衫，应突出女性的体型特点，在结构设计时胸高点（BP）和胸省量的确定显得尤为重要。一般 160/84A 体型的 BP 点距肩颈点 24.5~25cm，距前中线 9cm 左右；胸省量为 2.5~3.5cm。

（3）女衬衫的扣眼一般比纽扣的直径大 0.3cm，以前中线为基准线，横扣眼比前中线偏出 0.3cm，直扣眼比扣位高出 0.3cm。

（4）袖子制图中袖山高取前后袖窿深的 3/4，前袖斜线取前 AH−0.5cm，后袖斜线取后 AH，画顺袖山弧线。袖开衩上端呈宝剑状，在工艺缝制后重叠的大、小袖衩片就形成了袖襟，因此袖子结构设计中袖底缝线在袖口处应减去一定的量。

（四）样衣试穿（图 4–4）

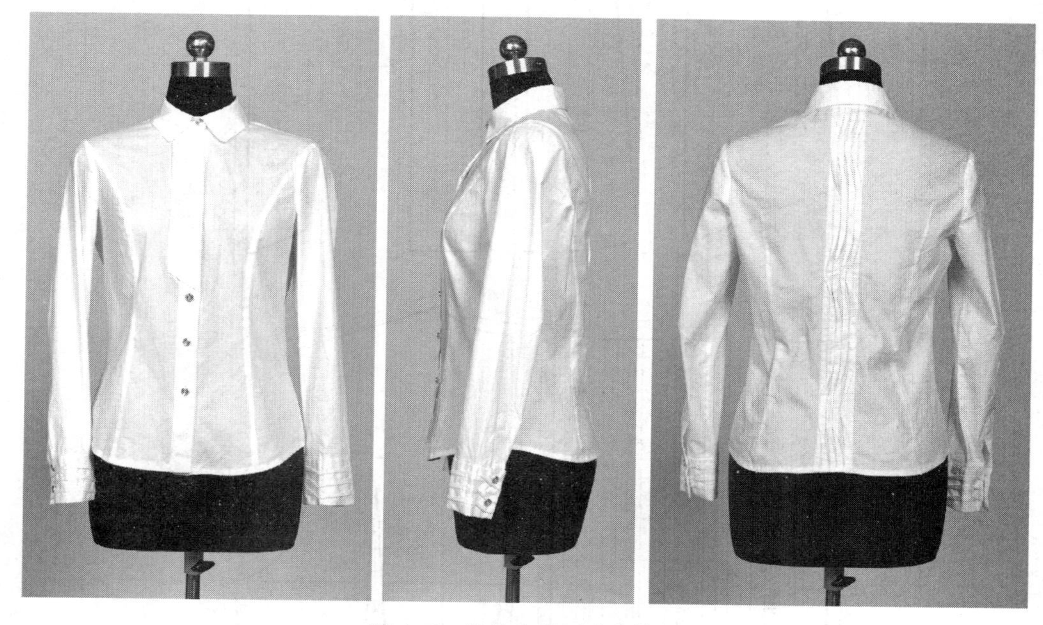

图 4–4　长袖女衬衫试穿效果

（五）样板图（图 4–5、图 4–6）

不同的生产企业可根据自己企业的生产特点结合款式和面料特点来确定样板的放缝，但需要注意的是相关联部位的放缝量必须一致。本款女衬衫各裁片除前、后衣片的底边缝份为 1.2cm 外，其余均为 1cm。当衣身没有里布的时候，前片的小刀背缝缝份做平角处理便于对齐缝合。

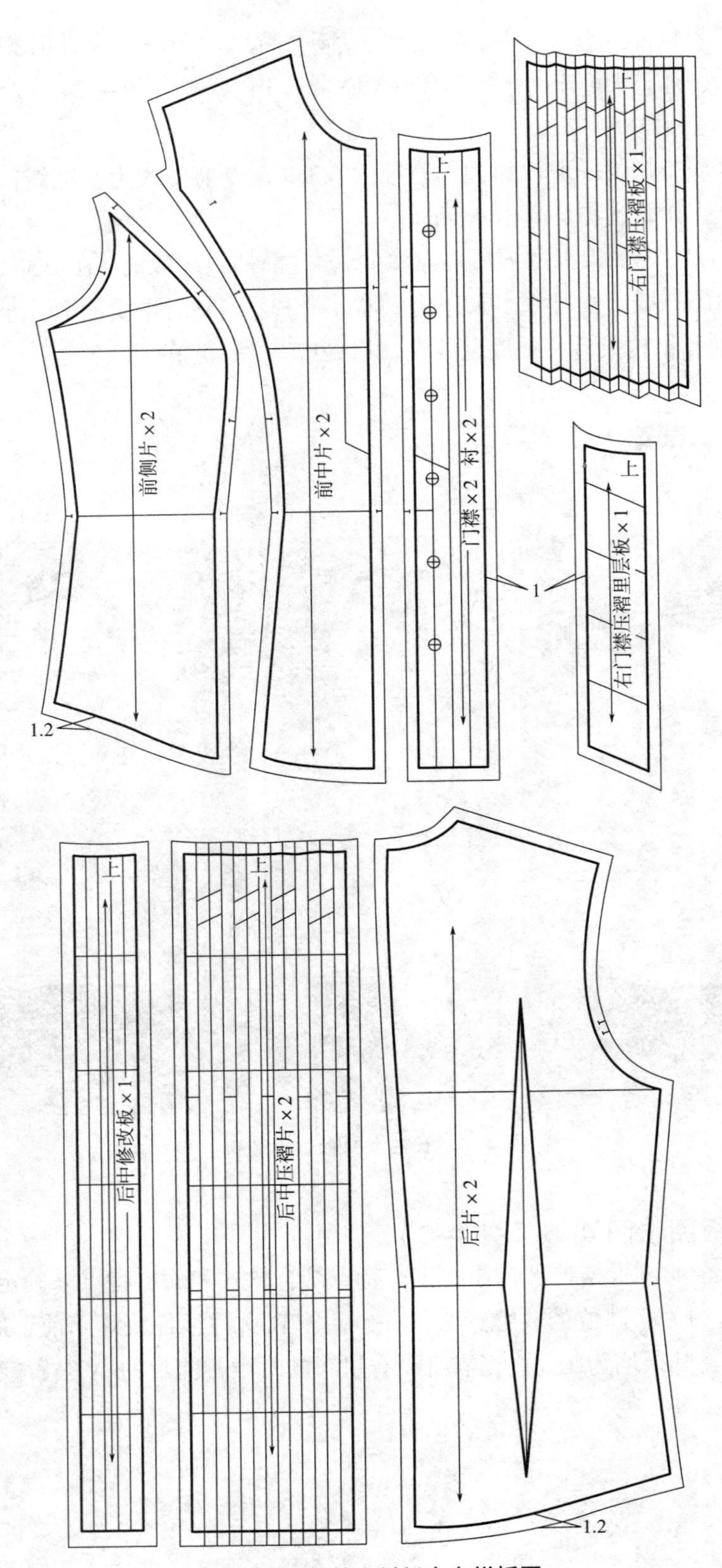

图 4–5　长袖女衬衫衣身样板图

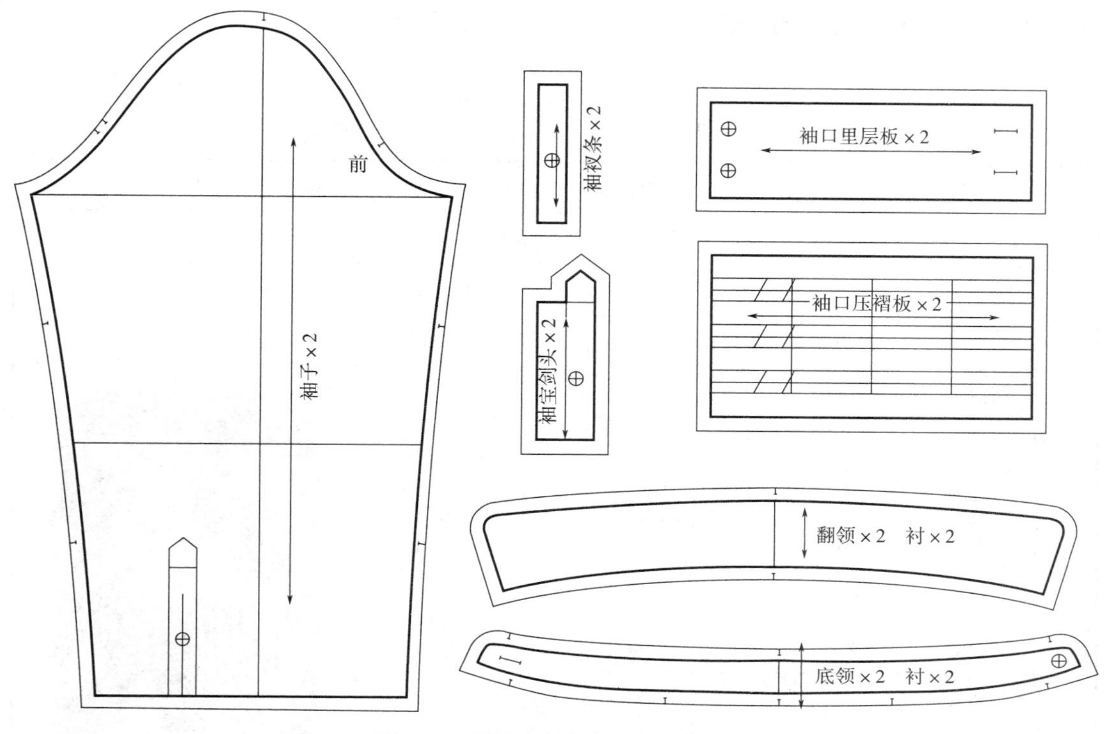

图 4-6　长袖女衬衫领、袖样板图

二、短袖女衬衫结构样板

（一）款式解析

本款为夏季吸腰合体型短袖女衬衫，款式特点为翻立领，前衣片门襟贴边，七粒纽扣，前、后衣片设刀背分割缝，肩部装刀背贴条，后背装育克活片，圆下摆；泡泡袖，袖山和袖口设褶裥，袖口以细滚边收口。在用料的选择上范围较广，可根据穿着对象、年龄、爱好等选择各种薄型面料，如府绸、真丝双绉、电力纺、棉麻混纺布、化纤面料等。款式图如图 4-7 所示。

图 4-7　短袖女衬衫款式图

（二）样衣工艺计划单（表 4-2）

表 4-2　样衣工艺计划单

单位：cm

<table>
<tr><td colspan="4">产品名称：短袖女衬衫</td><td colspan="3">客户：×××</td><td>数量：×××件</td></tr>
<tr><td colspan="4">订单号：××××××</td><td colspan="3">款号：×××××</td><td>交货日期：×年×月×日</td></tr>
<tr><td rowspan="11">成品规格</td><td rowspan="2">号型
部位</td><td>S</td><td>M</td><td>L</td><td>XL</td><td>XXL</td><td rowspan="2">面料小样</td></tr>
<tr><td>155/80A</td><td>160/84A</td><td>165/88A</td><td>170/92A</td><td>175/96A</td></tr>
<tr><td>后衣长</td><td>56.5</td><td>58.5</td><td>60.5</td><td>62.5</td><td>64.5</td><td rowspan="9">平纹色布</td></tr>
<tr><td>肩宽</td><td>34.6</td><td>35.6</td><td>36.6</td><td>37.6</td><td>38.6</td></tr>
<tr><td>胸围</td><td>88</td><td>92</td><td>96</td><td>100</td><td>104</td></tr>
<tr><td>腰围</td><td>70</td><td>74</td><td>78</td><td>82</td><td>86</td></tr>
<tr><td>臀围</td><td>90</td><td>94</td><td>98</td><td>102</td><td>106</td></tr>
<tr><td>领围</td><td>38</td><td>39</td><td>40</td><td>41</td><td>42</td></tr>
<tr><td>袖长</td><td>14.5</td><td>15</td><td>15.5</td><td>16</td><td>16.5</td></tr>
<tr><td>袖肥</td><td>30.2</td><td>31</td><td>31.8</td><td>32.6</td><td>33.4</td></tr>
<tr><td>袖口围</td><td>29.3</td><td>30.5</td><td>31.7</td><td>32.9</td><td>34.1</td></tr>
<tr><td colspan="8">质量要求</td></tr>
<tr><td colspan="5">工艺要求</td><td colspan="3">特殊要求</td></tr>
<tr><td colspan="5">（1）前片：贴边门襟宽 2cm，无压线
（2）后片：装育克活片，居中钉一粒扣
（3）衣领：翻立领，方领角；底领后中宽 2.5cm，底领前宽 1.8cm；翻领后中宽 4.5cm，领角长 5cm；左右对称，明线均匀，宽窄一致
（4）衣袖：袖山、袖口设褶裥，袖口以 0.8cm 滚边收口。缝好后的滚边向内扣烫，并在褶裥处手工缝固定
（5）下摆：圆摆，底边折边第一次折 0.5cm，第二次折 0.7cm，沿边缉 0.1 cm，正面见线 0.6cm
（6）锁眼：平头锁眼 7 个，扣眼大 1.5cm</td><td colspan="3">（1）裁剪要求：裁剪时，丝缕按样板上标注
（2）用衬要求：门襟 ×2，翻领 ×2，底领 ×2
（3）缝线要求：明、暗线针距 14~15 针 /3cm
（4）整烫要求：熨烫温度为 160~170℃；前领口不可烫死，留有窝势；整件衣服无污渍与极光</td></tr>
<tr><td colspan="8">备注：</td></tr>
</table>

（三）结构设计

1. 结构图（图 4-8~ 图 4-11）

2. 结构设计要点

（1）为了吻合肩胛省的突起，在后衣片的公主分割线中去除 0.7cm 的肩省。

（2）在制作比较夸张的褶裥袖或泡泡袖时，一般是在基础肩宽上做缩进处理，这时对应的袖窿弧线向内偏离了原来的胸宽线和背宽线。

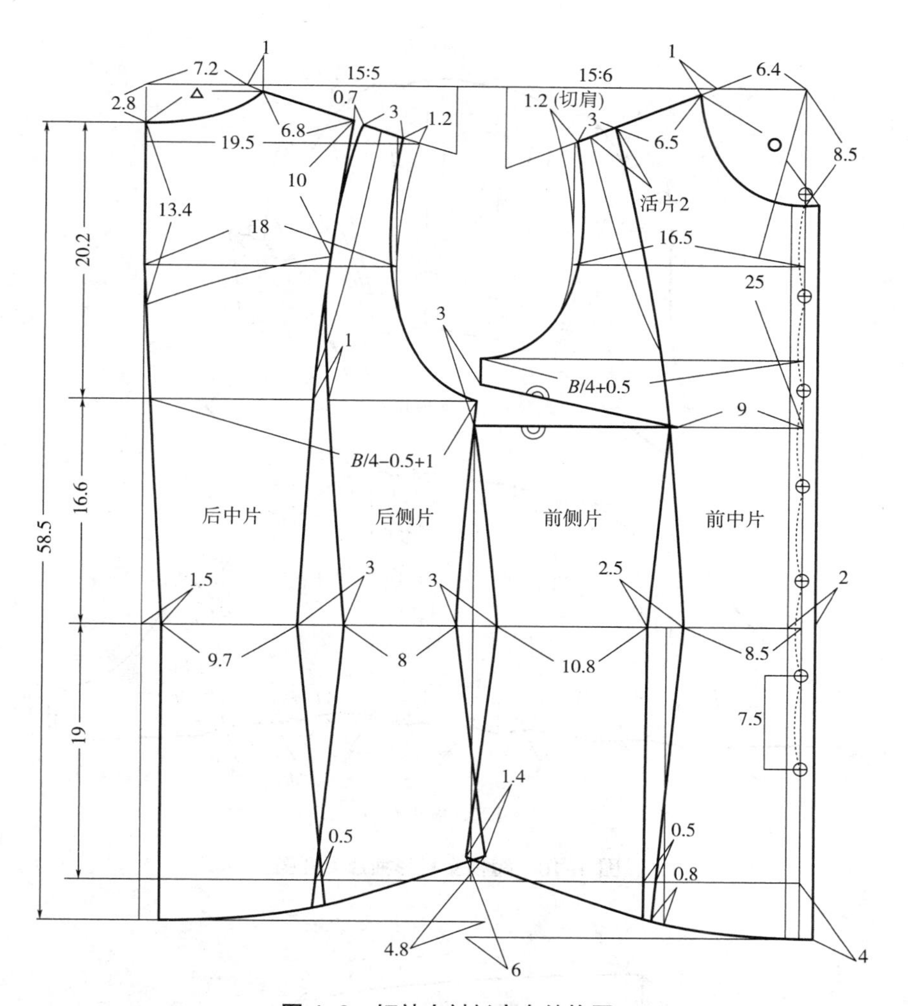

图 4-8　短袖女衬衫衣身结构图

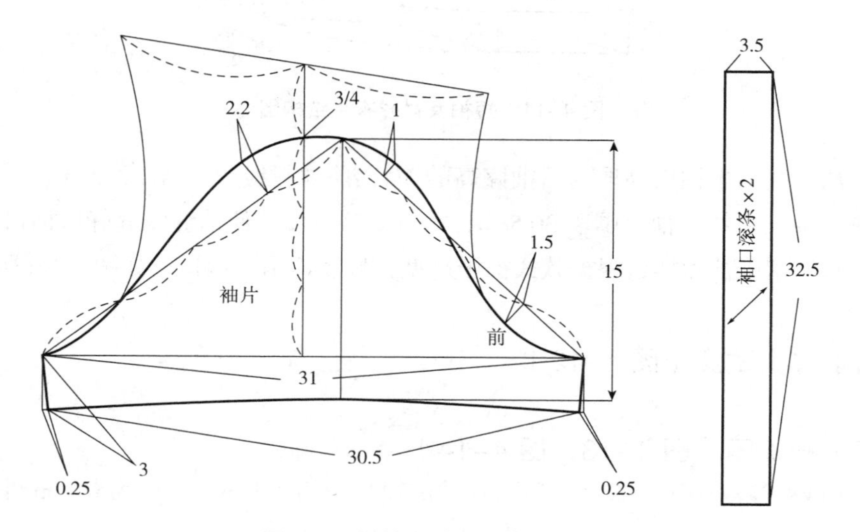

图 4-9　短袖女衬衫袖片结构图

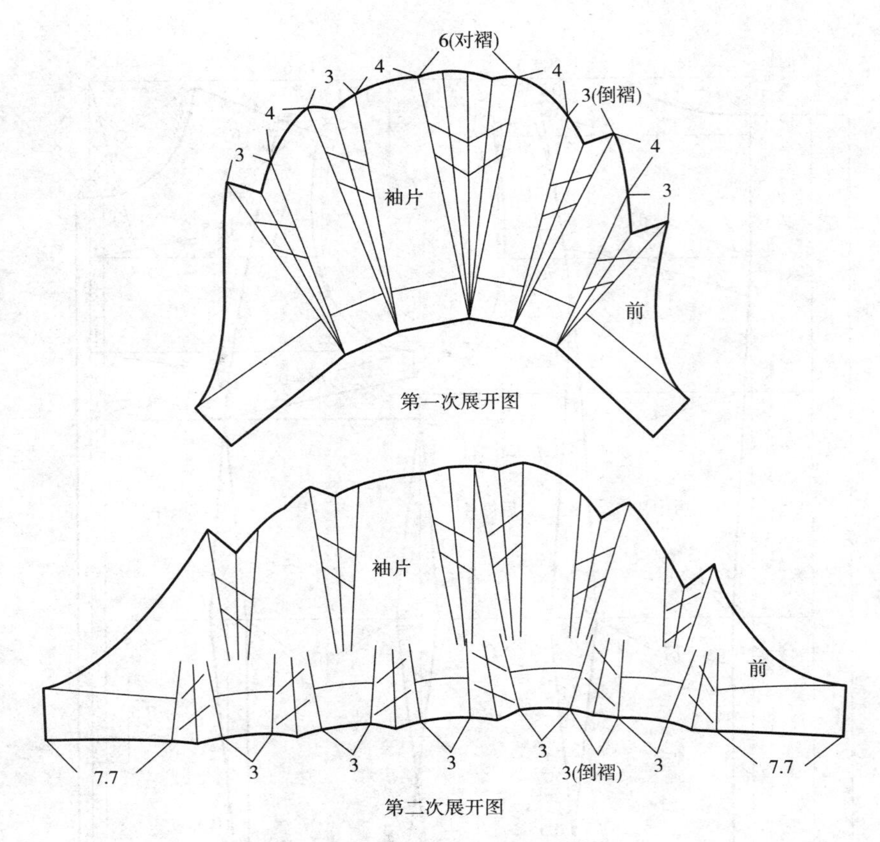

图 4-10 短袖女衬衫袖片展开图

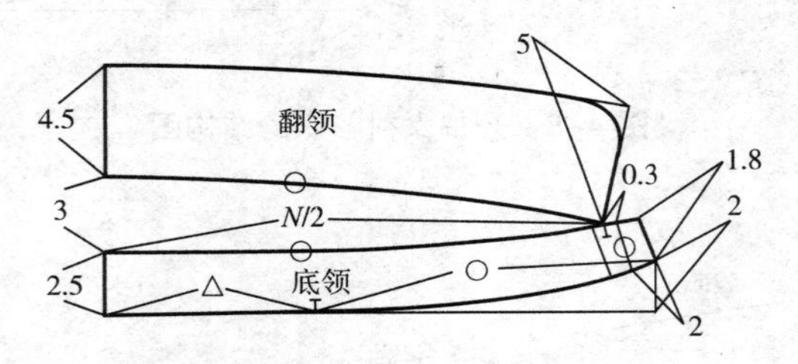

图 4-11 短袖女衬衫衣领结构图

（3）袖子制图中袖山高取前后袖窿高的 3/4，前袖斜线取前 AH−0.5cm，后袖斜线取后 AH，画顺袖山弧线，袖口围取 30.5cm，袖口线略下弧，使袖缝线缝好后袖口线圆顺。

（4）基于基础袖净样，根据款式袖子造型，拉展袖山、袖口，如图 4-10 所示。

（四）样衣试穿（图 4-12）

（五）样板图（图 4-13、图 4-14）

本款女衬衫各裁片除前衣片、后衣片的底边缝份为 1.2cm、袖口为 0.8cm 外，其余均为 1cm。

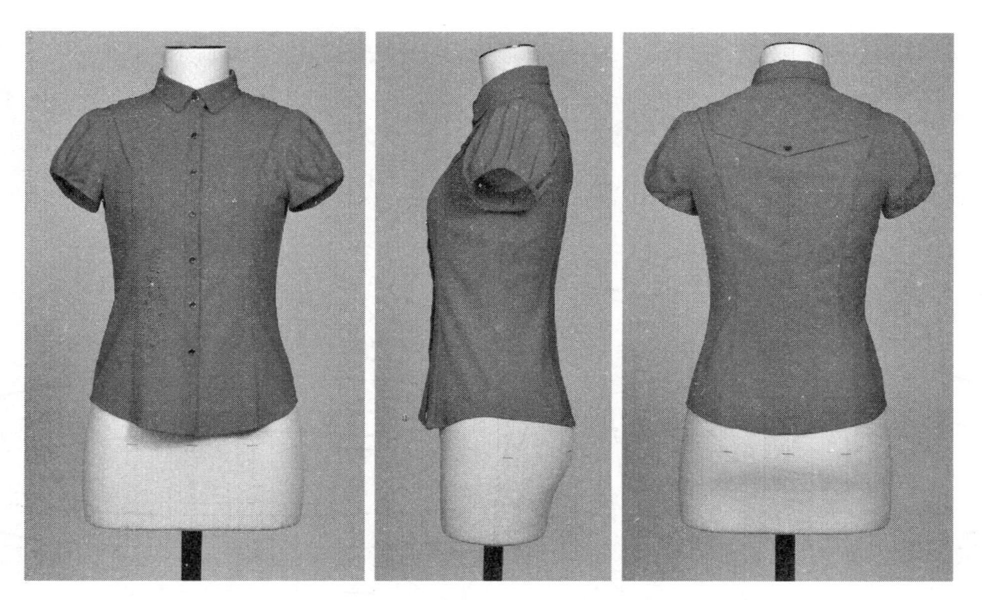

图 4-12　短袖女衬衫试穿效果

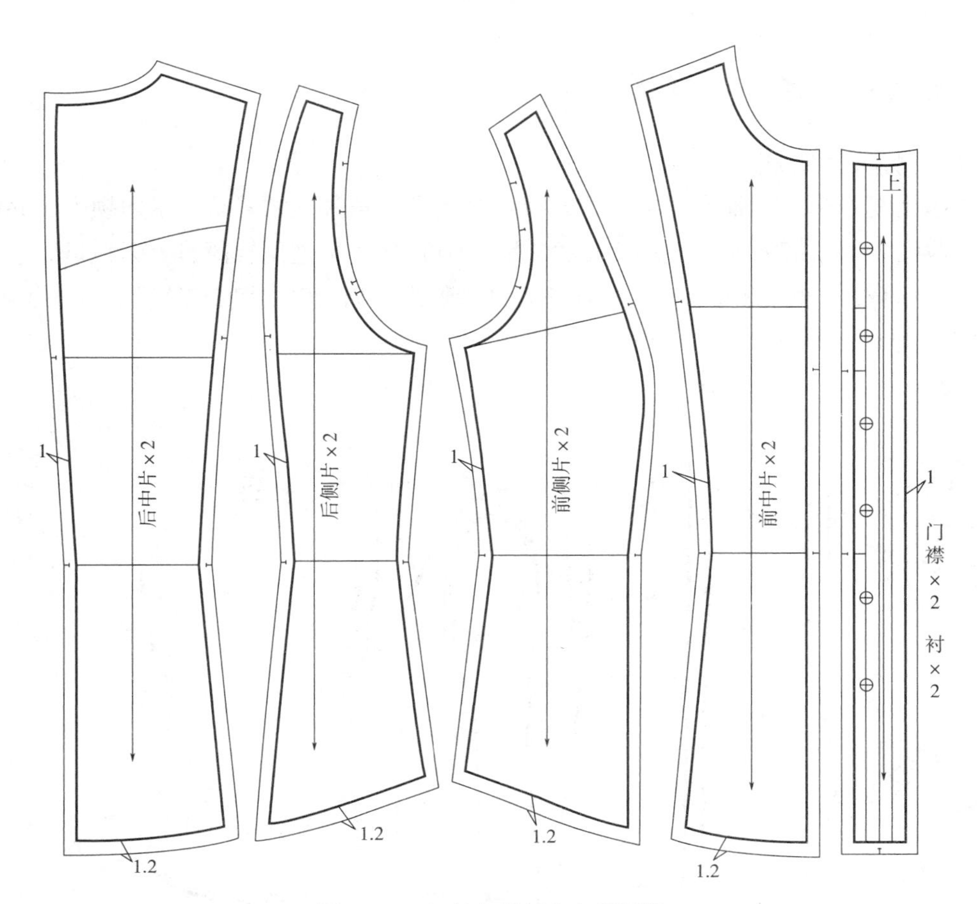

图 4-13　短袖女衬衫衣身样板图

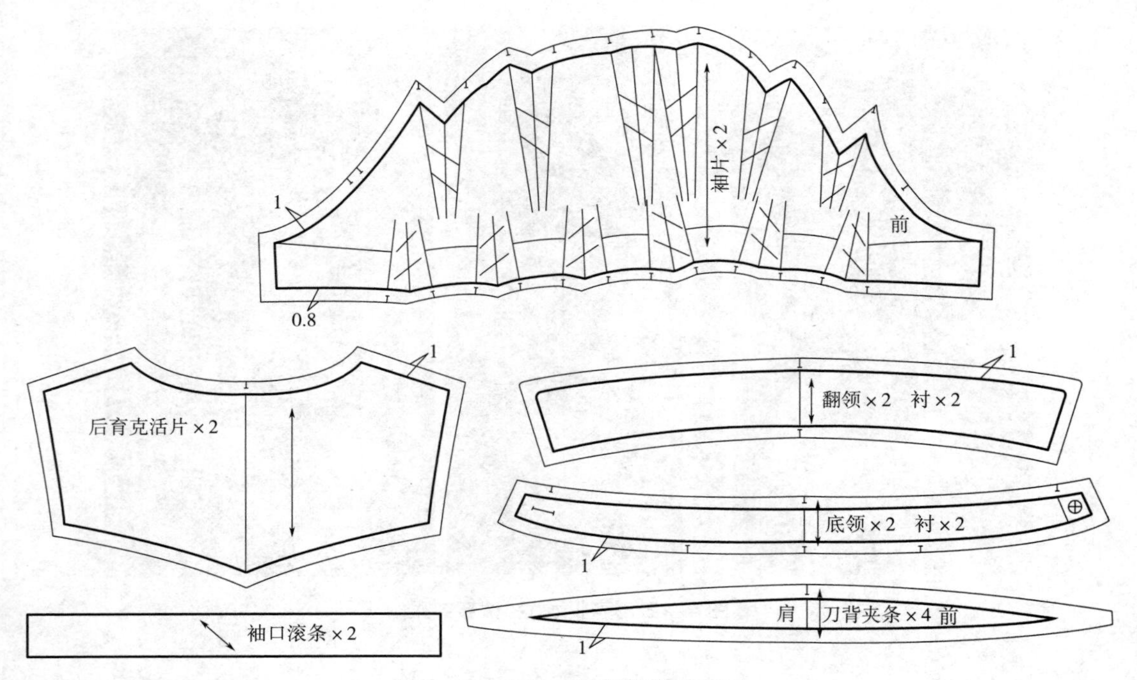

图 4-14　短袖女衬衫部件样板图

三、无袖女衬衫结构样板

（一）款式解析

本款为夏季休闲无袖女衬衫，款式特点为前中三角翻立领，暗门襟内锁七个扣眼，后衣片收腰省，低袖窿、夹缝袖窿底片，双折边袖口。本款应选用轻薄、吸湿性和透气性好、舒适而不粘身、手感柔软的面料，如真丝面料、薄型的纯棉织物或麻织物及其混纺织物等。款式图如图 4-15 所示。

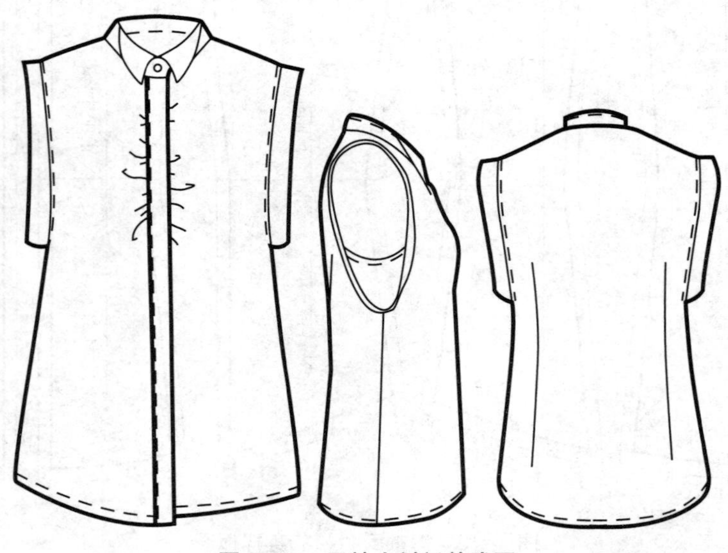

图 4-15　无袖女衬衫款式图

（二）样衣工艺计划单（表 4–3）

表 4–3 样衣工艺计划单

单位：cm

产品名称：无袖女衬衫	客户：×××	数量：×××件
订单号：××××××	款号：×××××	交货日期：×年×月×日

	号型 部位	S	M	L	XL	XXL	面料小样
		155/80A	160/84A	165/88A	170/92A	175/96A	
成品规格	后衣长	61	63	65	67	69	
	肩宽	33	34	35	36	37	
	胸围	88	92	96	100	104	
	腰围	85	89	93	97	101	
	臀围	94	98	102	106	110	
	领围	40	41	42	43	44	
	下摆围	97	101	105	109	103	

质量要求	
工艺要求	特殊要求
（1）前片：暗门襟内锁 7 个扣眼，闷缝装里襟，门里襟宽 2.4cm （2）后片：缝合腰省，向后中烫倒 （3）衣领：翻立领，前中三角翻领；底领后中宽 2.5cm，底领前宽 1.8cm，三角翻领前中宽 4cm，长 9.2cm；左右对称，宽窄一致 （4）衣袖：袖口双折边闷缝，内折边宽 2.3cm，外折边宽 2.5 cm，夹缝袖窿底片 （5）下摆：平下摆，底边折边第一次折 0.5cm，第二次折 0.7cm，沿边缉 0.1 cm，正面见线 0.6cm （6）锁眼：平头锁眼 8 个，扣眼大 1.5cm	（1）裁剪要求：裁剪时，丝缕按样板标注 （2）用衬要求：门襟 ×2，翻领 ×2，底领 ×2 （3）缝线要求：明、暗线针距 14~15 针 /3cm （4）整烫要求：熨烫温度为 160~170℃；前领口不可烫死，留有窝势；整件衣服无污渍与极光
备注：	

（三）结构设计

1. 结构图（图 4–16~ 图 4–18）

2. 结构设计要点

（1）本款后中线向里收进处理，腰围线收进 0.7cm，下摆收进 1.1cm，主要考虑三点：①后腰可以收点量，起到贴腰效果；②衣身不易往后跑；③侧缝不易往前甩。

（2）腋下省道处理：腋下省道 1/3 的量剪切转移到 BP 点至下摆作为展开量，剩余的省量剪切转移到 BP 点至前中线作皱缩量。

（3）本款为夏季无袖女衬衫，肩宽在标准结构基础上收进 2.5cm，袖窿下落 8.4cm，连线画顺袖窿弧线。

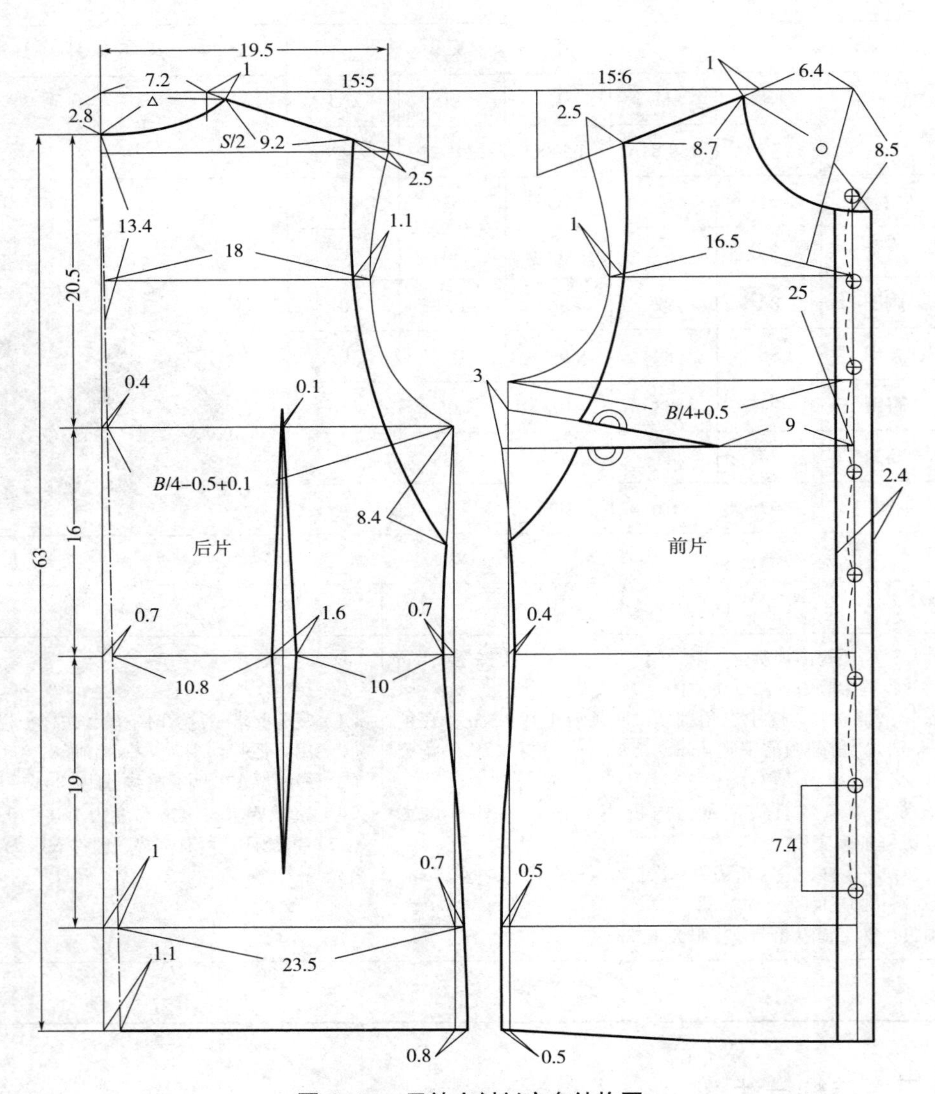

图 4–16　无袖女衬衫衣身结构图

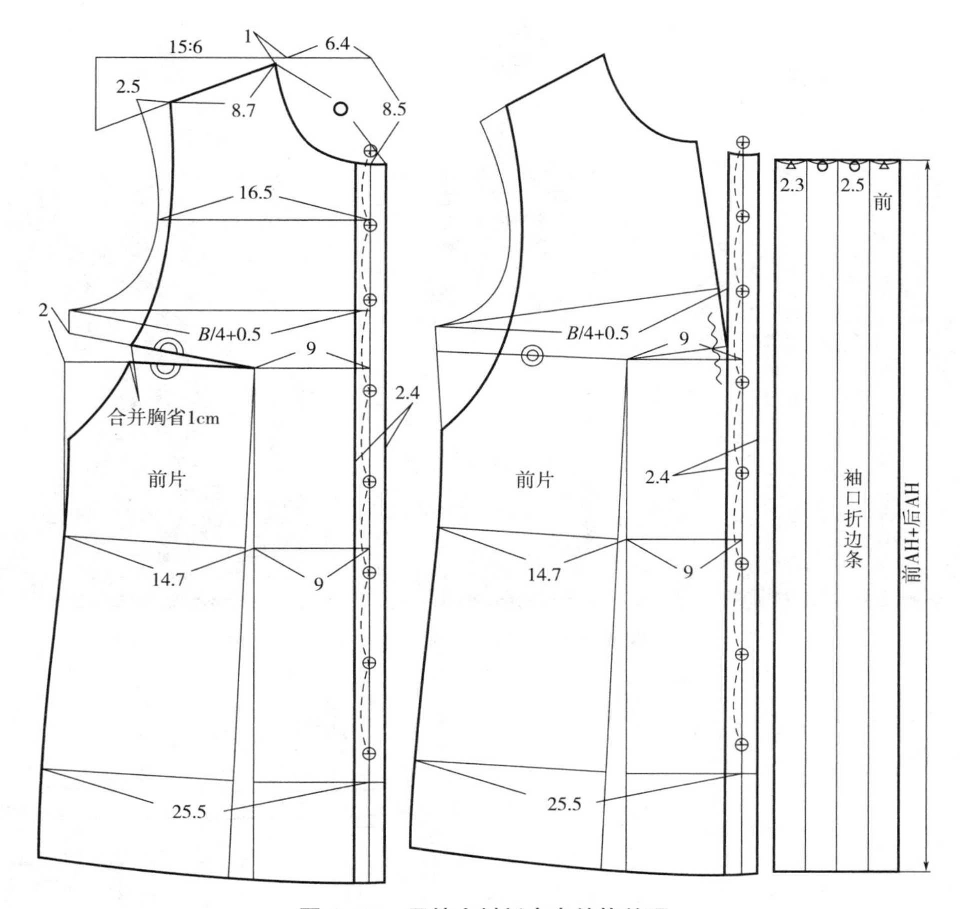

图 4-17　无袖女衬衫衣身结构处理

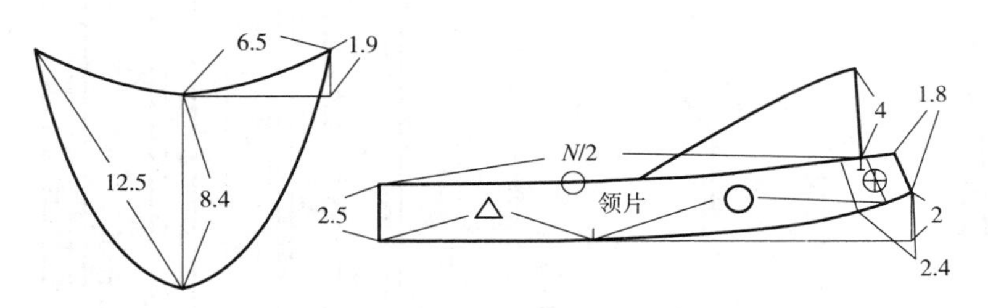

图 4-18　无袖女衬衫袖窿底片与衣领结构图

（四）样衣试穿（图 4-19）

（五）样板图（图 4-20）

本款女衬衫各裁片除前衣片、后衣片的底边缝份为 1.2cm 外，其余均为 1cm。

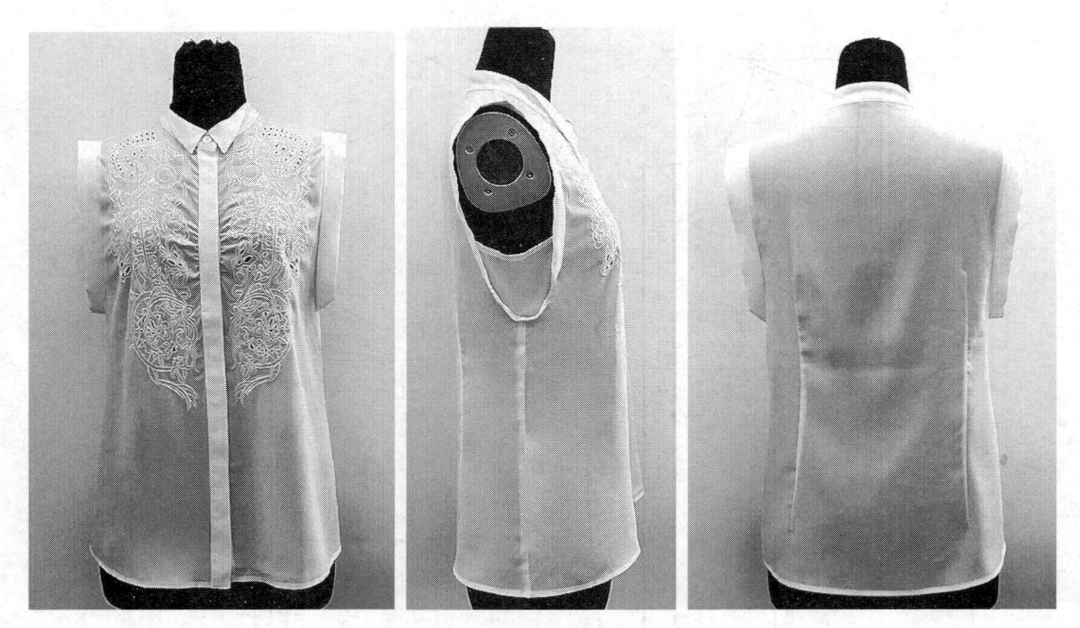

图 4-19 无袖女衬衫试穿效果

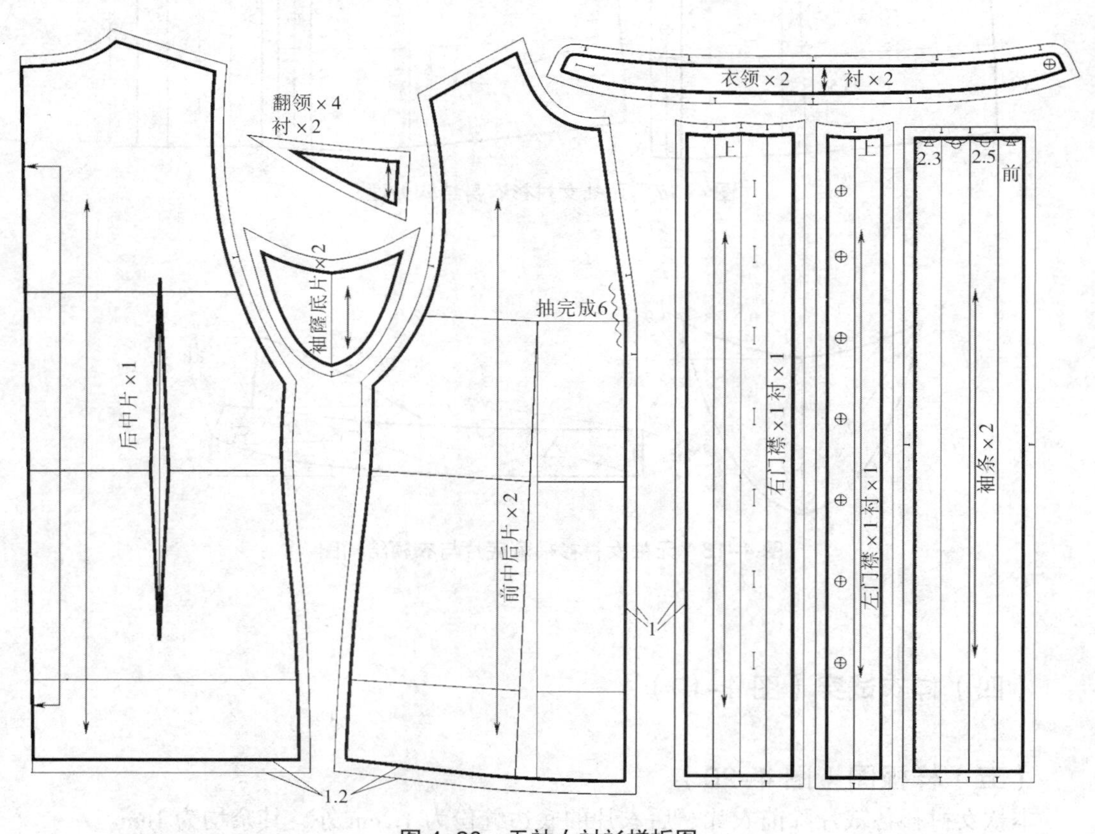

图 4-20 无袖女衬衫样板图

第二节　男衬衫结构样板

一、长袖男衬衫结构样板

（一）款式解析

长袖男衬衫是各年龄层次男性的日常服装之一，在夏季可以作为外衣穿着，在春秋季可以作为内衣与西服搭配穿着，款式特点为翻立领，前身中间开襟钉纽七粒，后片装过肩，背中有两个明褶裥，侧腰收身，圆弧下摆；圆装袖，袖口两个褶裥，装袖头，钉粒扣。一般可选用轻薄、吸湿性和透气性好、舒适而不粘身、手感柔软的面料，如薄型的纯棉织物和麻织物及其混纺织物等。款式图如图 4–21 所示。

图 4–21　长袖男衬衫款式图

（二）样衣工艺计划单（表 4-4）

表 4-4 样衣工艺计划单

单位：cm

<table>
<tr><td colspan="3">产品名称：长袖男衬衫</td><td colspan="3">客户：×××</td><td colspan="2">数量：×××件</td></tr>
<tr><td colspan="3">订单号：××××××</td><td colspan="3">款号：×××××</td><td colspan="2">交货日期：×年×月×日</td></tr>
<tr><td rowspan="13">成品规格</td><td rowspan="2">号型
部位</td><td>S</td><td>M</td><td>L</td><td>XL</td><td>XXL</td><td rowspan="2">面料小样</td></tr>
<tr><td>155/80A</td><td>160/84A</td><td>165/88A</td><td>170/92A</td><td>175/96A</td></tr>
<tr><td>后衣长</td><td>75</td><td>77</td><td>79</td><td>81</td><td>83</td><td rowspan="11">格子细布</td></tr>
<tr><td>肩宽</td><td>47.4</td><td>48.6</td><td>49.8</td><td>51</td><td>52.2</td></tr>
<tr><td>胸围</td><td>104</td><td>108</td><td>112</td><td>116</td><td>120</td></tr>
<tr><td>腰围</td><td>96</td><td>100</td><td>104</td><td>108</td><td>112</td></tr>
<tr><td>下摆围</td><td>102</td><td>106</td><td>110</td><td>114</td><td>118</td></tr>
<tr><td>后背宽</td><td>43.8</td><td>45</td><td>46.2</td><td>47.4</td><td>48.6</td></tr>
<tr><td>前胸宽</td><td>39.8</td><td>41</td><td>42.2</td><td>43.4</td><td>44.6</td></tr>
<tr><td>领围</td><td>39</td><td>40</td><td>41</td><td>42</td><td>43</td></tr>
<tr><td>袖长</td><td>59</td><td>60.5</td><td>62</td><td>63.5</td><td>65</td></tr>
<tr><td>袖肥</td><td>41.2</td><td>42</td><td>42.8</td><td>43.6</td><td>44.4</td></tr>
<tr><td>袖口围</td><td>21.5</td><td>22</td><td>22.5</td><td>23</td><td>23.5</td></tr>
<tr><td colspan="8">质量要求</td></tr>
<tr><td colspan="5">工艺要求</td><td colspan="3">特殊要求</td></tr>
<tr><td colspan="5">（1）前片：平门襟，无压线
（2）后片：固定双裥，装过肩；肩缝、过肩面上缉 0.1cm 止口明线，注意过肩里布不要缉住
（3）衣领：左右对称，明线均匀，宽窄一致
（4）衣袖：做好袖山与肩缝的对位，袖窿缉 1.0cm 止口线。袖衩位置准确，袖头宽窄一致，缉线顺直
（5）下摆：圆摆，底边折边第一次折 0.5cm，第二次折 0.7cm，沿边缉 0.1 cm，正面见线 0.6cm
（6）锁眼：平头锁眼 7 个，扣眼大 1.5cm</td><td colspan="3">（1）裁剪要求：裁剪时，丝缕按样板上标注
（2）用衬要求：门襟（左）×1，翻领（面）×1，底领（里）×1，袖头（面）×2
（3）缝线要求：明、暗线针距 12~14 针 /3cm
（4）整烫要求：熨烫温度为 160~170℃；前领口不可烫死，留有窝势；整件衣服无污渍与极光</td></tr>
<tr><td colspan="8">备注：</td></tr>
</table>

（三）结构设计

1. 结构图（图 4-22、图 4-23）

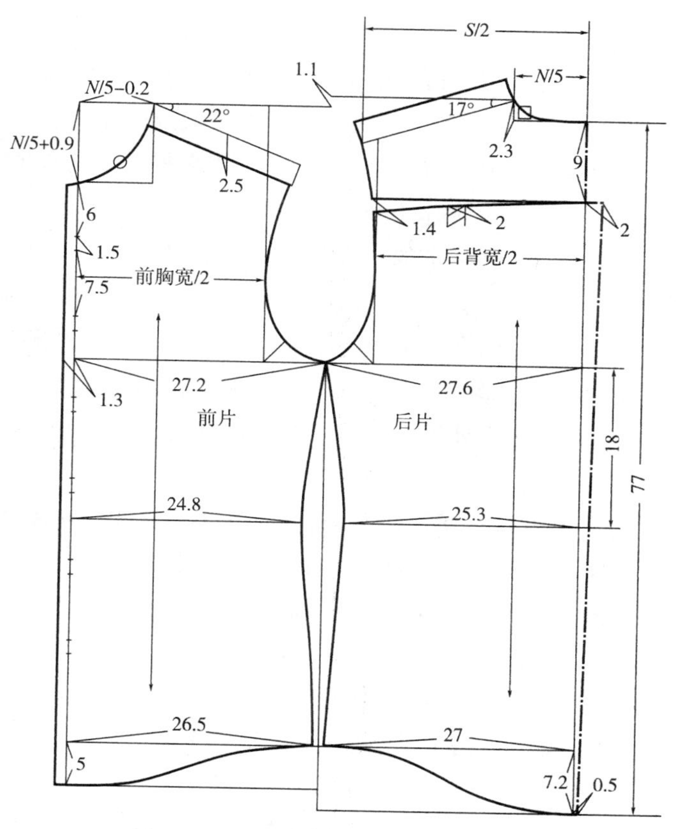

图 4–22　长袖男衬衫前后衣身结构图

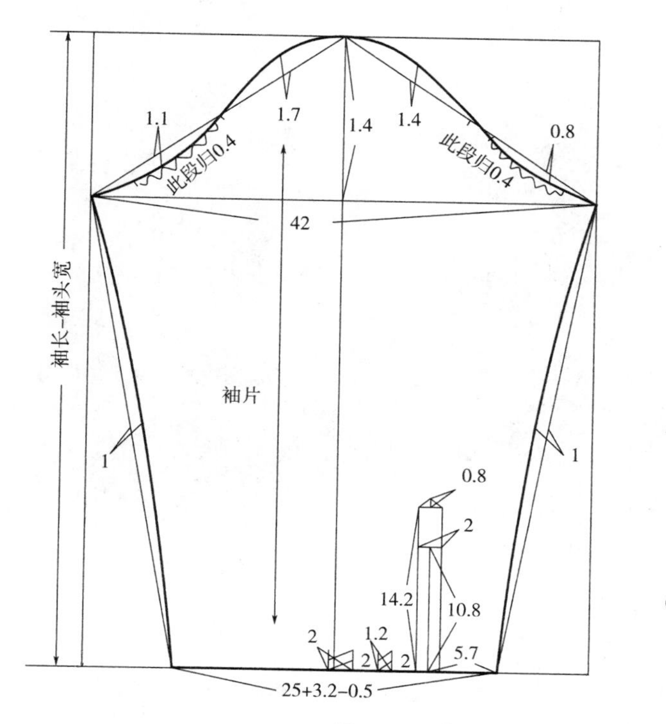

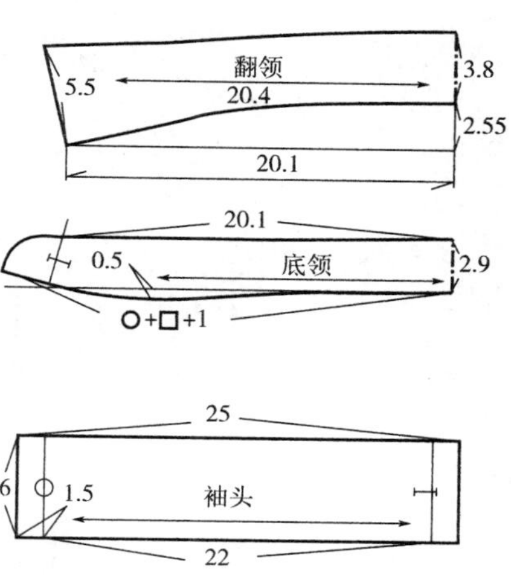

图 4–23　长袖男衬衫袖片与衣领结构图

2. 结构设计要点

（1）由于在实际缝制过程中男衬衫的围度会产生一定的缝缩率，故在结构设计时胸围加大 1.6cm，腰围加大 0.2cm，臀围加大 1cm，袖肥加大 1cm。

（2）后片做两个褶裥，后中需加出褶裥量，后片胸围稍大。同时为吻合肩胛骨的突起，后片过肩分割线中设 1.4cm 肩省量。

（3）本款配领方法为适合系领带的衬衫款式，在结构处理上有意将底领上口放大、形状变直，使得系上领带后的衬衫穿着时更舒适美观。因此，领口大制图时要比领圈大 1cm，绱领时在肩缝拐弯处需拔开约 1cm 的量，以确保绱领后该处圆顺不起皱。

（4）男衬衫首粒扣位居于底领前中，最后一个扣位距底边约 $L/3$ 略下，门襟上首扣位距领口 6 cm。衬衫在夏季作为外衣穿着时，可以避免衣领敞开时敞口太大而不美观；门襟首扣至末扣间 5 等分。

（5）袖山高根据款式造型取 $B/10+3=14$cm，袖子的吃势量一般为 0~1cm，同时应根据面料的厚薄、性能及服装的款式造型作相应调整。

（6）男衬衫袖开衩上端呈宝剑状，在工艺缝制后重叠的大、小袖衩片就形成了袖的门里襟，因此男衬衫结构设计中袖底缝线在袖口处应减去一定的量。

（四）样衣试穿（图 4–24）

图 4–24　长袖男衬衫试穿效果

（五）样板图（图 4–25）

男衬衫的侧缝、袖缝、肩缝均采用内、外包缝工艺，因此样板的放缝应根据面料的性能、工艺的处理方法等不同来确定其缝份的大小。

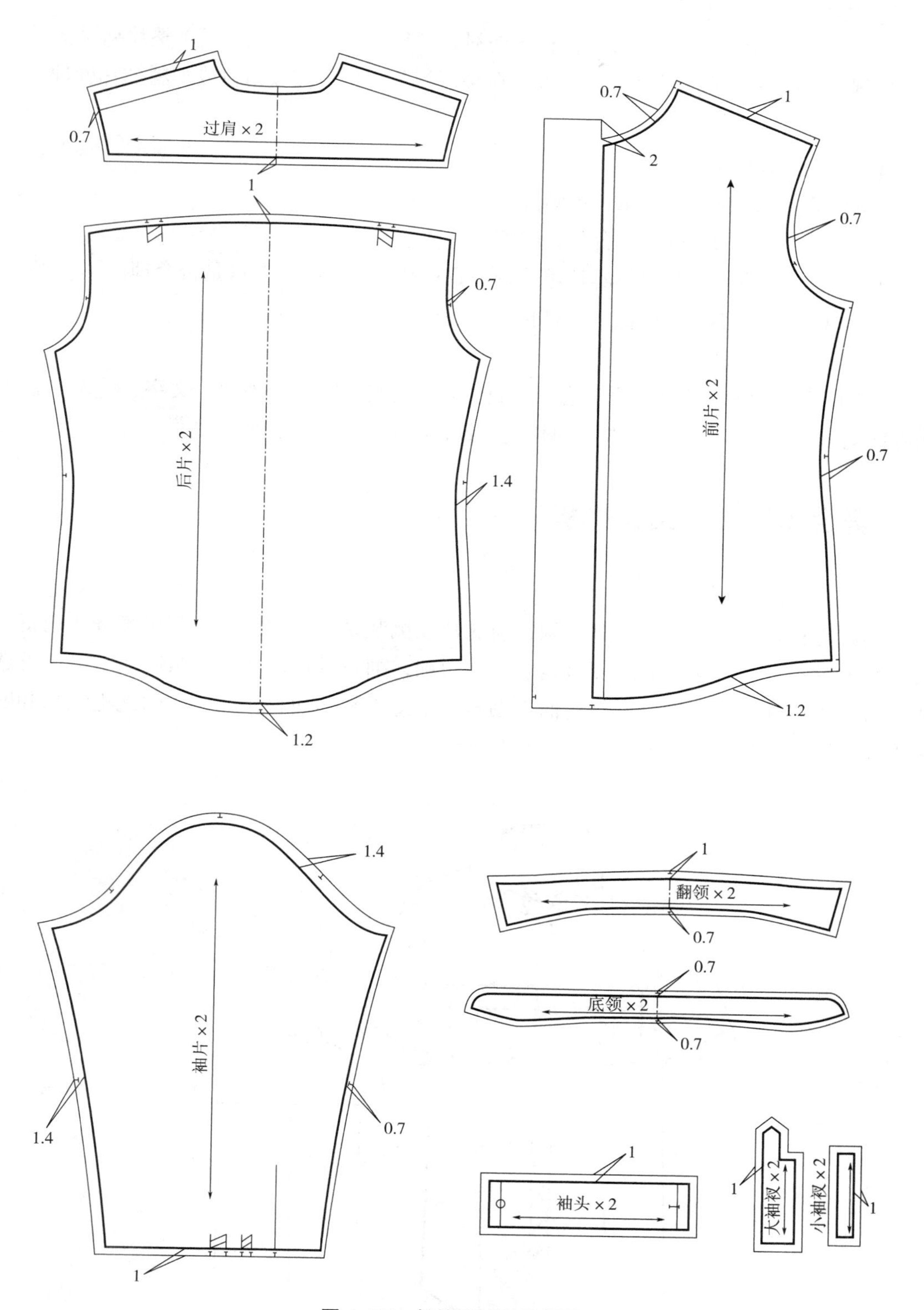

图 4-25　长袖男衬衫样板图

（六）黏合衬配置

男衬衫粘衬部位较少，袖头部位粘无纺衬，翻领（面）及底领（里）整片粘树脂衬，同时根据服装的款式造型及客户的要求，在翻领领角部位另加领角衬或塑料插片处理。

（七）样板校对

（1）校验各部位的尺寸是否正确。

（2）曲线部位的弧度是否合理、圆顺等。

（3）对合相应，缝合部位的长短是否一致；某些部位的缩缝量是否合理。

（4）缝份的大小、折边量是否符合工艺要求等。

（5）全套纸样是否齐全。

（6）刀口整齐、弧线圆顺、造型美观、划线清楚，规格、纱向、文字、缝份、款式均应标注清楚，刀口齐全、各缝线的长短一致，吃势均匀，标出眼距高低位置。

二、男合体短袖衫结构样板

（一）款式解析

本款男衬衫的款式特点为翻立领，前衣片左侧装翻边明门襟、右侧里襟缝边内折，钉纽扣七粒；后衣片装过肩，侧腰稍收身；短袖，袖口翻边缉明线；微圆弧下摆。可选用轻薄、吸湿性和透气性好、舒适而不粘身、手感柔软的面料，如薄型的纯棉织物和麻织物及其混纺织物等。款式图如图 4–26 所示。

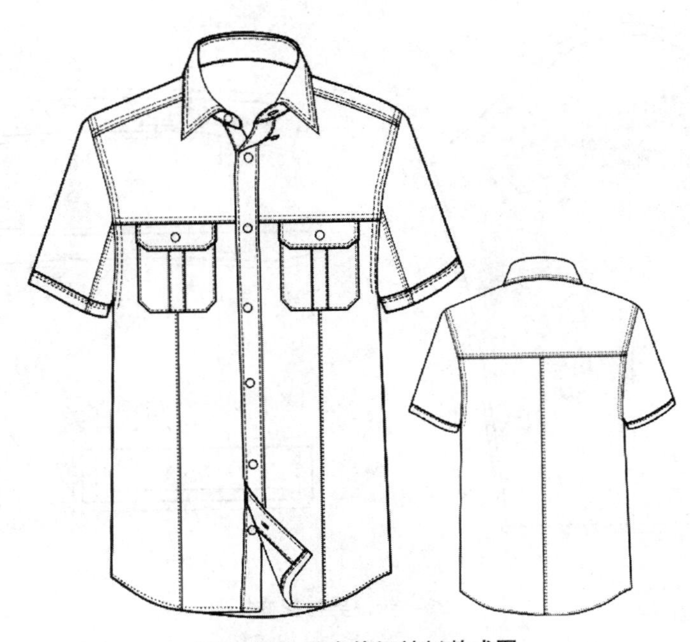

图 4–26 男合体短袖衫款式图

（二）样衣工艺计划单（表 4-5）

表 4-5　样衣工艺计划单

单位：cm

<table>
<tr><td colspan="4">产品名称：男合体短袖衫</td><td colspan="3">客户：×××</td><td>数量：×××件</td></tr>
<tr><td colspan="4">订单号：××××××</td><td colspan="3">款号：×××××</td><td>交货日期：×年×月×日</td></tr>
<tr><td rowspan="13">成品规格</td><td rowspan="2">号型
部位</td><td>S</td><td>M</td><td>L</td><td>XL</td><td>XXL</td><td rowspan="2">面料小样</td></tr>
<tr><td>155/80A</td><td>160/84A</td><td>165/88A</td><td>170/92A</td><td>175/96A</td></tr>
<tr><td>后衣长</td><td>73</td><td>75</td><td>77</td><td>79</td><td>81</td><td rowspan="11">平纹细布</td></tr>
<tr><td>肩宽</td><td>43.8</td><td>45</td><td>46.2</td><td>47.4</td><td>48.6</td></tr>
<tr><td>胸围</td><td>100</td><td>104</td><td>108</td><td>112</td><td>116</td></tr>
<tr><td>腰围</td><td>92</td><td>96</td><td>100</td><td>104</td><td>108</td></tr>
<tr><td>下摆围</td><td>98</td><td>102</td><td>106</td><td>110</td><td>114</td></tr>
<tr><td>后背宽</td><td>40.8</td><td>42</td><td>43.2</td><td>44.4</td><td>45.6</td></tr>
<tr><td>前胸宽</td><td>36.8</td><td>38</td><td>39.2</td><td>40.4</td><td>41.6</td></tr>
<tr><td>领围</td><td>39</td><td>40</td><td>41</td><td>42</td><td>43</td></tr>
<tr><td>袖长</td><td>21</td><td>21.5</td><td>22</td><td>22.5</td><td>23</td></tr>
<tr><td>袖肥</td><td>38.7</td><td>39.5</td><td>40.3</td><td>41.1</td><td>41.9</td></tr>
<tr><td>袖口</td><td>32.2</td><td>33</td><td>33.8</td><td>34.6</td><td>35.4</td></tr>
<tr><td colspan="8">质量要求</td></tr>
<tr><td colspan="6">工艺要求</td><td colspan="2">特殊要求</td></tr>
<tr><td colspan="6">（1）前片：左片翻边明门襟，正面 0.5cm 压线；右片折边反面 0.1cm 压线
（2）后片：装过肩。肩缝、过肩面上依次缉 0.1cm 和 0.6cm 双明线，注意过肩里布不要缉住
（3）衣领：左右对称，明线均匀，宽窄一致
（4）衣袖：袖片反面朝上，袖口折边 2.9cm 烫平，再折边 3cm 烫平，沿边缉缝 0.5cm；最后将袖片翻至正面，向上折 2cm 烫平，沿折边缉线 0.5cm
（5）下摆：圆摆，底边折边第一次折 0.5cm，第二次折 0.7cm，沿边缉 0.1 cm，正面见线 0.6cm
（6）锁眼：平头锁眼 7 个，扣眼大 1.5cm</td><td colspan="2">（1）裁剪要求：裁剪时，丝缕按样板上标注
（2）用衬要求：门襟（左、右）×2，翻领（面）×1，底领（里）×1，袋盖（面）×2
（3）缝线要求：明、暗线针距 12~14 针 /3cm
（4）整烫要求：熨烫温度为 160~170℃；前领口不可烫死，留有窝势；整件衣服无污渍与极光</td></tr>
<tr><td colspan="8">备注：</td></tr>
</table>

（三）结构设计

1. 结构图（图 4-27、图 4-28）

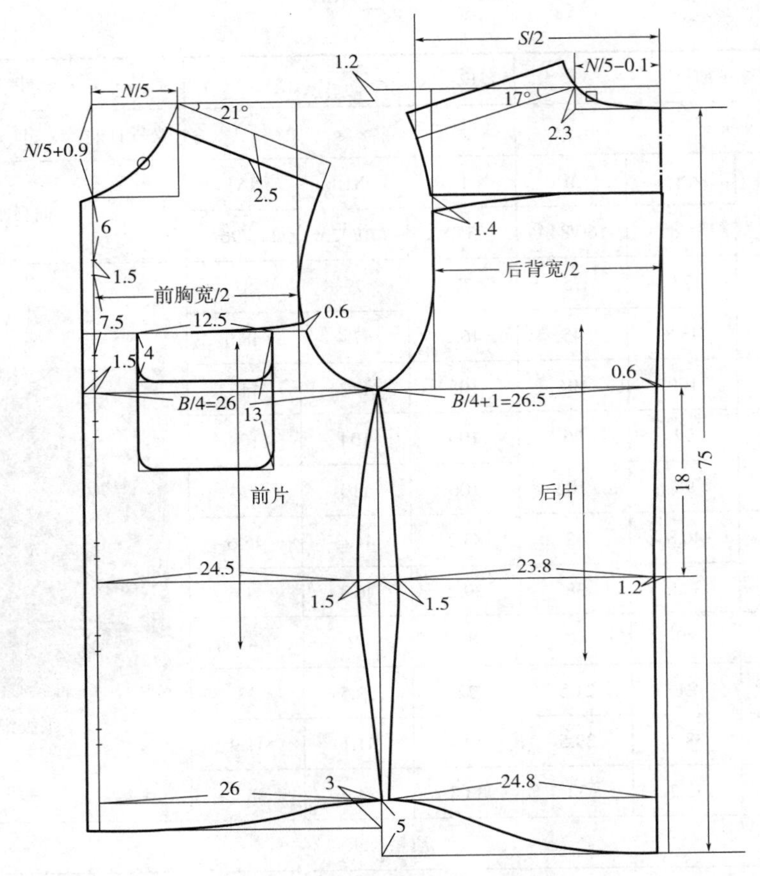

图 4-27　男合体短袖衫衣身结构图

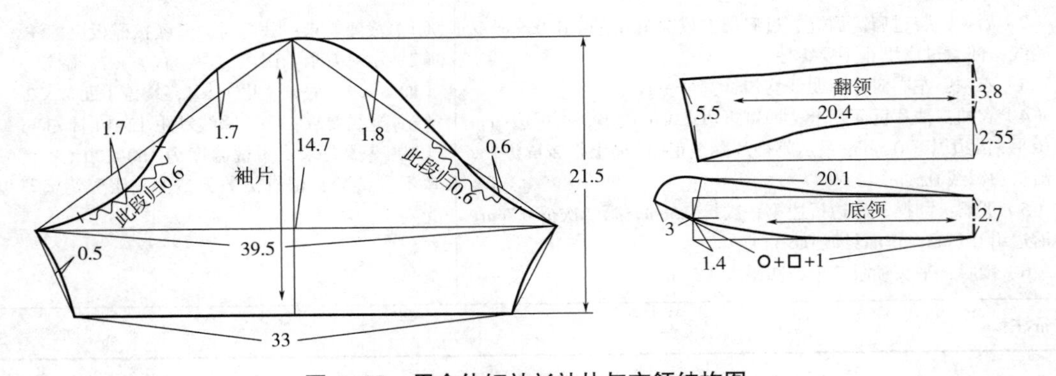

图 4-28　男合体短袖衫袖片与衣领结构图

2. 结构设计要点

（1）由于在实际缝制过程中男合体短袖衫的围度会产生一定的缝缩率，故在结构设计时胸围加大 1cm，腰围加大 0.4cm，臀围加大 1.6cm，袖肥加大 0.3cm。

（2）前衣片过肩分割线处设置胸省量约 0.6cm，对应前肩斜线上抬 0.4 cm，故前肩斜度为 21°。

（3）本款男衬衫与前款男衬衫在底领的下口线结构处理上略有不同，本款男衬衫的配领方法适合休闲男衬衫。绱领时，在肩缝拐弯处需拔开约 1cm 的量，以确保绱领后该处圆顺不起皱，因此领口大制图时要比领圈大 1cm。

（4）男合体短袖衫为了穿着舒适美观，在袖子结构设计时应适当加大袖山高和袖山弧线底部归拢的量，同时应根据面料的厚薄、性能及服装的款式造型作相应调整。

（四）样衣试穿（图 4-29）

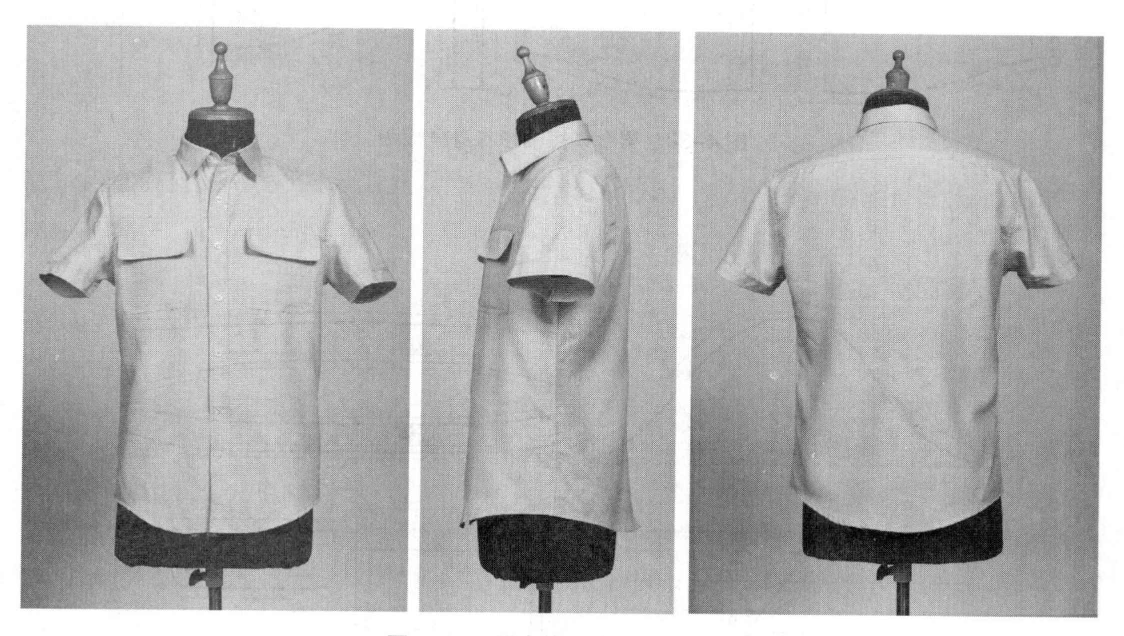

图 4-29　男合体短袖衫试穿效果

（五）样板图（图 4-30、图 4-31）

男合体短袖衫侧缝、袖缝、肩缝均采用内、外包缝工艺，因此样板的放缝应根据面料的性能、工艺的处理方法等不同来确定其缝份的大小。

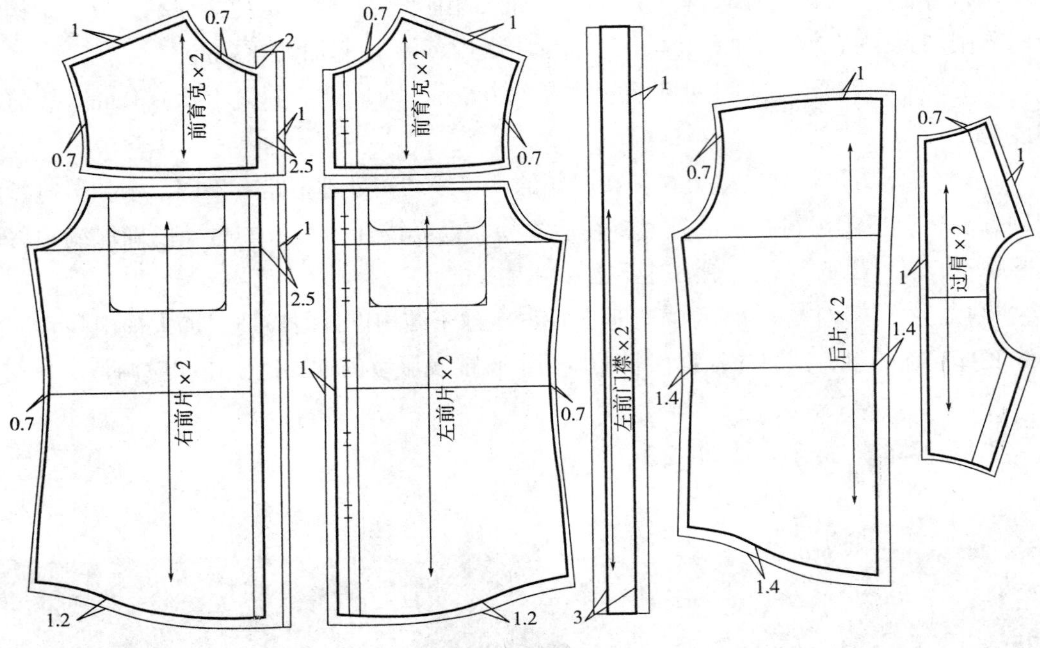

图 4-30　男合体短袖衫衣身样板图

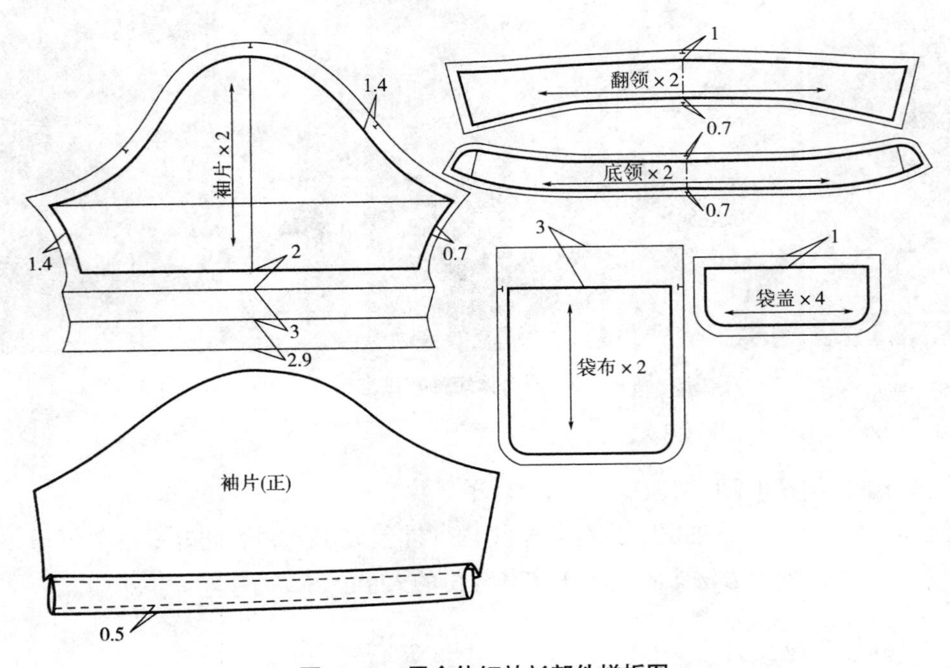

图 4-31　男合体短袖衫部件样板图

思考题与练习

一、思考题

1. 查阅资料，简述衬衫有哪些形式分类和风格特点？

2. 比较分析男、女衬衫的衣身结构设计与各部位取值的差异。

3. 搜集女衬衫款式，简述女衬衫衣领、衣袖的结构分类和设计要素。

4. 简述女衬衫衣袖袖山高的确定及袖山高风格设计。

二、练习

1. 针对本章女衬衫款式，有选择性地进行结构制图与纸样制作，制图比例分别为 1∶1 结构图和 1∶3 的缩小图。

要求：制图步骤合理，基础图线与轮廓线清晰分明，公式尺寸、纱向、符号标注工整明确。

2. 根据市场调研收集时尚流行女衬衫款式，并分类整理；自行设计系列女衬衫，选择 1~3 款展开 1∶1 结构制图与纸样制作，达到举一反三、灵活应用能力。

要求：制图步骤合理，基础图线与轮廓线清晰分明，公式尺寸、纱向、符号标注工整明确。

应用理论
与训练

女外套结构样板技术

课程内容： 女春秋外套结构样板（戗驳领耸肩外套结构样板、青果领合体小外套结构样板、X型小外套结构样板、V领短外套结构样板）
女皮装结构样板（皮马甲结构样板、皮机车夹克结构样板、皮长风衣结构样板）

课程时数： 28课时

教学目的： 一是向学生介绍女春秋外套的款式特点、规格与工艺单设计、结构样板制作；二是向学生介绍女皮装的款式特点、规格与工艺单设计、结构样板制作，并通过学习和技能训练，掌握不同材质、不同风格的女外套结构样板制作的技术。

教学要求： 1. 使学生了解与掌握女春秋外套不同款式结构样板制作技术的思路与技巧，并进行相应项目训练。
2. 使学生了解与掌握女皮装不同款式结构样板制作技术的思路与技巧，并进行相应项目训练。

课前准备： 阅读服装结构设计相关书籍的女上衣、女外套结构样板设计的内容。

第五章 女外套结构样板技术

第一节 女春秋外套结构样板

一、戗驳领耸肩外套结构样板

（一）款式解析

本款为较经典的合体女外套，款式特点为戗驳领结构，前衣片单排一粒扣，前后刀背线分割，耸肩型并弧线分割的衣片，双嵌线开袋装袋盖，在右大袋上方腰部设一个双嵌线挖袋，衣摆前部向下倾斜，前衣摆止口成直角；后背中开衩；合体两片袖，袖衩钉三粒扣。本款女外套可选用纯毛料、毛 / 化纤混纺、交织等面料。款式图如图 5-1 所示。

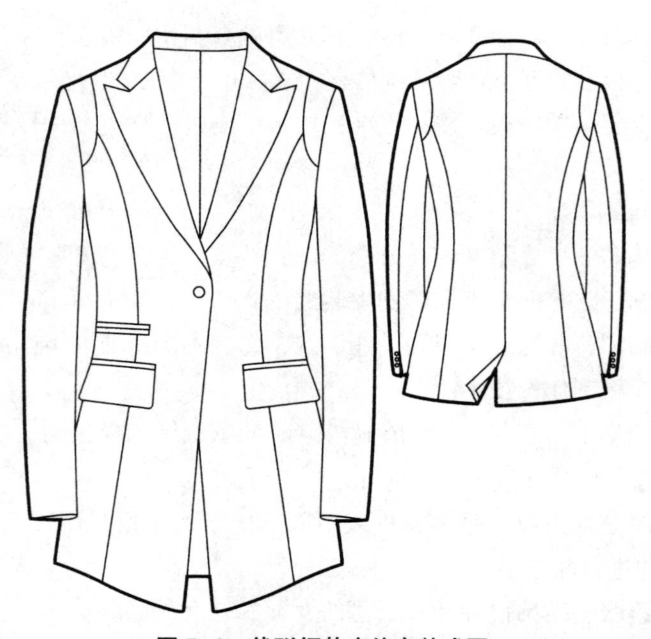

图 5-1 戗驳领耸肩外套款式图

（二）样衣工艺计划单（表 5-1）

表 5-1　样衣工艺计划单

单位：cm

产品名称：戗驳领耸肩外套	客户：×××	数量：×××件
订单号：××××××	款号：×××××	交货日期：×年×月×日

	号型 部位	S	**M**	L	XL	XXL	面料小样
		155/80A	**160/84A**	165/88A	170/92A	175/96A	
成品规格	后衣长	58.5	**60**	61.5	63	64.5	条纹西服呢
	肩宽	38	**39**	40	41	42	
	胸围	86	**90**	94	98	102	
	腰围	70	**74**	78	82	86	
	臀围	96	**100**	104	108	112	
	袖长	58.5	**60**	61.5	63	64.5	
	袖肥	30.6	**32**	33.4	34.8	36.2	
	袖口围	22	**23**	24	25	26	

质量要求	
工艺要求	特殊要求
（1）前片：刀背缝 1cm 分缝，在弧形处和腰节线缝份上打剪口，再分缝烫平。双嵌线袋大 13.5cm、袋盖宽 5.5cm，腰部小双嵌线袋大 10.8cm （2）后片：开衩长度 15.5cm，开衩门襟净宽 3cm，缝份 1cm，开衩里襟净宽为门襟宽的一倍，再留 1cm 缝份。在袖窿、领圈部位齐边烫 1cm 直牵条，辅助衣片定型 （3）衣领：戗驳领结构，后领中宽 6.5cm，与肩颈部、衣身驳头关系合理，翻领外口光滑圆顺，驳头平服 （4）衣袖：绱袖吃势均匀圆顺，袖山内拉斜牵条。袖衩长 10.5cm，开衩门襟净宽 2.5cm。袖子的前弯及分割线的位置处理得当，袖口平顺 （5）锁眼：圆头锁眼 1 个，扣眼大 3.8cm	（1）裁剪要求：裁剪时，丝缕按样板上标注 （2）用衬要求：前中片 ×2，挂面 ×2，领面 ×1，领里 ×1，袋盖 ×4，其他部位见图 5-4 （3）缝线要求：明线针距 10~12 针 /3cm，暗线针距 14~16 针 /3cm （4）整烫要求：熨烫温度为 160~170℃；整烫平服，按要求归拔；整件衣服无污渍与极光
备注：	

（三）结构设计

1. 结构图（图 5-2）

2. 结构设计要点

（1）本款为合体女外套，胸省量一般为 2.5~3.5cm。前侧片胸省进行省闭合转移，前中片省尖部分的量通过归拢工艺处理，使之达到与胸部相符合的造型和功能。

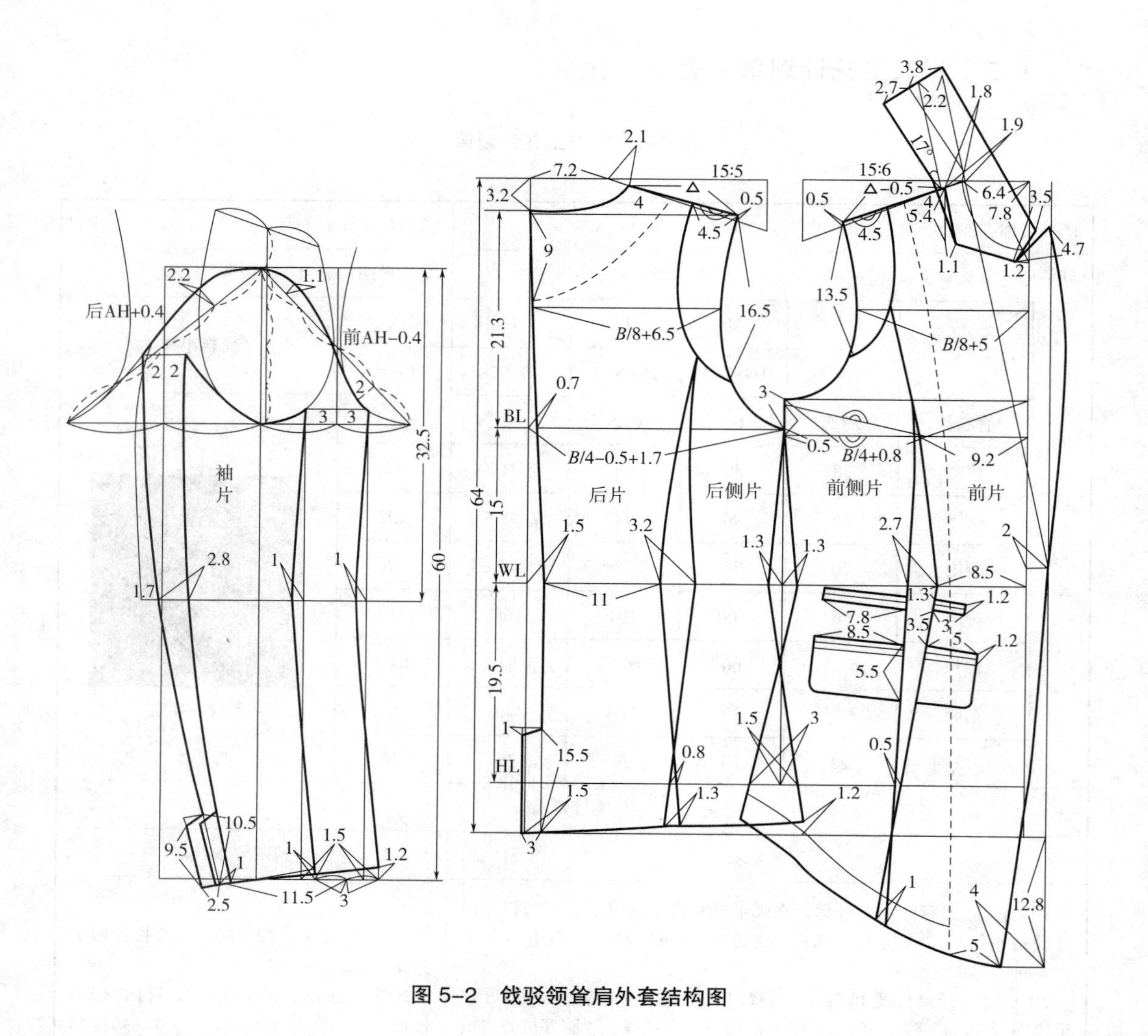

图 5-2　戗驳领耸肩外套结构图

（2）腰省的确定并非是固定的数值，应按照胸腰之间的差数做适当调整。制图时需重视各部位规格的进一步核对，特别是胸、腰、臀等关键部位的尺寸核对。

（3）将前、后衣片侧缝合并，以侧缝向上的延长线作为袖山线。由于袖底弧线是直接从袖窿底部复制而来，确保了袖底和衣身真正做到完全吻合。袖山高是以前、后肩高度差的 1/2 到袖窿深线的 2/3 再抬高 0.7cm 来确定。袖子制图中袖山高取前后袖窿深的 4/5，前袖斜线取前 AH−0.4cm，后袖斜线取后 AH+0.4cm，画顺袖山弧线。袖子为了达到前弯的造型，前袖缝线在袖口处偏前 1.5cm。

（四）样衣试穿（图 5–3）

（五）样板图（图 5–4、图 5–5）

（1）外套样板：放缝同衬衫一样并不是一成不变的，其缝份的大小可根据面料、工艺处理方法等不同而发生相应的变化。本款女外套裁片的领下口弧线拼接缝份为 0.8cm、袖口缝份和后片底边缝份为 3.5cm、里布直缝缝份需多放出 0.2cm 的松量之外，其余无特殊要求的缝份均为 1cm（图 5–4）。

（2）衣身里布：里布一般采用比较滑和薄的布料，如果仍采用刀背缝结构，弧形较大的部位将难以拼合而影响生产进度，故在实际生产中常将里布处理成整片收菱形省的形式。后中上段设 2cm 的褶裥后背活动松量，前片胸部设 2cm 松量（图 5–5）。

（3）袖里布：由于袖窿底部的缝份是直立的，它占有一定的空间，袖子里布的袖窿底部上移 1.5cm，可以使袖型更加平服顺畅；另外，由于里布是采用一些比较滑而薄的布料，如果与面布同样的吃势则很难缝纫，袖窿底部上移，便可以减少里布袖山的吃势（图 5–5）。

图 5–3　戗驳领耸肩外套试穿效果

二、青果领合体小外套结构样板

（一）款式解析

本款为青果领合体小外套，款式特点为双层青果领结构，前衣片单排一粒扣，前后衣片腰线处横向分割，腰线上半部分作纵向刀背分割，前腰线下半部分两侧各一个双嵌线开袋，左胸一个手巾袋，前门襟止口为圆角；后中下摆开衩；合体两片袖结构。本款式一般可选用纯毛料、毛/化纤混纺、交织等面料。款式图如图 5–6 所示。

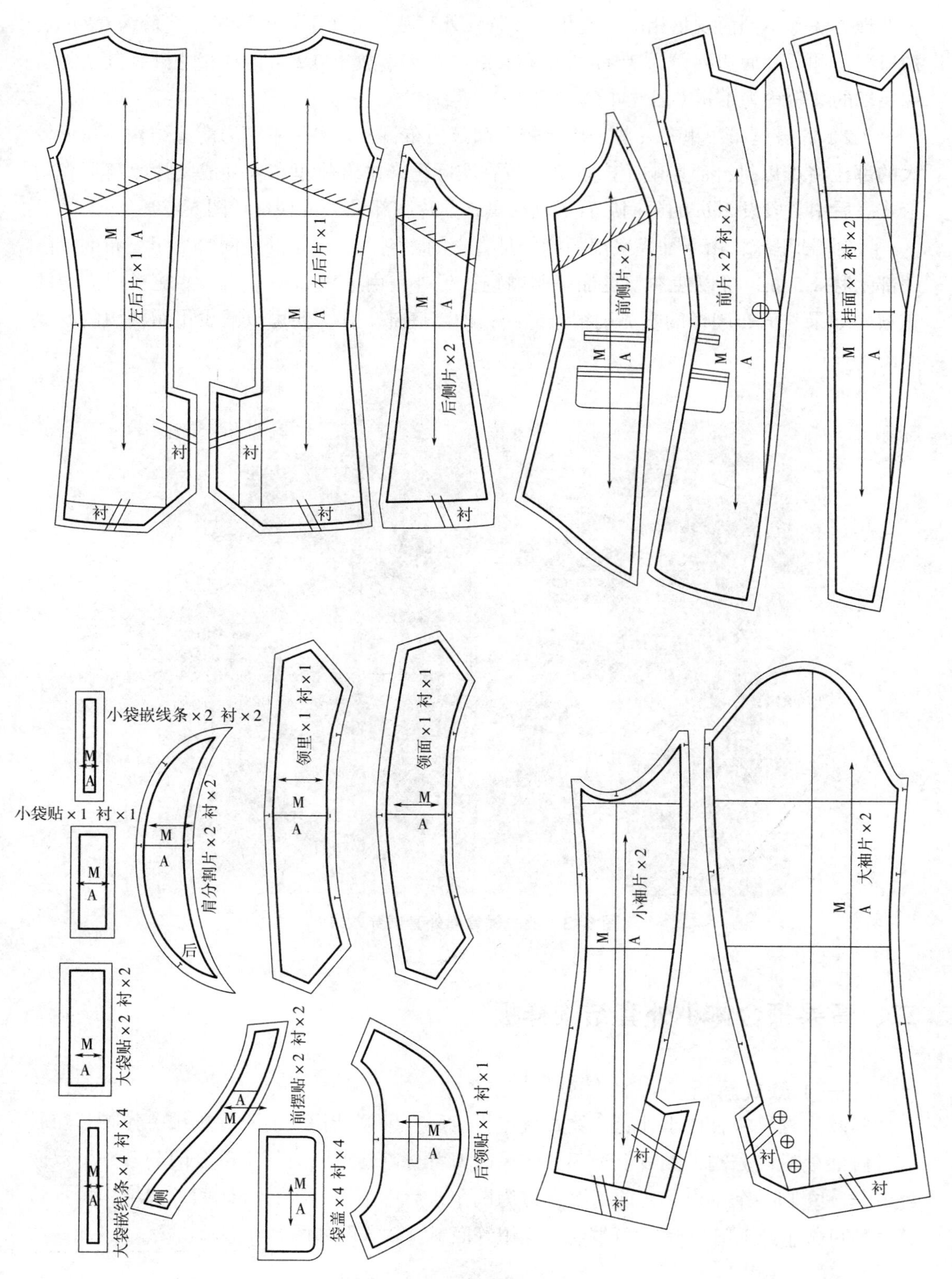

图 5-4 戗驳领耸肩外套面布样板图

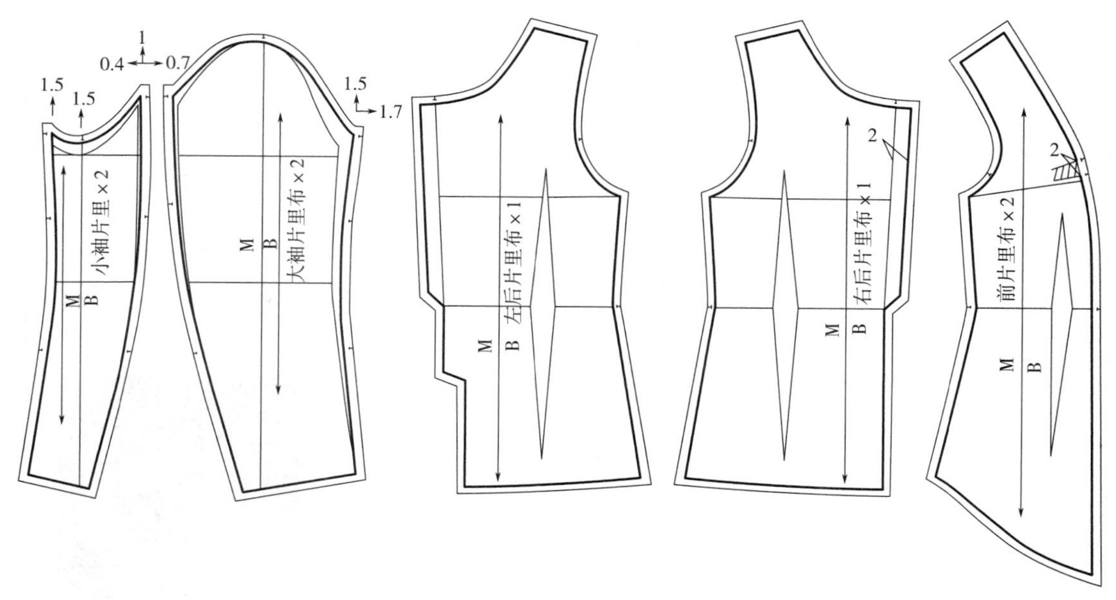

图 5-5　戗驳领耸肩外套里布样板图

图 5-6　青果领合体小外套款式图

（二）样衣工艺计划单（表 5-2）

表 5-2　样衣工艺计划单

单位：cm

<table>
<tr><td colspan="4">产品名称：青果领合体小外套</td><td colspan="2">客户：×××</td><td colspan="2">数量：×××件</td></tr>
<tr><td colspan="4">订单号：××××××</td><td colspan="2">款号：×××××</td><td colspan="2">交货日期：×年×月×日</td></tr>
<tr><td rowspan="10">成品规格</td><td rowspan="2">号型
部位</td><td>S</td><td>M</td><td>L</td><td>XL</td><td>XXL</td><td rowspan="2">面料小样</td></tr>
<tr><td>155/80A</td><td>160/84A</td><td>165/88A</td><td>170/92A</td><td>175/96A</td></tr>
<tr><td>后衣长</td><td>48.5</td><td>50</td><td>51.5</td><td>53</td><td>54</td><td rowspan="8">制服呢</td></tr>
<tr><td>肩宽</td><td>37</td><td>38</td><td>39</td><td>40</td><td>41</td></tr>
<tr><td>胸围</td><td>84</td><td>88</td><td>92</td><td>96</td><td>100</td></tr>
<tr><td>腰围</td><td>70</td><td>74</td><td>78</td><td>82</td><td>86</td></tr>
<tr><td>下摆围</td><td>75</td><td>79</td><td>83</td><td>87</td><td>91</td></tr>
<tr><td>袖长</td><td>58.5</td><td>60</td><td>61.5</td><td>63</td><td>64.5</td></tr>
<tr><td>袖肥</td><td>30.6</td><td>32</td><td>33.4</td><td>34.8</td><td>36.2</td></tr>
<tr><td>袖口围</td><td>24</td><td>25</td><td>26</td><td>27</td><td>28</td></tr>
<tr><td colspan="8">质量要求</td></tr>
<tr><td colspan="6">工艺要求</td><td colspan="2">特殊要求</td></tr>
<tr><td colspan="6">（1）前片：刀背缝 1cm 分缝，在弧形处和腰节线缝份上打剪口，再分缝烫平；双嵌线袋大 12cm
（2）后片：开衩长度 11cm，开衩门襟净宽 3cm，缝份 1cm，开衩里襟净宽为门襟宽的一倍，再留 1cm 缝份；在袖窿、领圈部位齐边烫 1cm 直牵条，辅助衣片定型
（3）衣领：青果领后中翻领宽 5.5cm，领座宽 2.5cm；与肩颈部、衣身驳头关系合理，翻领外口光滑圆顺，驳头平服，领嘴和襟嘴左右对称，不可有长短
（4）衣袖：绱袖吃势均匀圆顺，袖山内拉斜牵条。袖子的前弯及分割线的位置处理得当，袖口平顺
（5）锁眼：腰部分割线处按样板开扣眼 1 个，扣眼大 3.8cm</td><td colspan="2">（1）裁剪要求：裁剪时，丝缕按样板上标注
（2）用衬要求：前中片 ×2，挂面 ×2，领面、里 ×2，其他部位见图 5-9
（3）缝线要求：明线针距 10~12 针 /3cm，暗线针距 14~16 针 /3cm
（4）整烫要求：熨烫温度为 160~170℃；整烫平服，按要求归拔；整件衣服无污渍与极光</td></tr>
<tr><td colspan="8">备注：</td></tr>
</table>

（三）结构设计

1. 结构图（图 5-7）

2. 结构设计要点

（1）本款合体小外套的前侧片胸省进行省闭合转移，前中片省尖部分的量通过归拢工艺处理，若量较大时也可转一点到驳头里。普通机织面料一般会控制在 0.3~0.6cm 的归缩量，毛织或大衣面料控制在 0.6~0.8cm 的归缩量。

（2）短外套衣长结构设计时，应先取至相对稳定的臀围线的长度作图，再根据具体的款式要求截取所需要的长度，而不是直接绘制衣长的长度。

（3）合体两片袖在绱袖时缝份一般倒向袖片，为了使袖山在自然状态下呈圆顺的窝势，且无明显褶痕的理想效果，袖山吃势一般为 2.5~3.5cm（毛呢面料）；休闲女外套的袖山吃势为 1~2.5cm 即可。

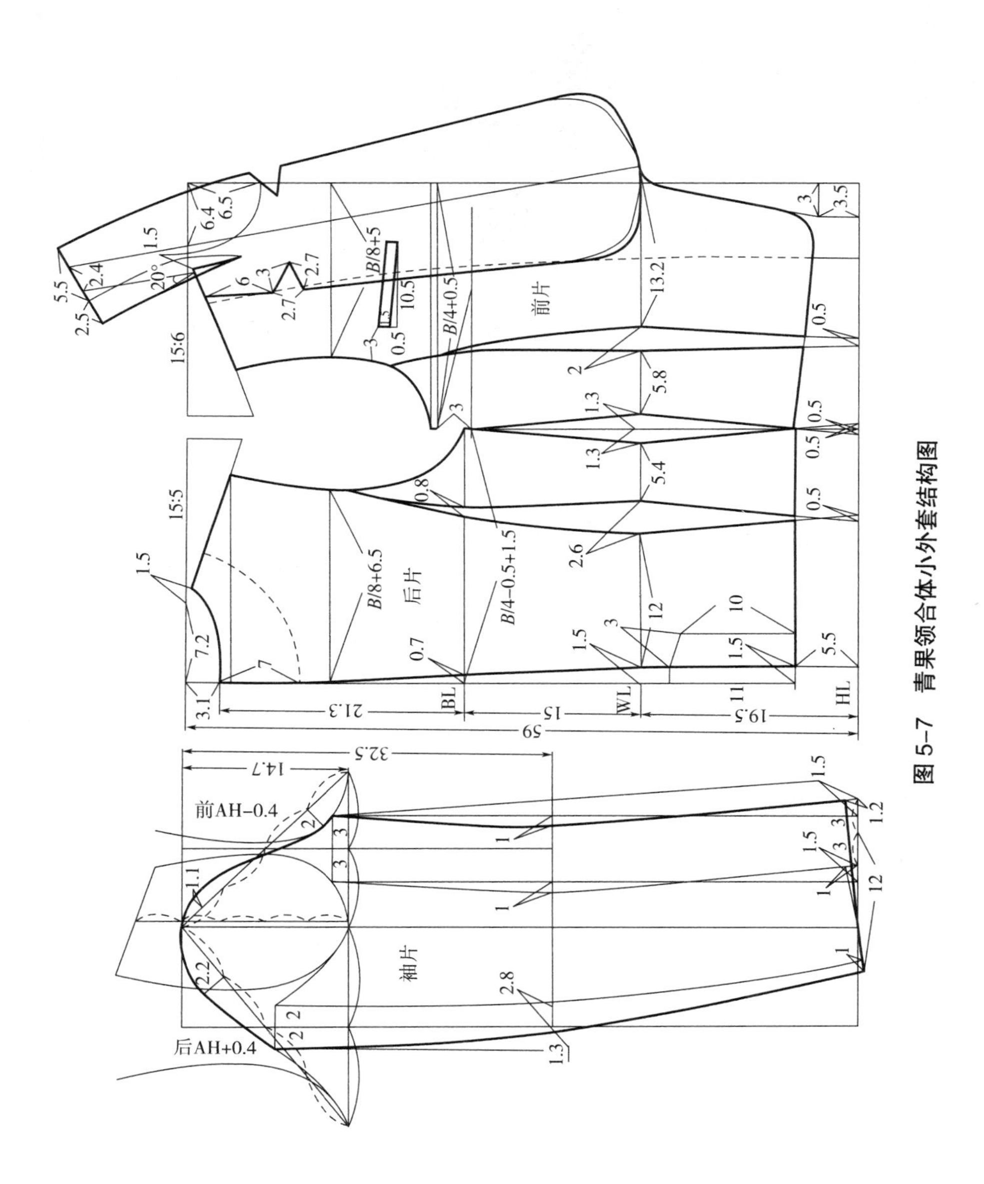

图 5-7　青果领合体小外套结构图

（四）样衣试穿（图 5–8）

图 5–8　青果领合体小外套试穿效果

（五）样板图（图 5–9、图 5–10）

本款小外套裁片的领下口弧线拼接缝份为 0.8cm、袖口缝份为 3.5cm、里布直缝缝份需多放出 0.2cm 的松量之外，其余无特殊要求的缝份均为 1cm。

三、X 型小外套结构样板

（一）款式解析

本款为 X 型小外套，款式特点为戗驳领结构，驳头中间部位设一褶裥；前衣片单排一粒扣，两侧腰部各有一个 W 型分割线造型，并在下端设一褶裥，衣摆前部向下倾斜，前门襟止口为圆角；后衣片在腰线处横向分割，腰线上部刀背分割，腰线下为波浪衣摆；合体两片袖结构。本款 X 型小外套可选用水洗棉、纯毛料、毛 / 化纤混纺、交织等面料。款式图如图 5–11 所示。

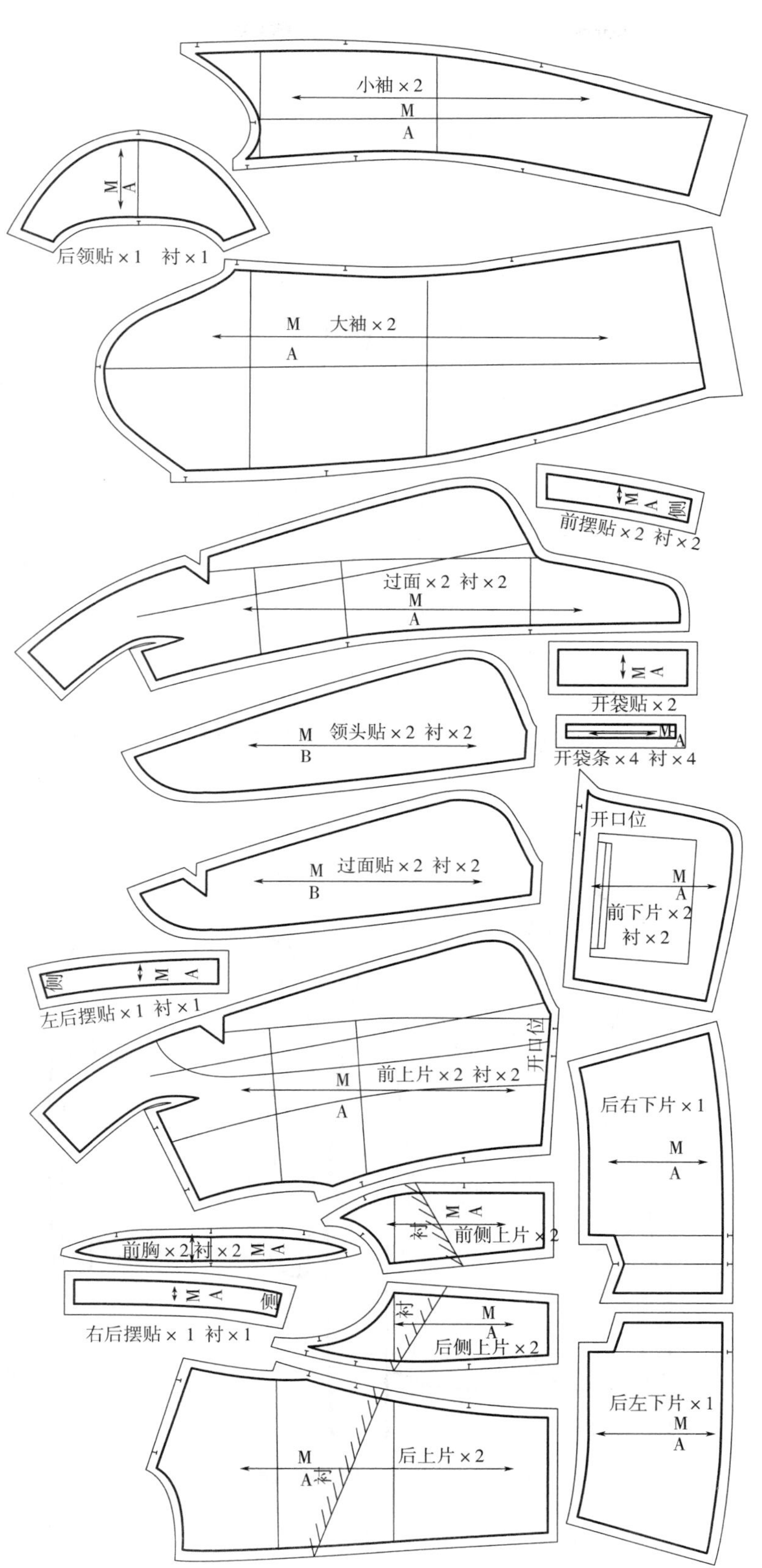

图 5-9　青果领合体小外套面布样板图

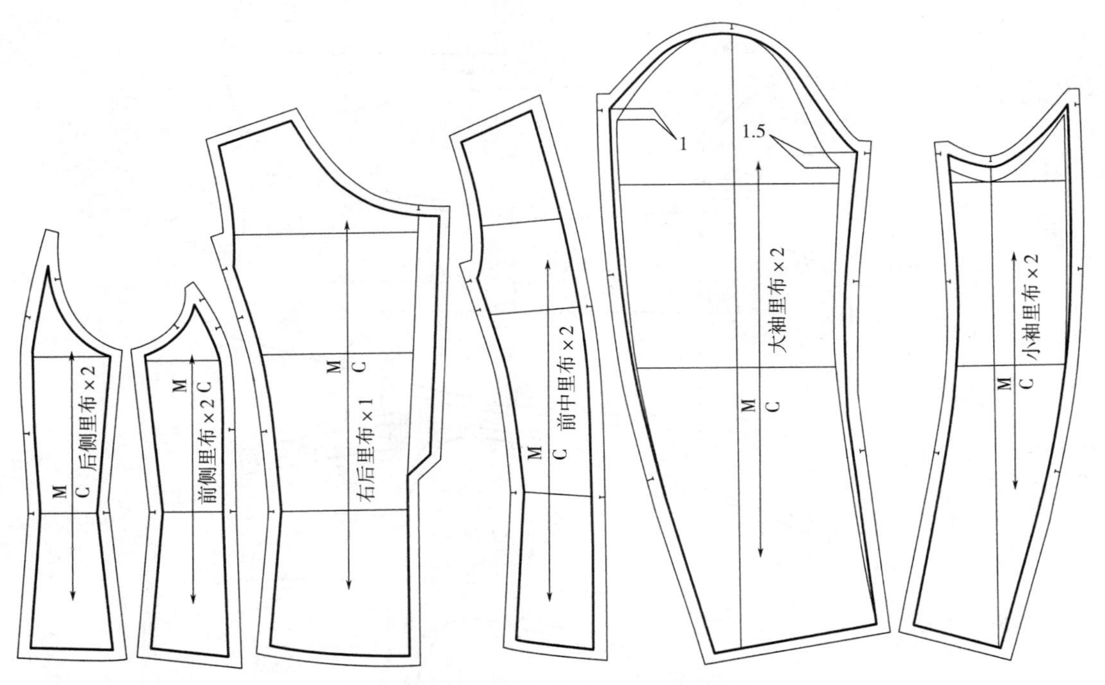

图 5-10 青果领合体小外套里布样板图

图 5-11 X 型小外套款式图

（二）样衣工艺计划单（表 5-3）

表 5-3　样衣工艺计划单

单位：cm

产品名称：X 型小外套	客户：×××	数量：×××件
订单号：××××××	款号：×××××	交货日期：×年×月×日

成品规格	部位＼号型	S	M	L	XL	XXL	面料小样
		155/80A	160/84A	165/88A	170/92A	175/96A	
	后衣长	58.5	60	61.5	63	64.5	中厚棉布
	肩宽	38	39	40	41	42	
	胸围	88	92	96	100	104	
	腰围	72.8	76.8	80.8	84.8	88.8	
	臀围	92	96	100	104	108	
	袖长	58.5	60	61.5	63	64.5	
	袖肥	30.6	32	33.4	34.8	36.2	
	袖口围	24	25	26	27	28	

质量要求	
工艺要求	特殊要求
（1）前片：侧片 W 型拼接缝，省尖处须平顺不可散口。侧缝向前中 5cm 做 17cm 大的褶裥 （2）后片：腰部分割线拼接。在袖窿、领圈部位齐边烫 1cm 直牵条，辅助衣片定型 （3）衣领：戗驳领结构，后领中宽 6.5cm，与肩颈部、衣身驳头关系合理，翻领外口光滑圆顺，驳头平服，驳头中间设 2cm 褶量 （4）衣袖：绱袖吃势均匀圆顺，袖山内拉斜牵条。袖子的前弯及分割线的位置处理得当，袖口平顺 （5）锁眼：按样板开眼 1 个，扣眼大 3.8cm	（1）裁剪要求：裁剪时，丝缕按样板上标注 （2）用衬要求：前片 ×2，挂面 ×2，领面 ×1，领里 ×1，其他部位见图 5-14 （3）缝线要求：明线针距 10~12 针 /3cm，暗线针距 14~16 针 /3cm （4）整烫要求：熨烫温度为 160~170℃；整烫平服，按要求归拔；整件衣服无污渍与极光
备注：	

（三）结构设计

1. 结构图（图 5-12）

2. 结构设计要点

（1）前衣片 3cm 的胸省和 2cm 的腰省都转移到 W 型分割线里。

（2）后片腰线分割，衣片下半部分省道合并且下摆展开呈扇形造型。

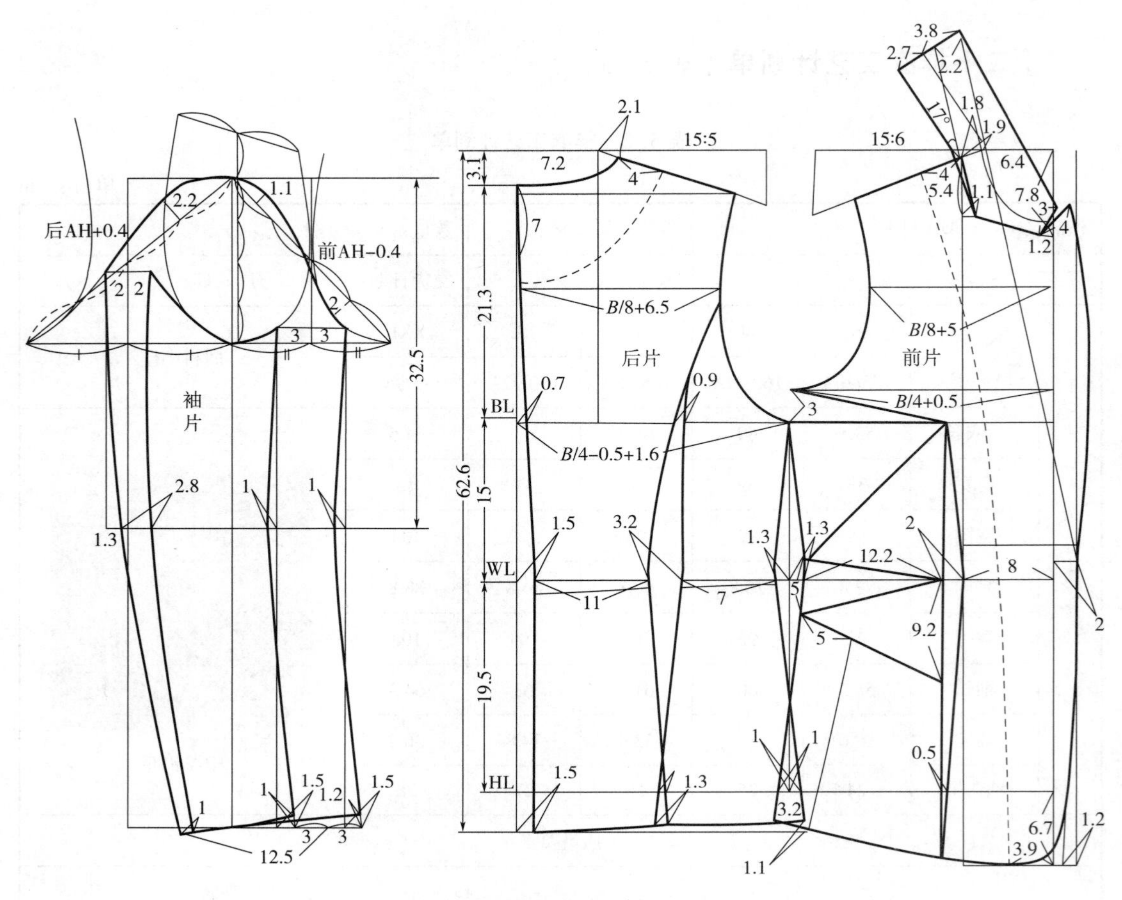

图 5-12　X 型小外套结构图

（四）样衣试穿（图 5-13）

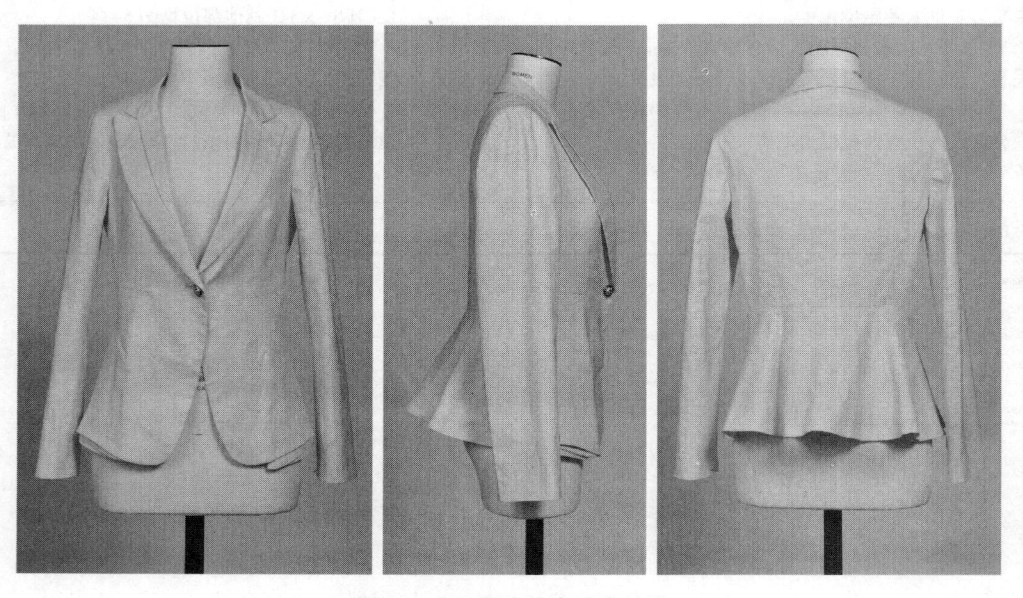

图 5-13　X 型小外套试穿效果

（五）样板图（图 5-14、图 5-15）

本款小外套裁片的领下口弧线拼接缝份为 0.8cm、袖口缝份为 3.5cm、里布直缝缝份需多放出 0.2cm 的松量之外，其余无特殊要求的缝份均为 1cm。

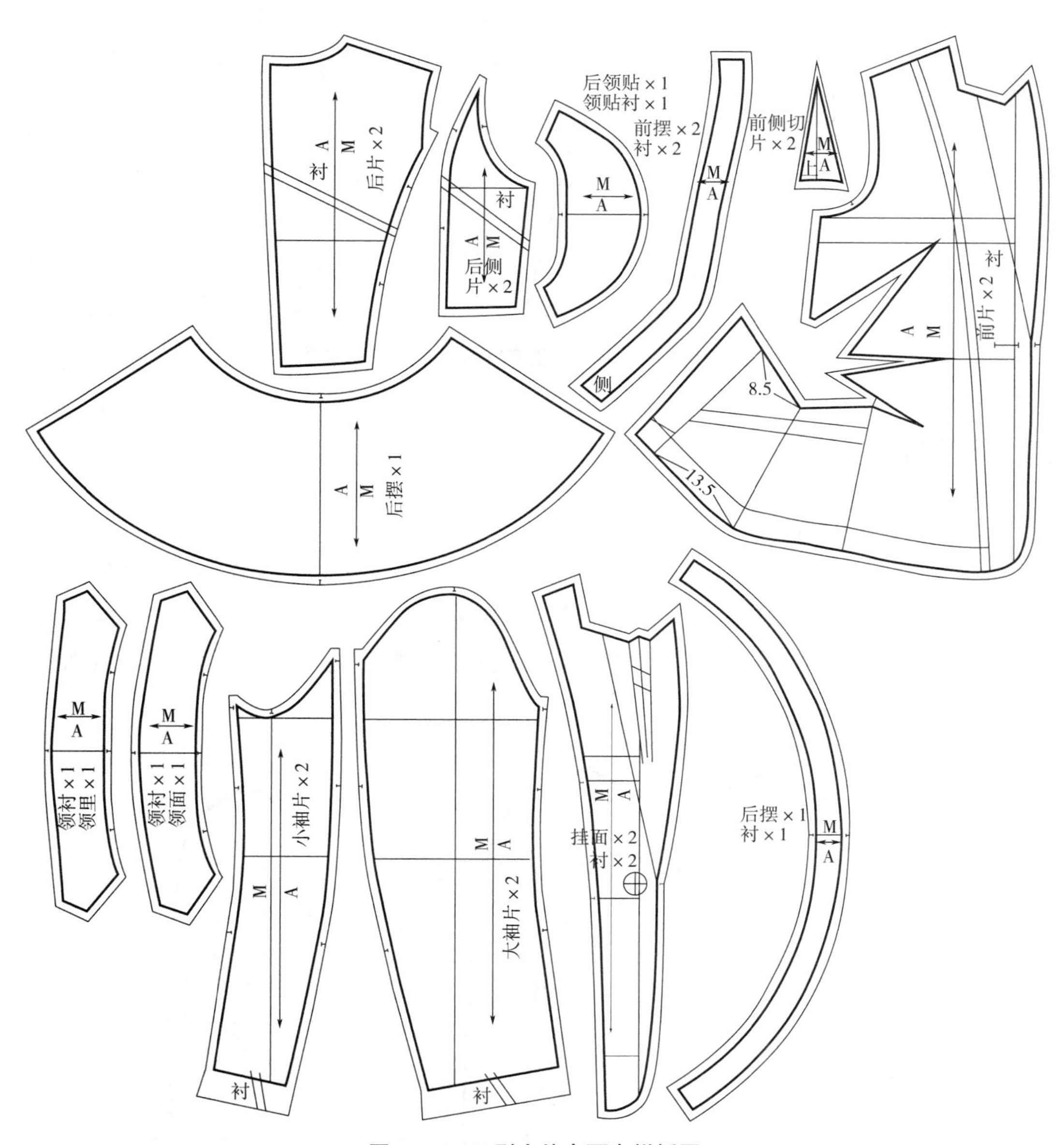

图 5-14　X 型小外套面布样板图

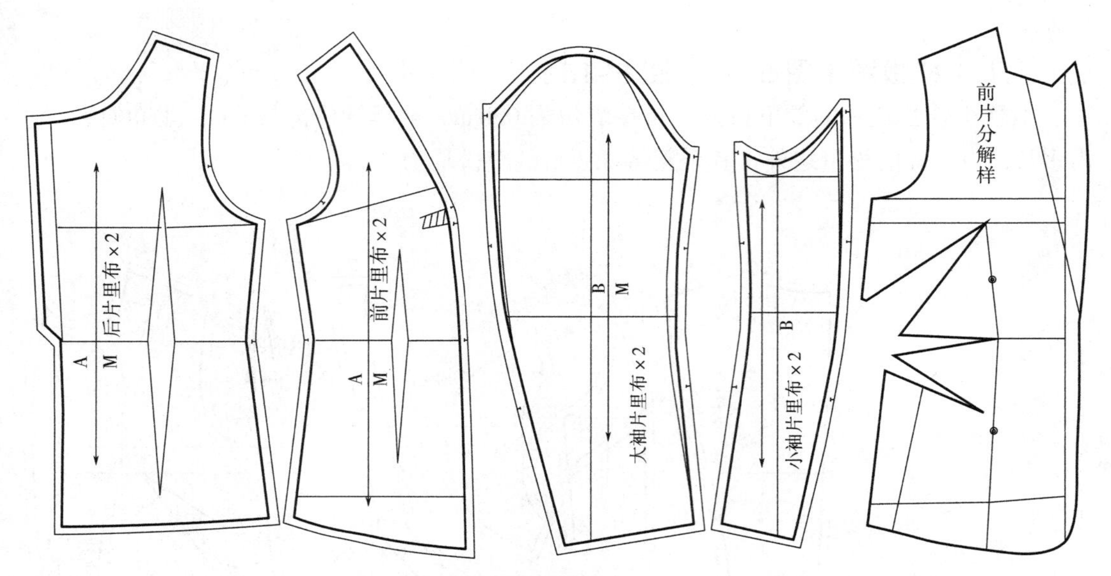

图 5-15 X 型小外套里布样板及前片工艺样板

四、V 领短外套结构样板

（一）款式解析

本款为 V 领短外套，款式特点为深 V 领，前衣片斜襟两粒扣，侧衣摆处做弧形分割，腰线上半部分作纵向刀背分割，左胸做手工装饰花；后衣片侧缝、刀背缝结构线与前衣片相同；合体两片袖结构。本款 V 领短外套可选用纯毛料、毛 / 化纤混纺、交织等面料。款式图如图 5-16 所示。

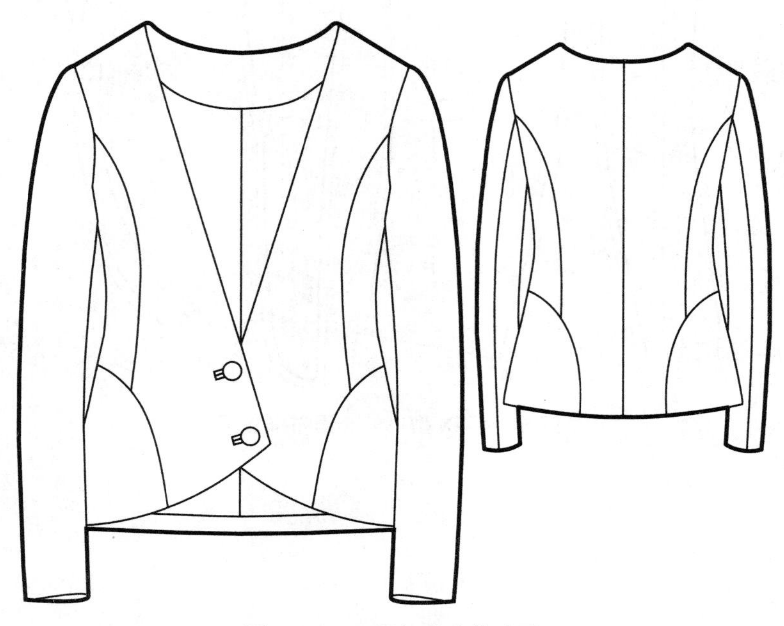

图 5-16 V 领短外套款式图

（二）样衣工艺计划单（表 5–4）

表 5–4　样衣工艺计划单

单位：cm

<table>
<tr><td colspan="4">产品名称：V 领短外套</td><td colspan="2">客户：×××</td><td colspan="2">数量：××× 件</td></tr>
<tr><td colspan="4">订单号：××××××</td><td colspan="2">款号：×××××</td><td colspan="2">交货日期：× 年 × 月 × 日</td></tr>
<tr><td rowspan="10">成品规格</td><td rowspan="2">号型
部位</td><td>S</td><td>M</td><td>L</td><td>XL</td><td>XXL</td><td rowspan="2">面料小样</td></tr>
<tr><td>155/80A</td><td>160/84A</td><td>165/88A</td><td>170/92A</td><td>175/96A</td></tr>
<tr><td>后衣长</td><td>51.5</td><td>53</td><td>54.5</td><td>56</td><td>57.5</td><td rowspan="8">涂层斜纹亮光布</td></tr>
<tr><td>肩宽</td><td>37</td><td>38</td><td>39</td><td>40</td><td>41</td></tr>
<tr><td>胸围</td><td>84</td><td>88</td><td>92</td><td>96</td><td>100</td></tr>
<tr><td>腰围</td><td>70</td><td>74</td><td>78</td><td>82</td><td>86</td></tr>
<tr><td>下摆围</td><td>112</td><td>116</td><td>120</td><td>124</td><td>128</td></tr>
<tr><td>袖长</td><td>58.5</td><td>60</td><td>61.5</td><td>63</td><td>64.5</td></tr>
<tr><td>袖肥</td><td>30.6</td><td>32</td><td>33.4</td><td>34.8</td><td>36.2</td></tr>
<tr><td>袖口围</td><td>24</td><td>25</td><td>26</td><td>27</td><td>28</td></tr>
<tr><td colspan="8">质量要求</td></tr>
<tr><td colspan="4">工艺要求</td><td colspan="4">特殊要求</td></tr>
<tr><td colspan="4">（1）前、后片：在侧缝处做弧形分割线。在袖窿、领圈部位齐边烫 1cm 直牵条，辅助衣片定型
（2）衣领：深 V 领结构，领止口光滑圆顺平服
（3）衣袖：绱袖吃势均匀圆顺，袖山内拉斜牵条。袖子的前弯及分割线的位置处理得当，袖口平顺
（4）锁眼：前片开布扣眼两个，扣眼大 3.8cm</td><td colspan="4">（1）裁剪要求：裁剪时，丝缕按样板上标注
（2）用衬要求：前中片 ×2，挂面 ×2，其他部位见图 5–19
（3）缝线要求：明线针距 10~12 针 /3cm，暗线针距 14~16 针 /3cm
（4）整烫要求：熨烫温度为 160~170℃；整烫平服，按要求归拔；整件衣服无污渍与极光</td></tr>
<tr><td colspan="8">备注：</td></tr>
</table>

（三）结构设计（图 5–17）

（四）样衣试穿（图 5–18）

（五）样板图（图 5–19、图 5–20）

本款女外套袖口缝份为 3.5cm，里布直缝缝份需多放出 0.2cm 的松量之外，其余无特殊要求的缝份均为 1cm。

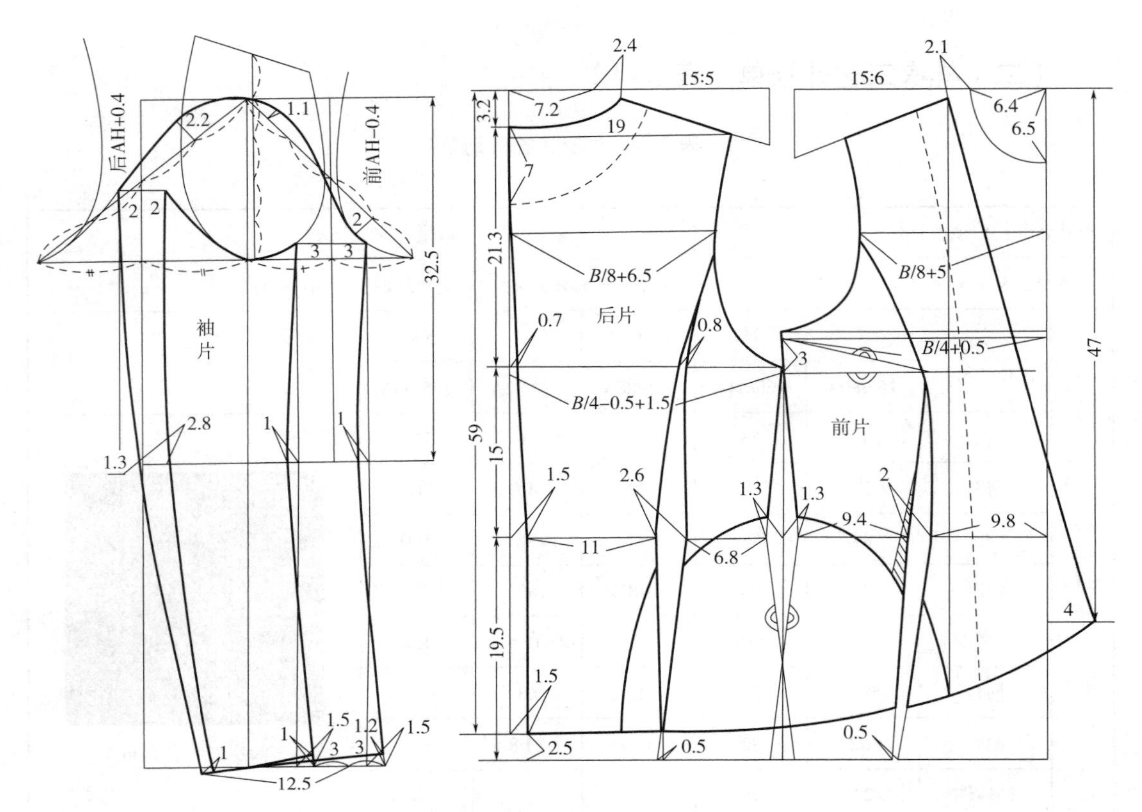

图 5-17　V 领短外套结构图

图 5-18　V 领短外套试穿效果

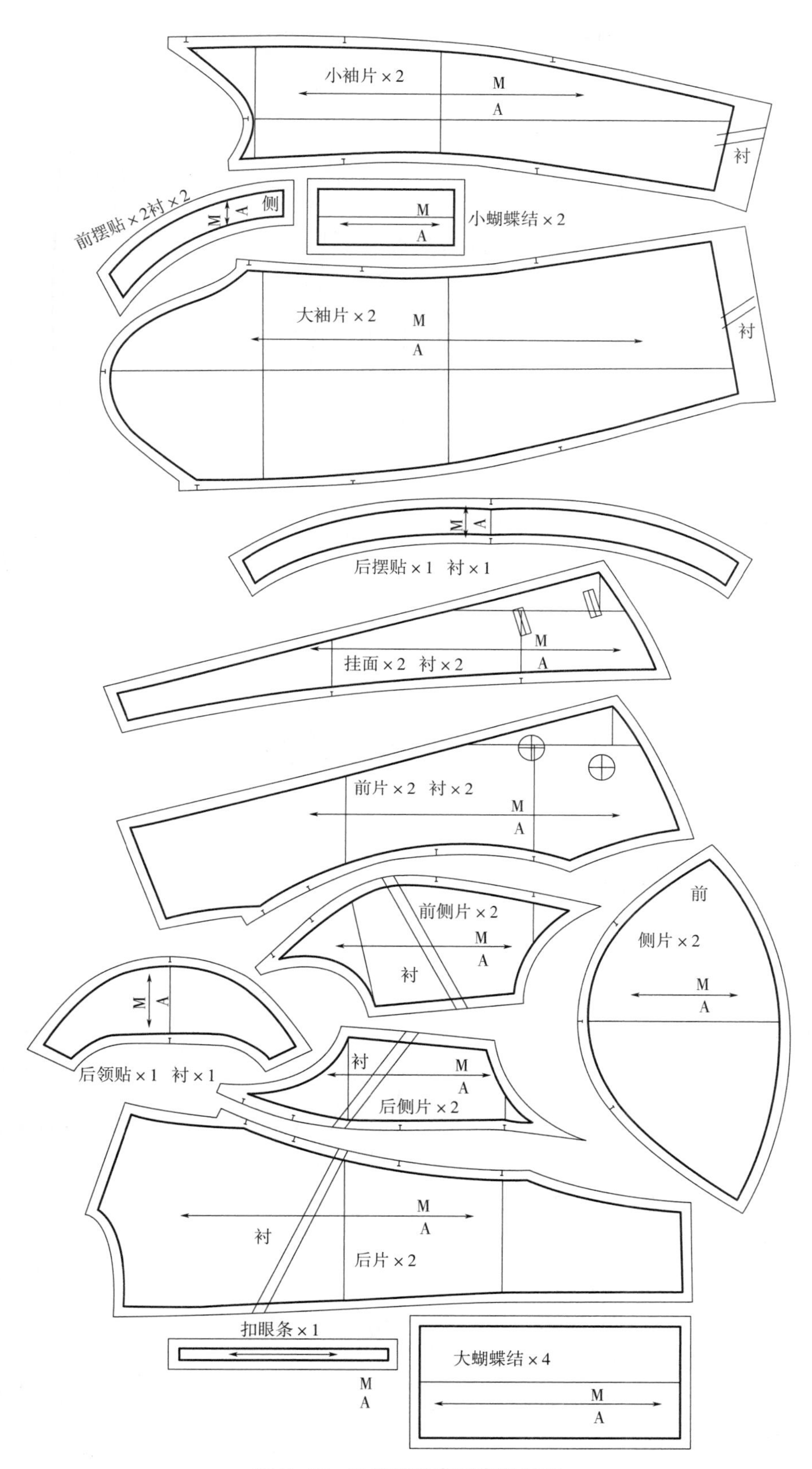

图 5-19　V 领短外套面布样板图

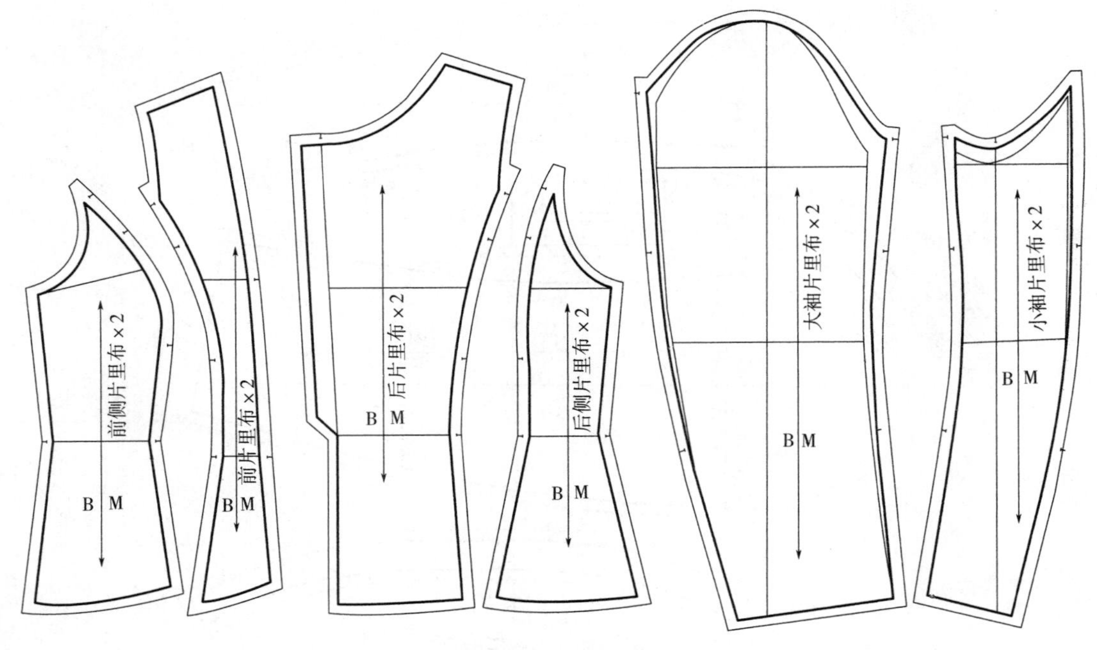

图 5-20　V 领短外套里布样板图

第二节　女皮装结构样板

一、皮马甲结构样板

（一）款式解析

皮马甲适合于春秋季外出穿着，款式特点为无领一粒扣，借肩短袖，袖山收省道，采用装饰缝线。衣片上部前片为刀背分割，斜腰线分割，斜线衣摆；后片肩育克，腰线分割，后身背（薄料）抽褶装饰。由于其舒适洒脱、易穿脱的特点深受广大年轻女性的喜爱，上身可搭配 T 恤、衬衫，下身可搭配长裤、短皮裤、皮裙。材料一般以山羊皮、PU 革为主，后背部分可采用弹性较大的薄型针织面料。款式图如图 5-21 所示。

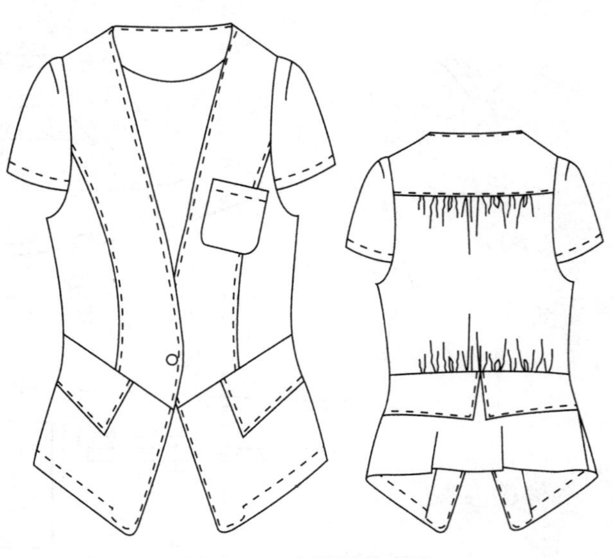

图 5-21　皮马甲款式图

（二）样衣工艺计划单（表 5–5）

表 5–5　样衣工艺计划单

单位：cm

产品名称：皮马甲	客户：×××	数量：×××件
订单号：××××××	款号：×××××	交货日期：×年×月×日

	号型 部位	S 155/80A	**M 160/84A**	L 165/88A	XL 170/92A	XXL 175/96A	面料小样
成品规格	衣长	63	**64**	65	66	67	
	肩宽	32.5	**33**	33.5	34	34.5	
	胸围	86	**90**	94	98	102	
	腰围	76	**80**	84	88	92	
	袖长	15.8	**16**	16.2	16.4	16.6	仿皮 + 乔其纱

质量要求	样板要求	裁剪样板	前身面里、后身面里、袖面里、挂面裁剪样板，胸袋（面料）			
		工艺样板	纽扣定位工艺板、胸袋净样板			
	工艺要求	前身	分割缝、贴袋压明线如下图，压线 0.7cm，宽窄要一致			
		后身	后中无开衩，压线宽窄要一致			
		下摆	下摆底边折 3.5cm，下摆底边与里布相距 1.5cm			
		袖子	袖衩类型：无	扣眼：无		缝份
			袖山缝方式：袖山缝份向袖窿弧	垫肩类型：薄型		止口缝：1.0
			扣眼数：无	纽扣：无		挂面拼缝：1.0
			袖口普通制作			前侧缝：1.0
		领子	领底：无			前里侧缝：1.0
			翻领：无			摆缝：1.0
			驳头锁眼：无			后中缝：1.0
			领串口：无			袖内侧缝：1.0
			领挂：用商标			肩缝：1.0
		外袋	手巾袋：贴袋	内袋	左内大袋：无	卡袋：无
			面大袋：无		笔袋：无	右内大袋：无
		纽扣	扣眼距门襟止口 1.7cm			
		附件	洗水唛：如下图			
			商标：根据客户需要			

续表

产品名称：皮马甲	客户：×××	数量：×××件
订单号：××××××	款号：×××××	交货日期：×年×月×日

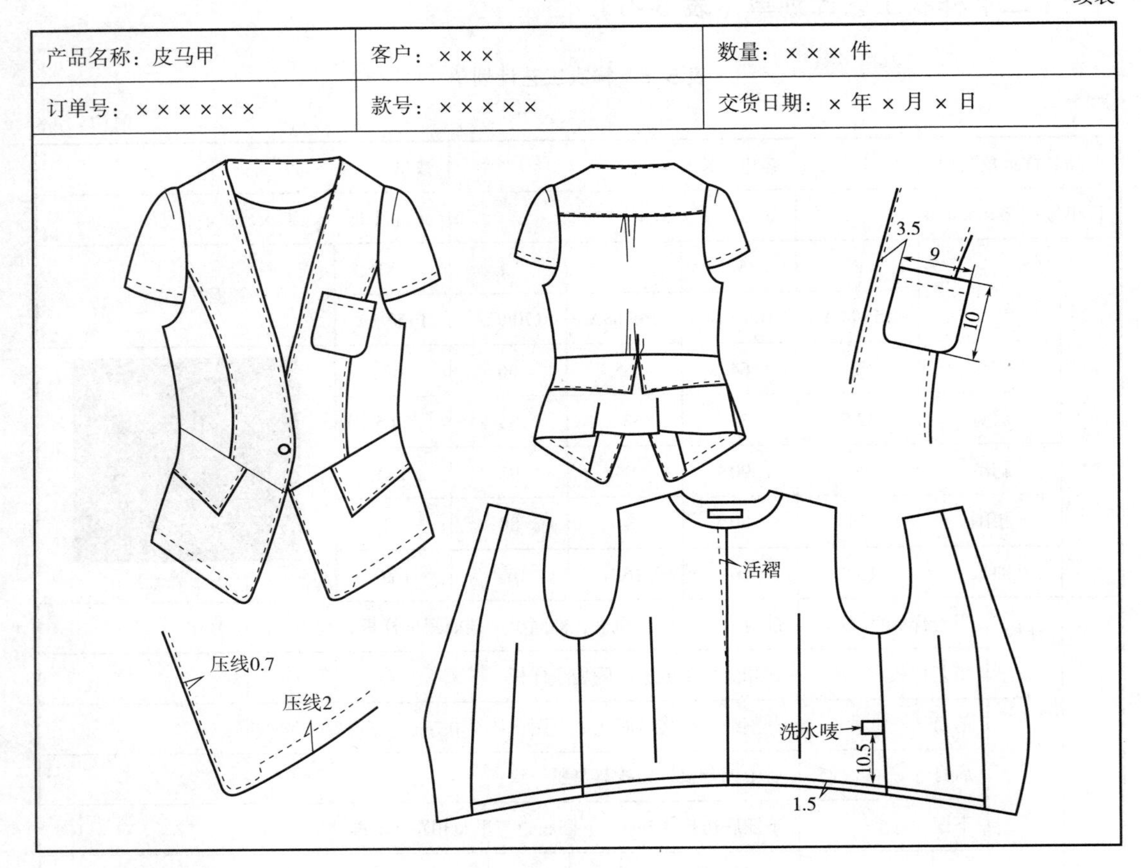

（三）结构设计

1. 结构图（图 5–22、图 5–23）

2. 结构设计要点

（1）衣身结构：本款为修身板型，胸省量控制在 2.5cm 左右，前片下摆降低 9cm。后过肩打开 0.5cm，以满足肩胛骨的隆起。无领结构，放出搭门量后依据款式图设计门襟止口线。根据女性前后体型特征，前胸围大于后胸围，后腰省量大于前腰省量。分割线较多，在绘制分割线时应力图做到美观，同时要符合结构设计上的要求。

（2）袖子结构：本款为借肩立体袖结构，衣身肩线部分转移到袖子上，通过打开省道来实现立体袖的效果，省道打开量应根据款式进行调整，实际袖山高为 13cm 左右，绘制方法如图 5–22 所示。

（四）样衣试穿（图 5–24）

（五）样板图（图 5–25）

样板的放缝应根据面料性能、工艺的处理方法等不同来确定其缝份的大小。本教綃袖缝份为 0.9cm，下摆折边 3.5cm，袖口折边为 3cm，其他缝份均为 1cm。

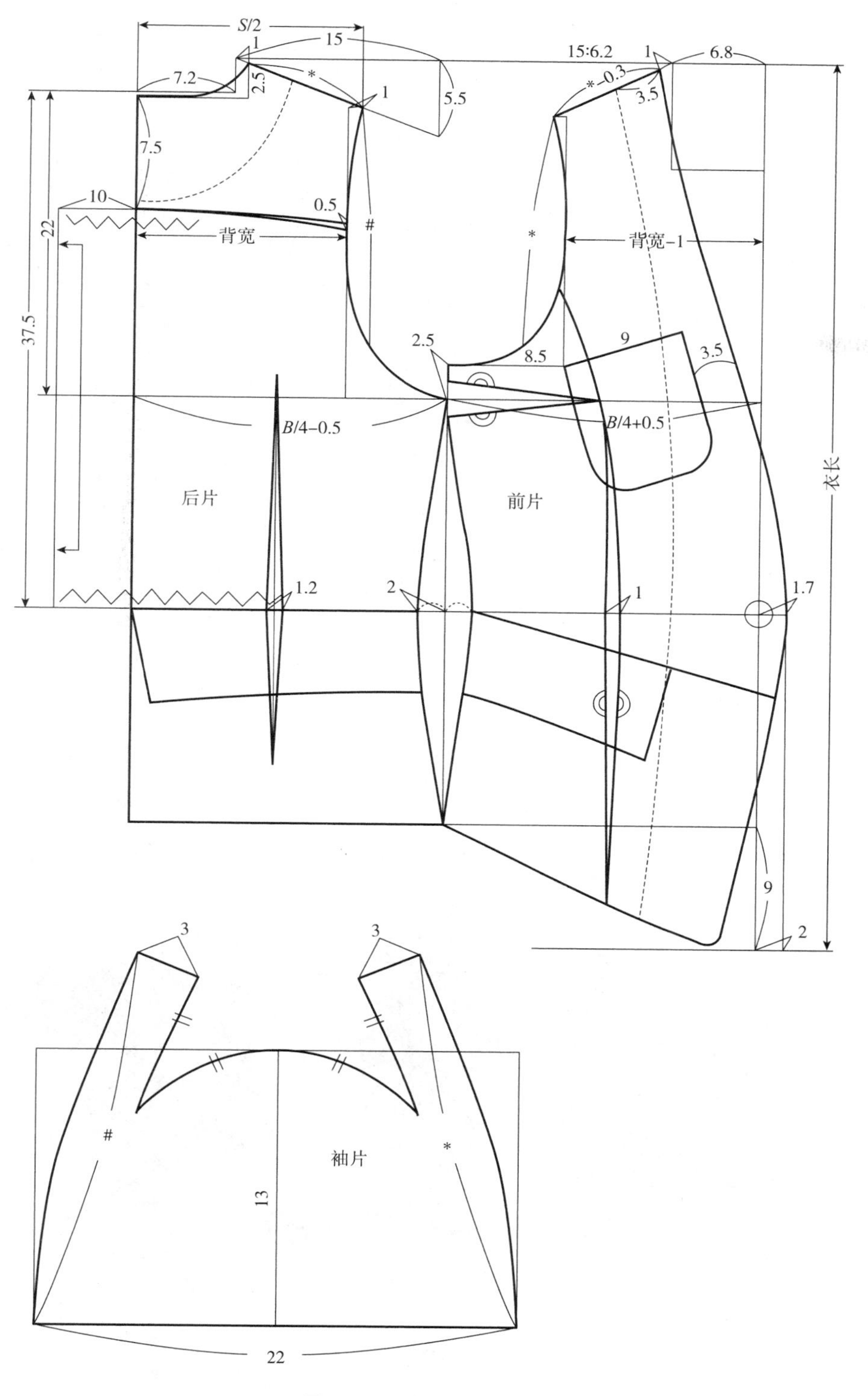

图 5-22　皮马甲结构图

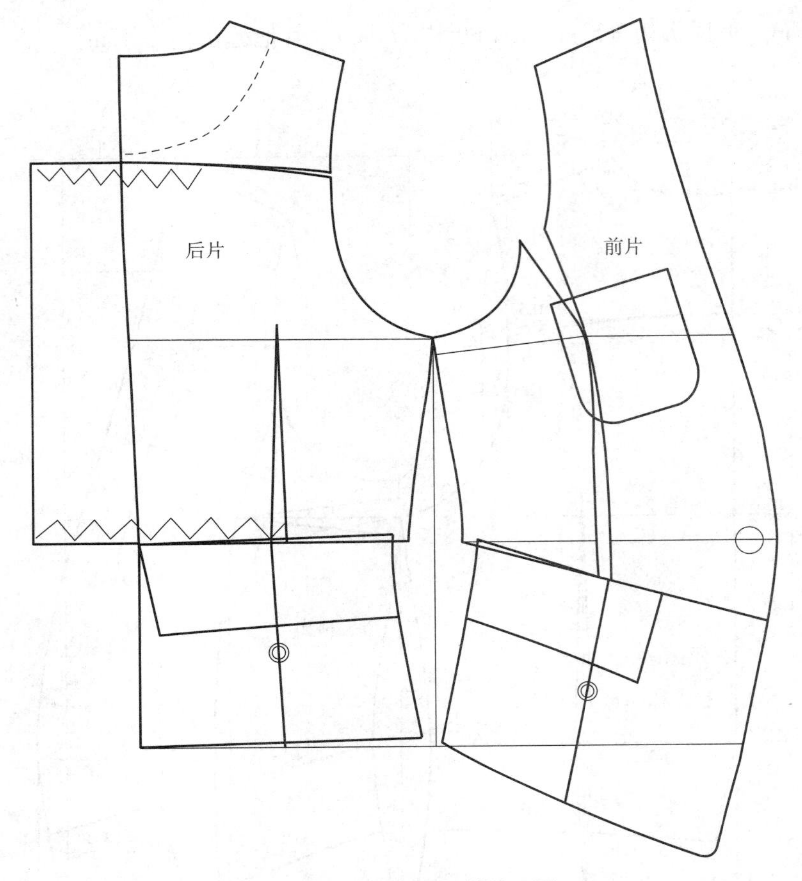

图 5-23　皮马甲纸样处理图

图 5-24　皮马甲试穿效果

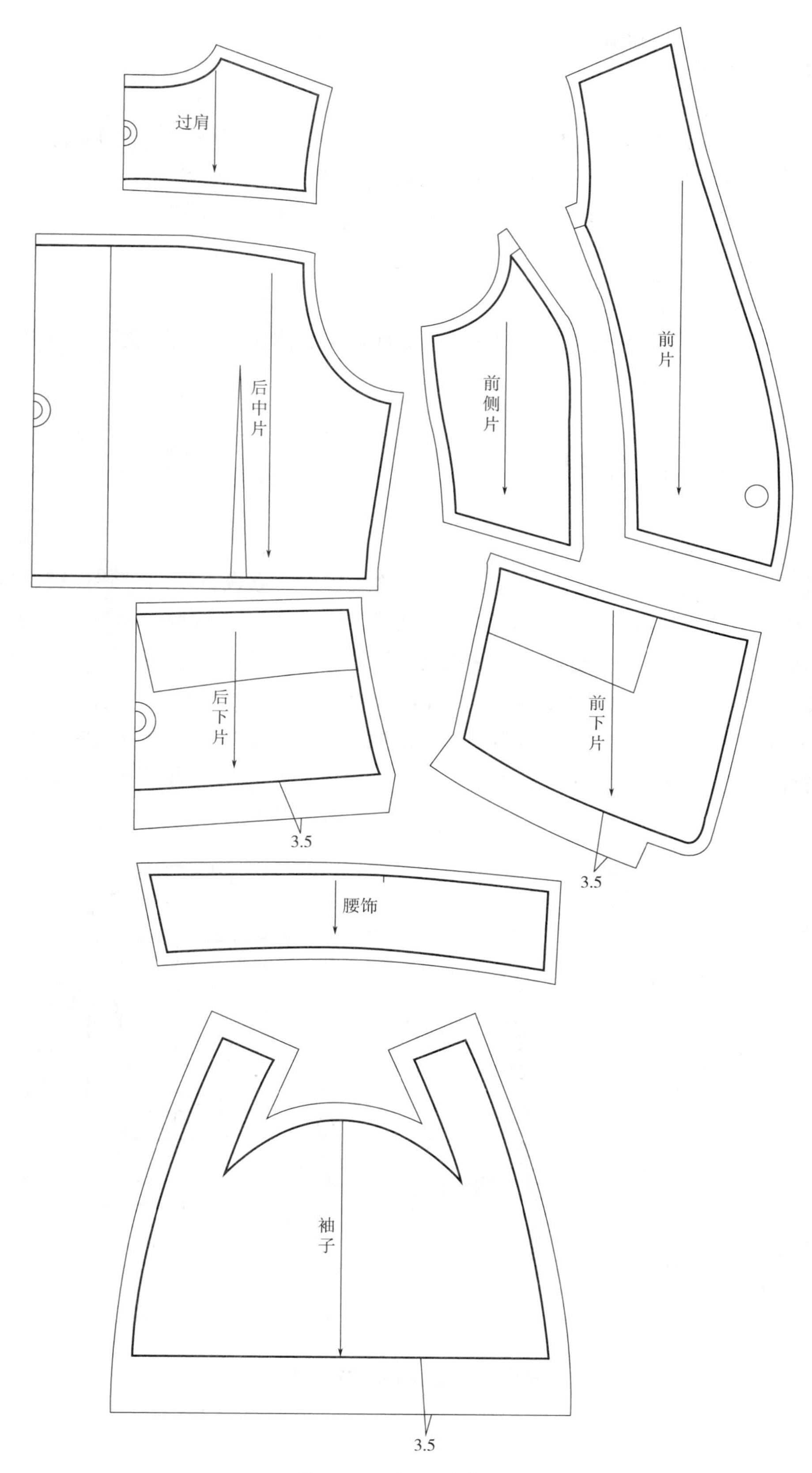

图 5–25　皮马甲样板图

（六）样板校对

（1）校验各部位的尺寸是否正确。

（2）前、后片肩缝假缝对合，领窝曲线是否圆顺；前片、侧片、后片侧缝假缝对合，袖窿曲线是否圆顺；大、小袖侧缝假缝对合，袖山曲线是否圆顺等。

（3）袖山、袖窿假缝对合，相应部位的吃势是否合理。

（4）缝份的大小、折边量是否符合工艺要求等。

（5）全套纸样是否齐全。

（6）刀口整齐、弧线圆顺、造型美观、划线清楚，规格、纱向、文字、缝份、款式均应标注清楚，刀口齐全。

二、皮机车夹克结构样板

（一）款式解析

皮机车夹克适合于春秋、冬季外出穿着，款式特点为立领，偏门襟装拉链，拉链开袋，较贴体袖山，两片弯身袖，袖口装拉链，采用装饰缝线。挺拔的效果与硬朗的质感，让时尚界对它情有独钟。超酷的中性风格使其深受广大年轻女性的喜爱，可搭配牛仔裤、皮短裙及柔美的长裙。选料一般以山羊皮、PU 革为主。山羊皮组织较坚实，柔软弹性好。PU 革则是近年来比较流行的服装材料，具有耐磨、耐寒、防风、无真皮气味、易保养等优异的特性。款式图如图 5–26 所示。

图 5–26　皮机车夹克款式图

（二）样衣工艺计划单（表 5-6）

表 5-6　样衣工艺计划单

单位：cm

产品名称：皮机车夹克	客户：×××	数量：×××件
订单号：××××××	款号：×××××	交货日期：×年×月×日

成衣规格	号型 部位	S 155/80A	M 160/84A	L 165/88A	XL 170/92A	XXL 175/96A	面料小样
	衣长	49.5	51	52.5	54	55.5	
	肩宽	37	38	39	40	41	
	胸围	88	92	96	100	104	
	腰围	79	83	87	91	95	
	袖长	58.5	60	61.5	63	64.5	仿皮面料

质量要求							
样板要求	裁剪样板	前身面里、后身面里、大小袖面里、挂面裁剪样板；领子毛裁样（领面、领里都是面料）、袋唇（面料）					
	工艺样板	前身线丁板，领子、驳头、袋唇工艺板					
工艺要求	前身	分割缝、插袋压明线如下图，压线 0.7cm，宽窄要一致					
	后身	后中无开衩，压线宽窄要一致					
	下摆	下摆底边折 3.5cm，下摆底边与里布相距 2cm					
	袖子	袖衩类型：拉链		扣眼：无			缝份
		袖山缝方式：袖山缝份向袖窿弧靠缝		垫肩类型：无			止口缝：1.0
		扣眼数：无		纽扣：无			挂面拼缝：1.0
		袖口普通制作					前侧缝：1.0
	领子	领底：面料					前里侧缝：1.0
		领面：面料					摆缝：1.0
		驳头锁眼：无					后中缝：1.0
		领串口：无					袖外侧缝：1.0
		领挂：用商标					袖内侧缝：1.0
	外袋	手巾袋：无	内袋	左内大袋：无	卡袋：无		绱袖缝：0.9
		面大袋：无		右内大袋：无	笔袋：无		肩缝：1.0
	纽扣	右门裤钉扣距门襟止口 1.7cm					装领缝：1.0
	腰带	装饰腰带位置于后中从底边向上量 7cm（如下图）					
	附件	洗水唛：如下图		商标：根据客户需要			

续表

产品名称：皮机车夹克	客户：×××	数量：××× 件
订单号：××××××	款号：×××××	交货日期：× 年 × 月 × 日

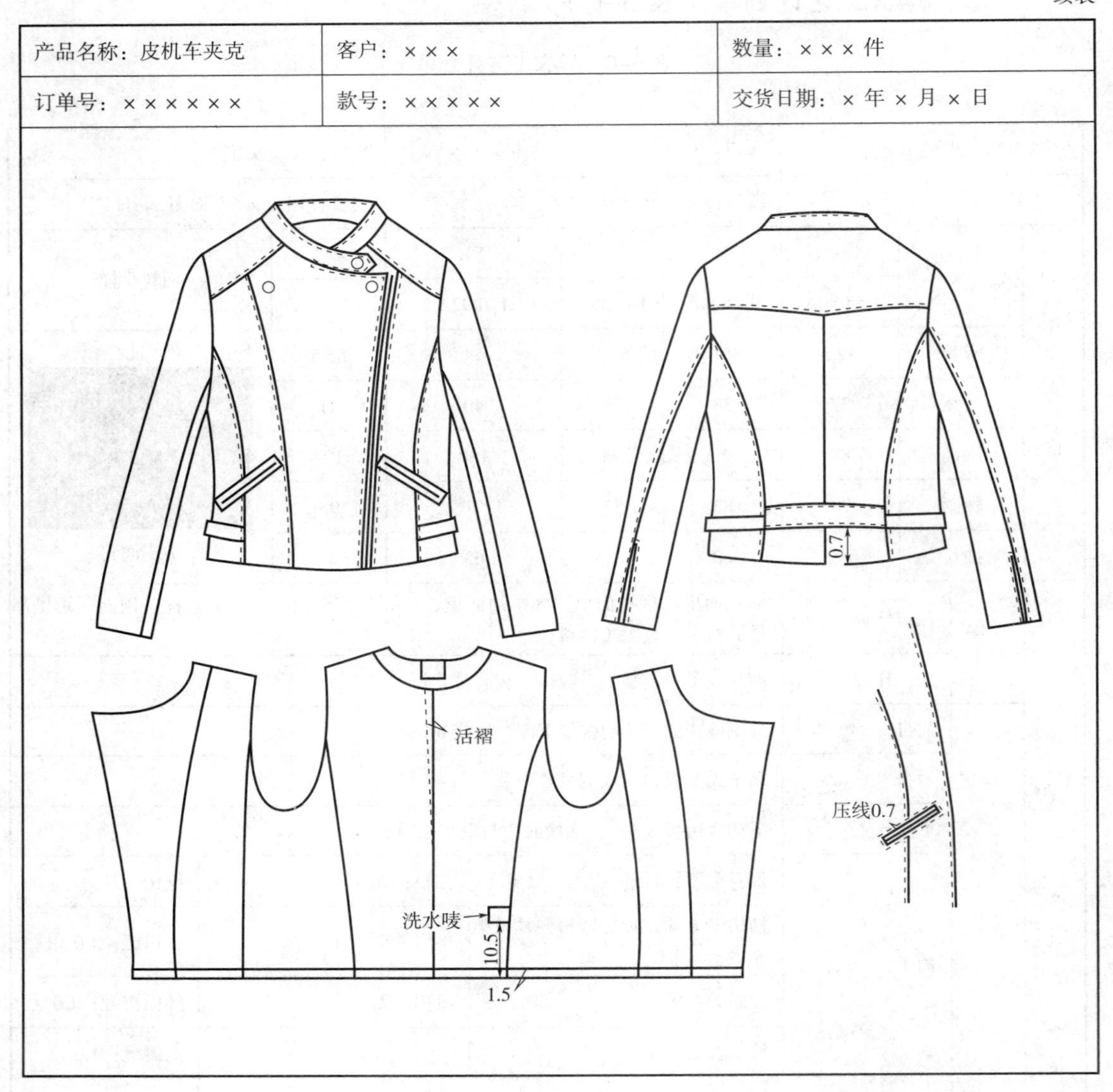

（三）结构设计

1. 结构图（图 5-27、图 5-28）

2. 结构设计要点

（1）衣身结构：

① 本款为修身短款夹克板型，腰省相应加大，胸省量一般控制在 2.5cm 左右，前片下摆降低 1.3cm。后过肩打开 0.5cm，以满足肩胛骨的隆起。因门襟有非对称拉链，拉链宽 1.4cm，故前侧片大小不同。

② 根据女性前后体型特征，前胸围大于后胸围，后腰省量大于前腰省量。

③ 本款式分割线较多，在绘制分割线及插袋位置时应力图做到美观，同时要符合结构设计上的要求。

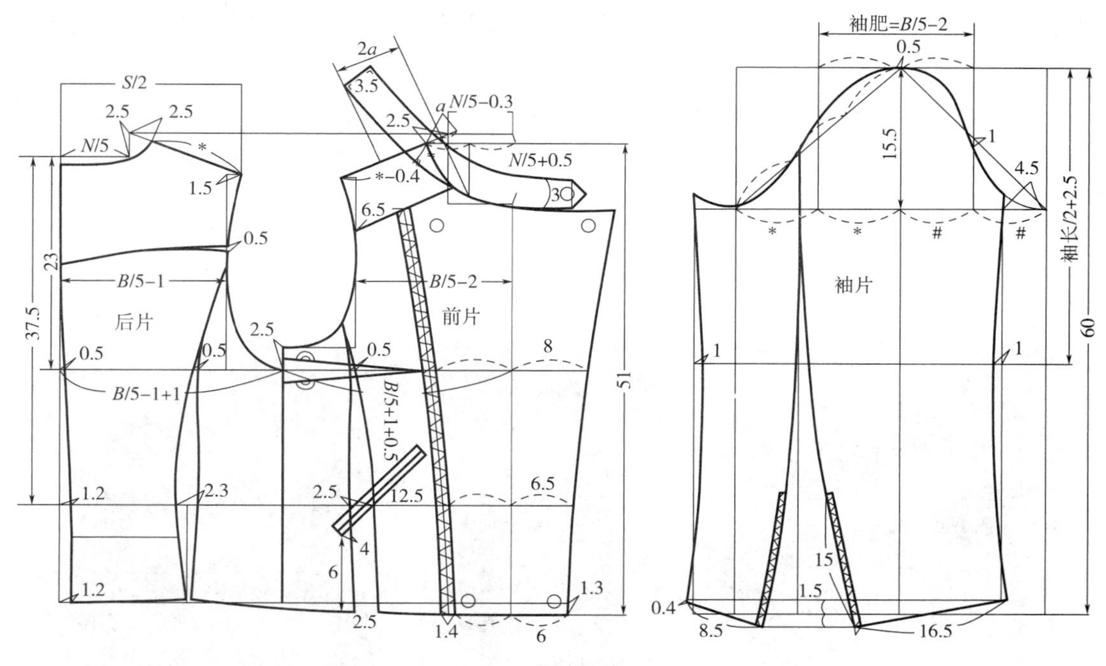

图 5−27　皮机车夹克结构图

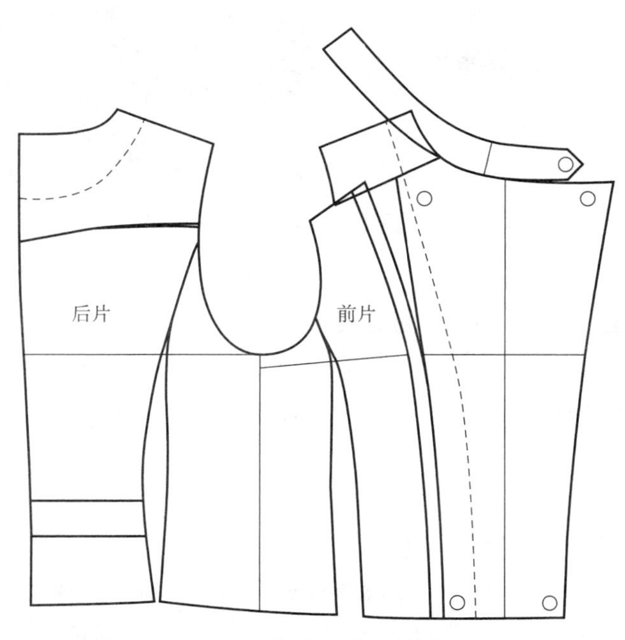

图 5−28　皮机车夹克纸样处理图

（2）领子结构：领子与驳头可以按款式造型进行结构设计。立领宽 3.5cm，领子倒伏量的设计要满足颈部活动的需要，美观的同时也要舒适。

（3）袖子结构：

① 绘制袖子时，袖山高根据款式造型取 AH/2 × 0.65，袖山造型饱满且吃势量一般控

制在 1.5cm 左右，袖山具体吃势量的大小应根据皮料的厚薄、弹性及服装的款式造型作相应调整。

② 本款为弯身两片袖，应加大袖子的弯势以满足款式造型的需要，同时增加大、小袖后袖缝的撇势。

（四）样衣试穿（图 5-29）

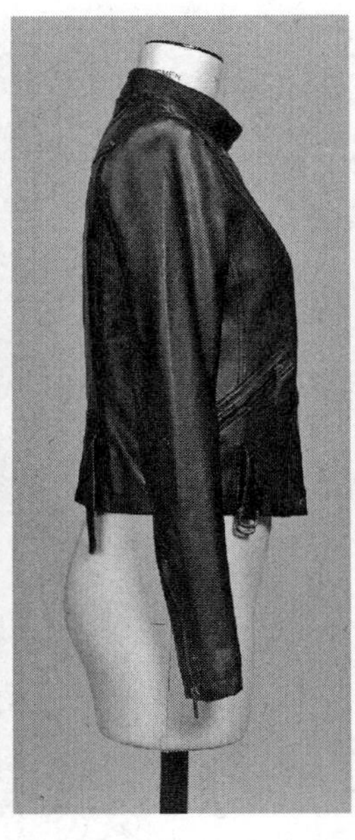

图 5-29　皮机车夹克试穿效果

（五）样板图（图 5-30、图 5-31）

样板的放缝应根据面料性能、工艺的处理方法等不同来确定其缝份的大小。绱袖处缝份为 0.9cm，底边和袖口缝份为 3.5cm，其他缝份均为 1cm。

（六）样板校对

（1）校验各部位的尺寸是否正确。

（2）前、后片肩缝假缝对合，领窝曲线是否圆顺；前片、侧片、后片侧缝假缝对合，袖窿曲线是否圆顺；大、小袖侧缝假缝对合，袖山曲线是否圆顺等。

（3）袖山、袖窿假缝对合，相应部位的吃势是否合理。

（4）缝份的大小、折边量是否符合工艺要求等。

（5）全套纸样是否齐全。

（6）刀口整齐、弧线圆顺、造型美观、划线清楚，规格、纱向、文字、缝份、款式均应标注清楚，刀口齐全。

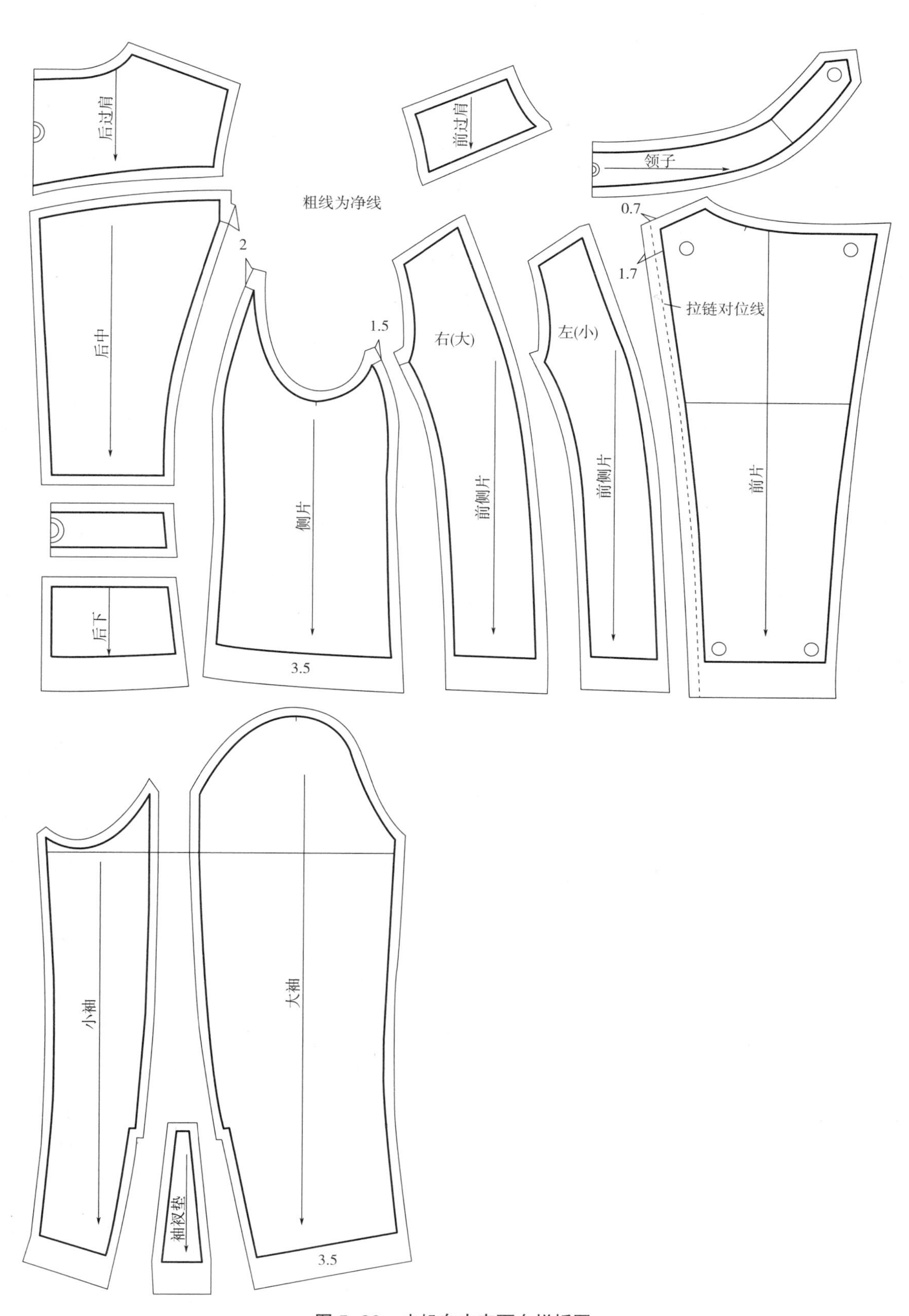

图 5–30　皮机车夹克面布样板图

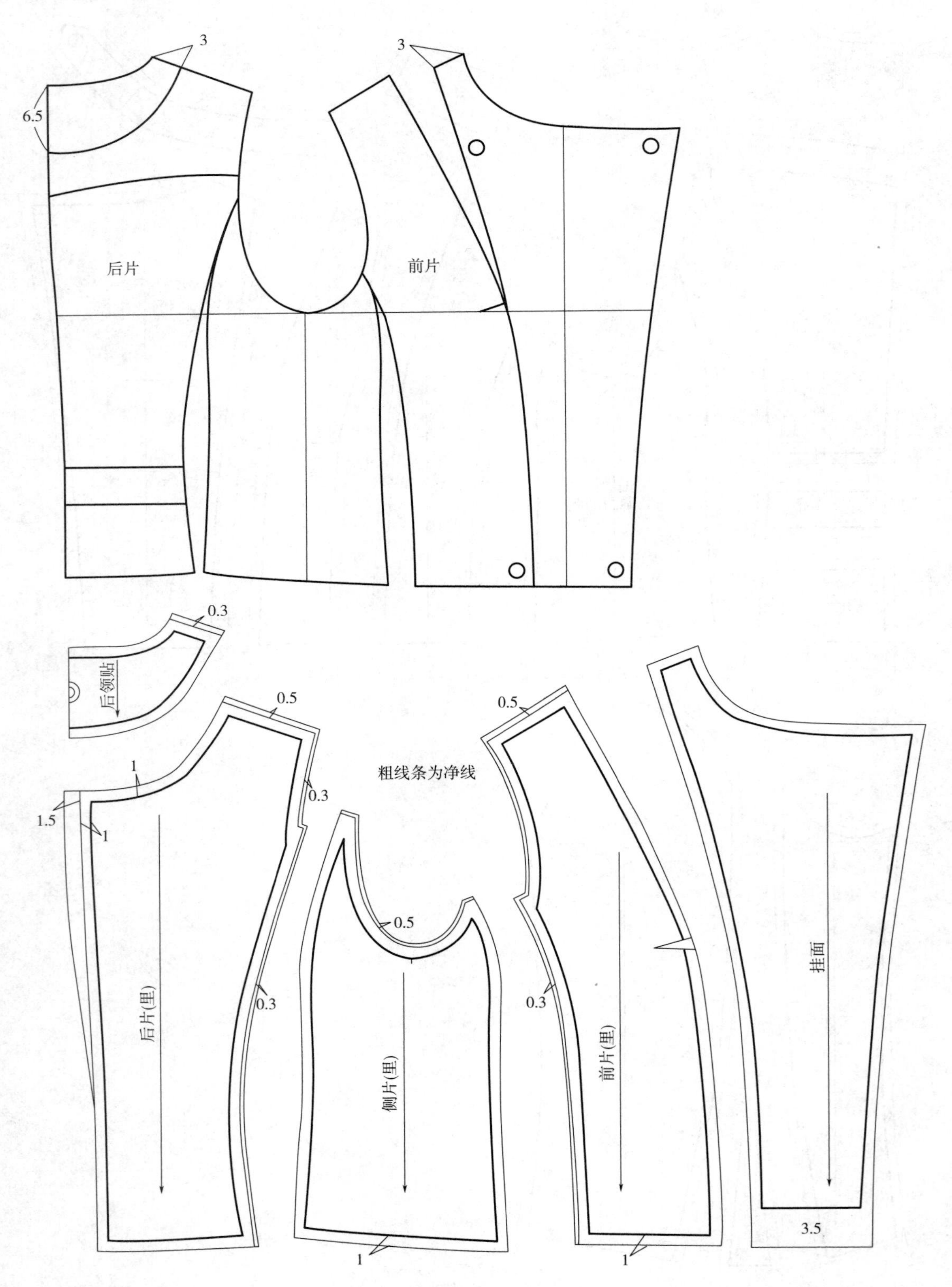
3
6.5
后片
3
前片
0.3
后领贴
0.5
1
1.5
1
0.3
粗线条为净线
0.5
0.5
0.3
0.3
挂面
后片(里)
侧片(里)
前片(里)
1
1
3.5

图 5–31

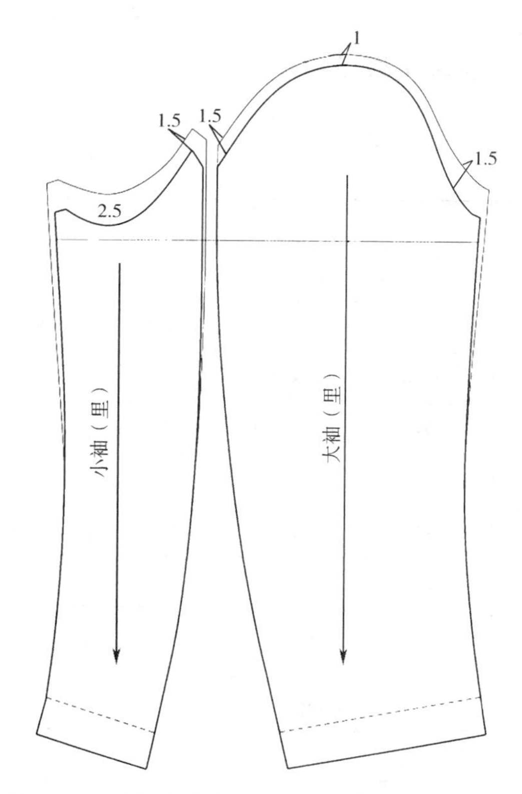

图 5-31　皮机车夹克挂面、后领贴及里布样板图

三、皮长风衣结构样板

（一）款式解析

皮长风衣款式特点为前襟双排扣、大翻领、斜插袋，配同材质腰带、袖襻，后中单开衩，较贴体袖山、两片弯身袖，采用装饰缝线。适合于春秋、冬季外出穿着，是近二三十年比较流行的服装款式。由于造型灵活多变、美观实用等特点而深受广大女性的喜爱。选料一般以山羊皮、PU 革为主。款式图如图 5-32 所示。

图 5-32　皮长风衣款式图

（二）样衣工艺计划单（表 5–7）

表 5–7　样衣工艺计划单

单位：cm

<table>
<tr><td colspan="3">产品名称：皮长风衣</td><td colspan="4">客户：×××</td><td></td></tr>
<tr><td colspan="3">订单号：××××××</td><td colspan="4">款号：×××××</td><td></td></tr>
<tr><td rowspan="7">成品规格</td><td rowspan="2">号型
部位</td><td>S</td><td>M</td><td>L</td><td>XL</td><td>XXL</td><td rowspan="2">面料小样</td></tr>
<tr><td>155/80A</td><td>160/84A</td><td>165/88A</td><td>170/92A</td><td>175/96A</td></tr>
<tr><td>衣长</td><td>77</td><td>79</td><td>81</td><td>83</td><td>85</td><td rowspan="5">仿皮面料</td></tr>
<tr><td>肩宽</td><td>37</td><td>38</td><td>39</td><td>40</td><td>41</td></tr>
<tr><td>胸围</td><td>88</td><td>92</td><td>96</td><td>100</td><td>104</td></tr>
<tr><td>腰围</td><td>76</td><td>80</td><td>84</td><td>88</td><td>92</td></tr>
<tr><td>袖长</td><td>58.5</td><td>60</td><td>61.5</td><td>63</td><td>64.5</td></tr>
</table>

<table>
<tr><td rowspan="18">质量要求</td><td rowspan="2">样板要求</td><td>裁剪样板</td><td colspan="5">前身面里、后身面里、大小袖面里、挂面裁剪样板；领子毛裁样（领面、领里都是面料）、腰带毛裁样、袋盖毛裁</td></tr>
<tr><td>工艺样板</td><td colspan="5">前身线丁板，领子、驳头、袋盖净样工艺板，锁眼定规工艺板</td></tr>
<tr><td rowspan="16">工艺要求</td><td>前身</td><td colspan="5">分割缝、袋盖压明线如下图，压线宽窄要一致</td></tr>
<tr><td>后身</td><td colspan="5">后中开衩，压线宽窄要一致</td></tr>
<tr><td>下摆</td><td colspan="5">下摆底边折 3.5cm，下摆底边与里布相距 2cm</td></tr>
<tr><td rowspan="4">袖子</td><td colspan="3">袖衩类型：无</td><td>扣眼：无</td><td>缝份</td></tr>
<tr><td colspan="3">袖山缝方式：袖山缝份向袖窿弧靠缝</td><td>垫肩类型：无</td><td>止口缝：1.0</td></tr>
<tr><td colspan="3">扣眼数：无</td><td>纽扣：无</td><td>挂面拼缝：1.0</td></tr>
<tr><td colspan="3">袖口普通制作</td><td></td><td>前侧缝：1.0</td></tr>
<tr><td rowspan="3">领子</td><td colspan="3">领底：面料</td><td>领串口：有</td><td>前里侧缝：1.0</td></tr>
<tr><td colspan="3">领面：面料</td><td>领挂：用商标</td><td>摆缝：1.0</td></tr>
<tr><td colspan="3">驳头锁眼：无</td><td></td><td>后中缝：1.0</td></tr>
<tr><td rowspan="2">外袋</td><td>手巾袋：无</td><td rowspan="2">内袋</td><td>左内大袋：无</td><td>笔袋：无</td><td>袖外侧缝：1.0</td></tr>
<tr><td>面大袋：无</td><td>右内大袋：无</td><td>卡袋：无</td><td>袖内侧缝：1.0</td></tr>
<tr><td>纽扣</td><td colspan="4">右门襟锁眼距门襟止口 1.7cm
左门襟钉扣距止口 9.5cm, 左右片要定准</td><td>绱袖缝：0.9</td></tr>
<tr><td>线襻</td><td colspan="4">线襻位置于侧缝从上向下量 11cm（如下图）</td><td>肩缝：1.0</td></tr>
<tr><td>附件</td><td colspan="2">洗水唛：如下图</td><td colspan="2">商标：根据客户需要</td><td>装领缝：1.0</td></tr>
</table>

续表

产品名称：皮长风衣	客户：× × ×	
订单号：× × × × × ×	款号：× × × × ×	

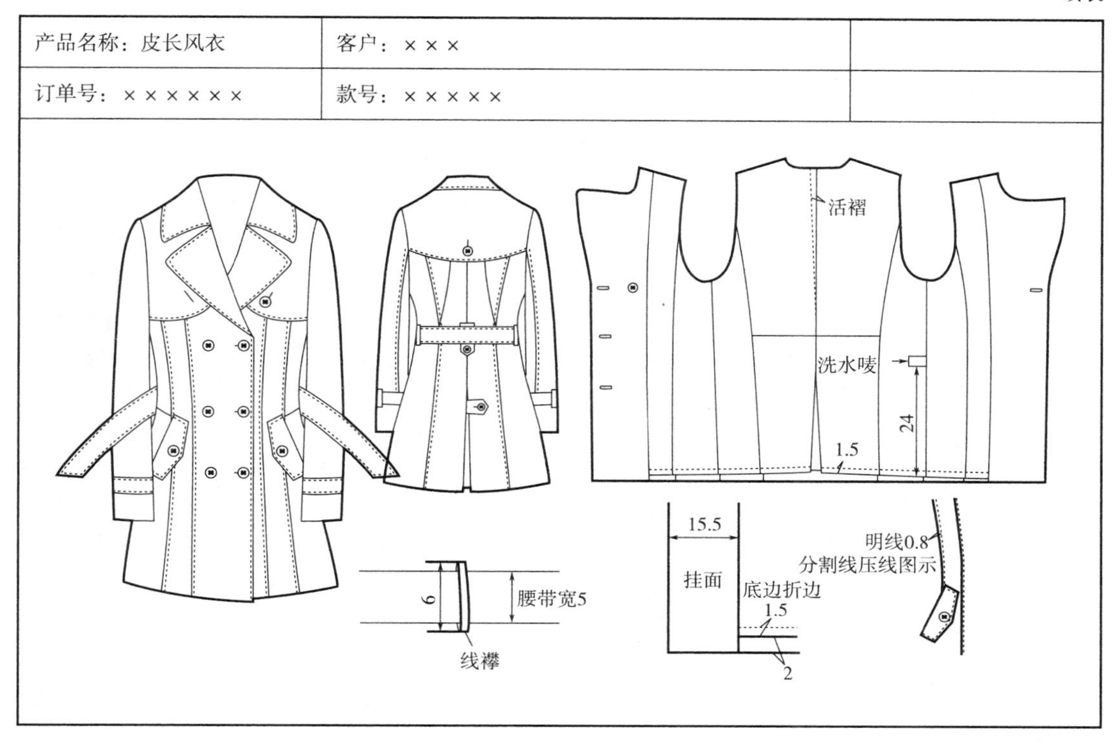

（三）结构设计

1. 结构图（图 5–33~ 图 5–35）

2. 结构设计要点

（1）衣身结构：

①本款为较贴体板型，所以前、后片上平线基本保持一致，前片下摆降低 1cm，以增加胸部的容量，胸省量一般控制在 2.5cm 左右。

②根据女性前后体型特征，前胸围大于后胸围，后腰省量大于前腰省量。

③本款式分割线较多，绘制分割线时在参考款式图的同时应尽量做到美观，同时要符合结构设计上的要求。

（2）领子结构：领子与驳头可以按款式造型进行结构设计，力求达到最佳美感。翻领和底领之间要有一定量的翘势，使领子更贴合颈部。底领起翘 2cm 以配合前领圈造型需要。

（3）袖子结构：

①绘制袖子时，袖山高根据款式造型取 AH/2 × 0.65，袖山造型饱满且吃势量一般控制在 2cm 左右，袖山具体吃势量的大小应根据皮料的厚薄、弹性及服装的款式造型作相应调整。

②本款为弯身两片袖，应加大袖子的弯势以满足款式造型的需要，同时增加大、小袖后袖缝的撇势。

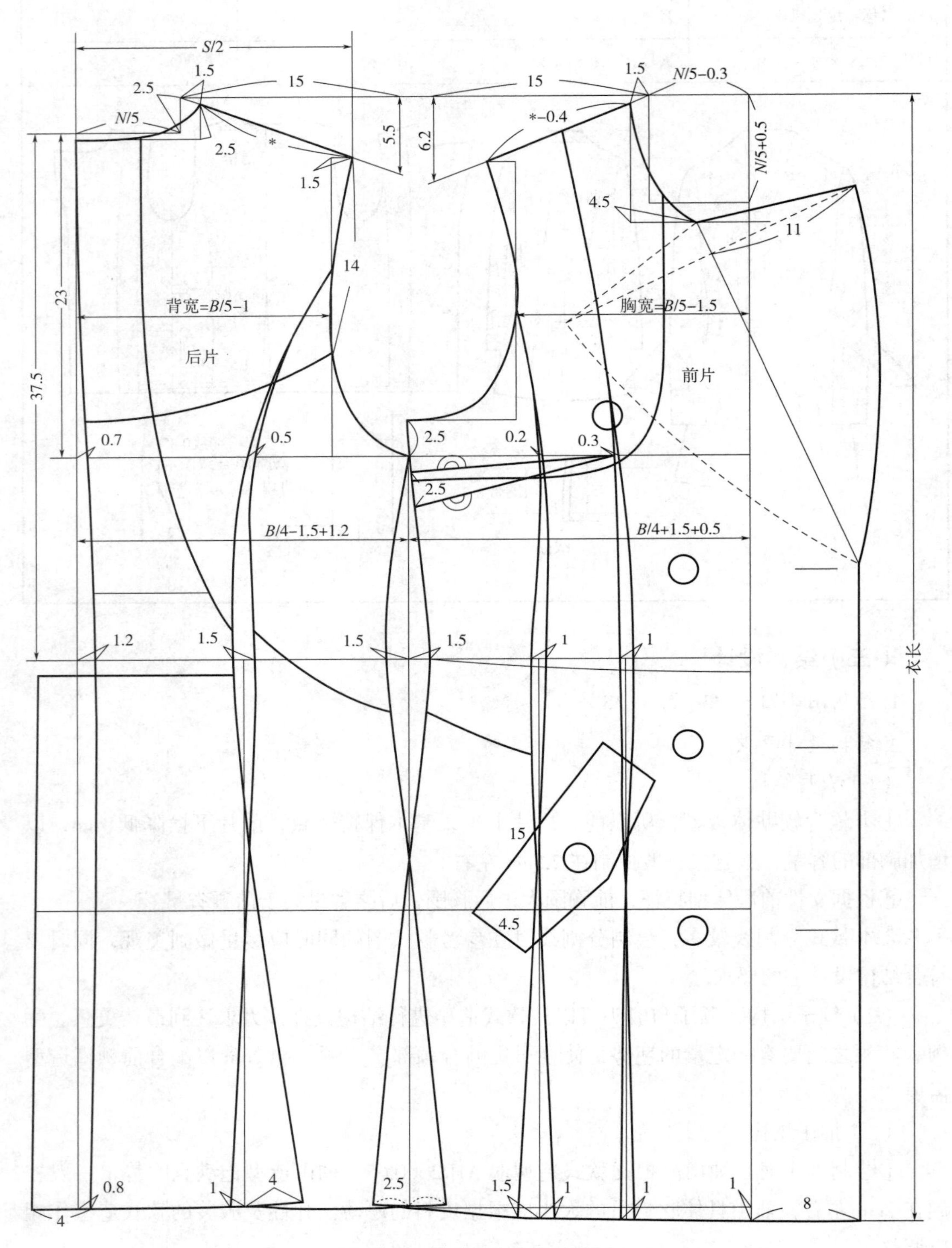

图 5-33 皮长风衣衣身结构图

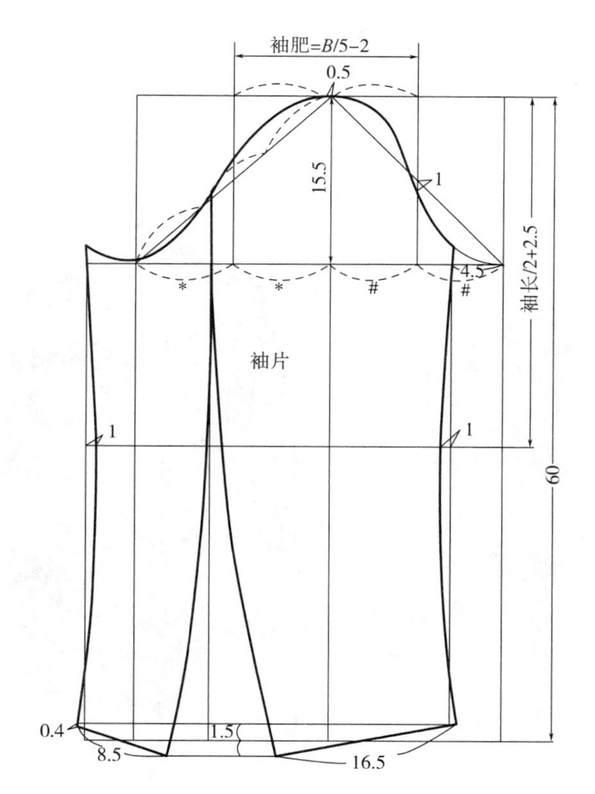

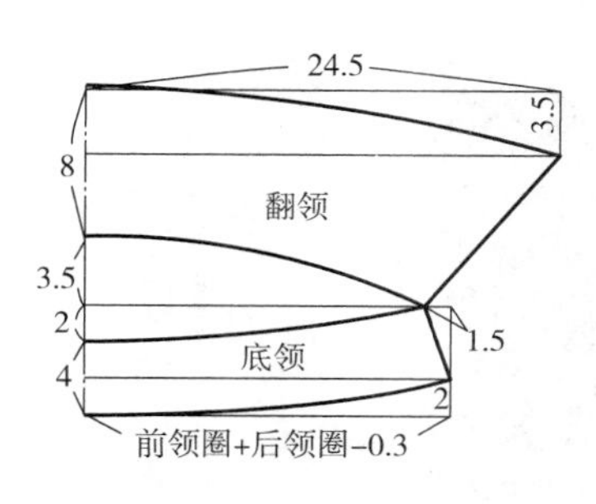

图 5-34　皮长风衣领、袖结构图

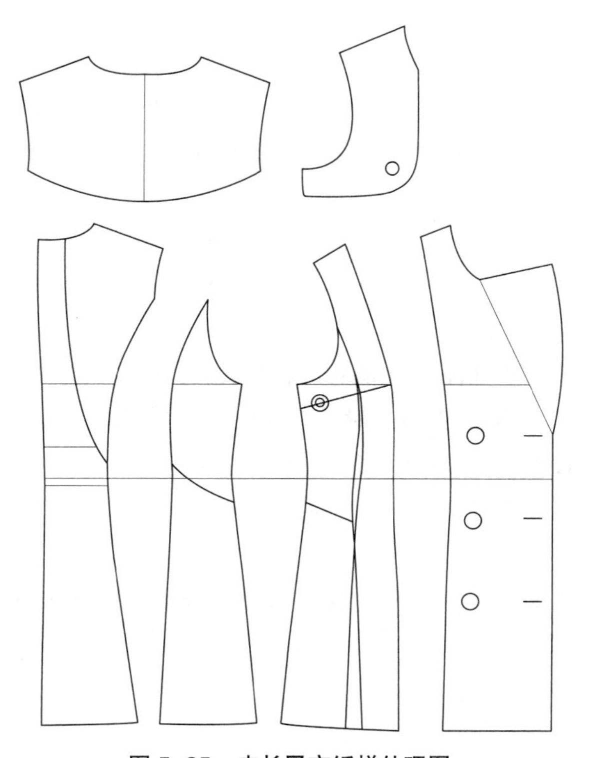

图 5-35　皮长风衣纸样处理图

（四）样衣试穿（图 5-36）

图 5-36　皮长风衣试穿效果

（五）样板图（图 5-37、图 5-38）

样板的放缝应根据面料性能、工艺的处理方法等不同来确定其缝份的大小，里布、挂面板是在面样板基础上进行尺寸加放。绱袖处缝份为 0.9cm，底边和袖口缝份为 3.5cm，其他缝份均为 1cm。

（六）样板校对

（1）校验各部位的尺寸是否正确。

（2）前、后片肩缝假缝对合，领窝曲线是否圆顺；前片、侧片、后片侧缝假缝对合，袖窿曲线是否圆顺；大、小袖侧缝假缝对合，袖山曲线是否圆顺等。

（3）袖山、袖窿假缝对合，相应部位的吃势是否合理。

（4）缝份的大小、折边量是否符合工艺要求等。

（5）全套纸样是否齐全。

（6）刀口整齐、弧线圆顺、造型美观、划线清楚，规格、纱向、文字、缝份、款式均应标注清楚，刀口齐全。

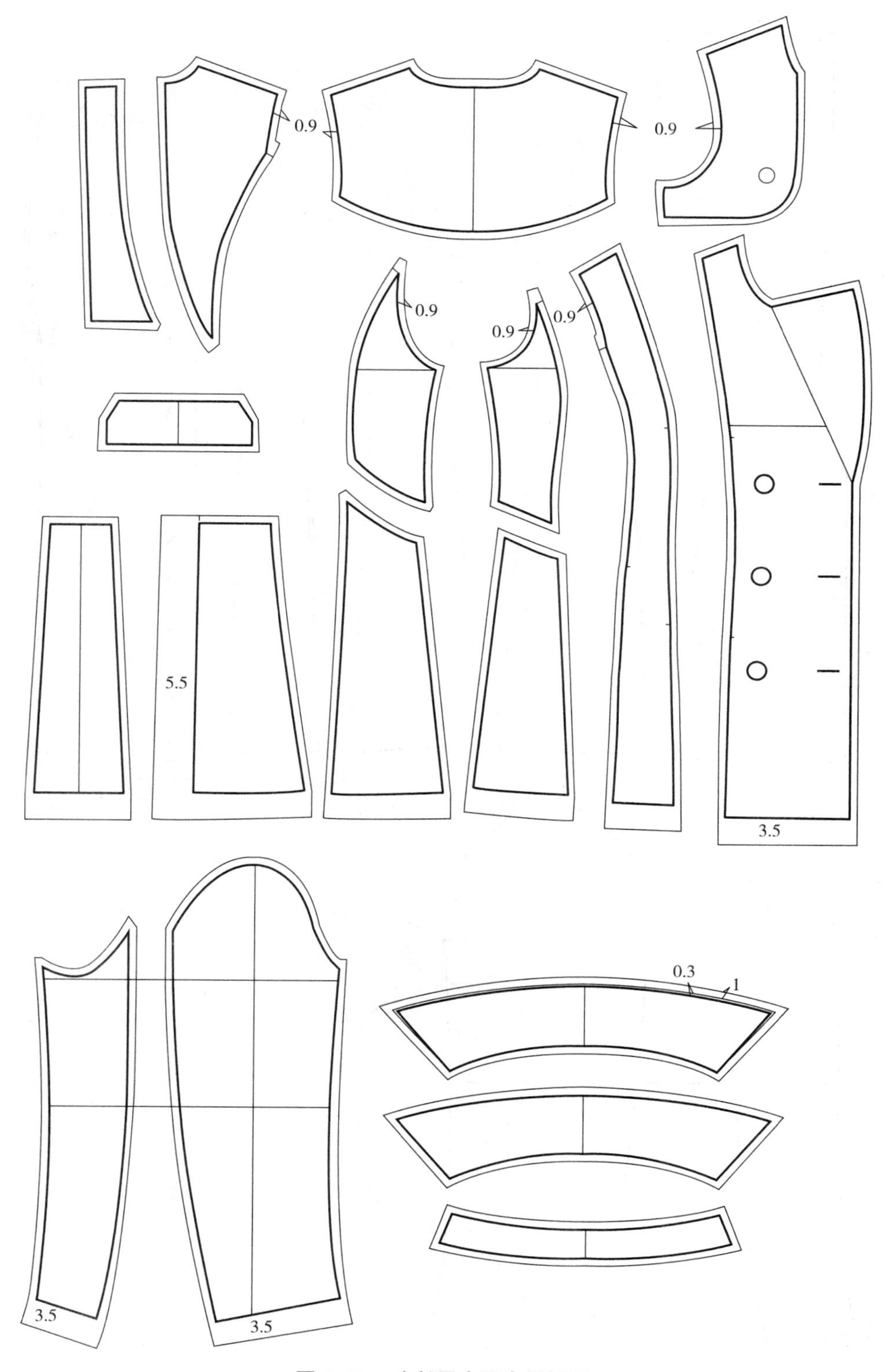

图 5-37　皮长风衣面布样板图

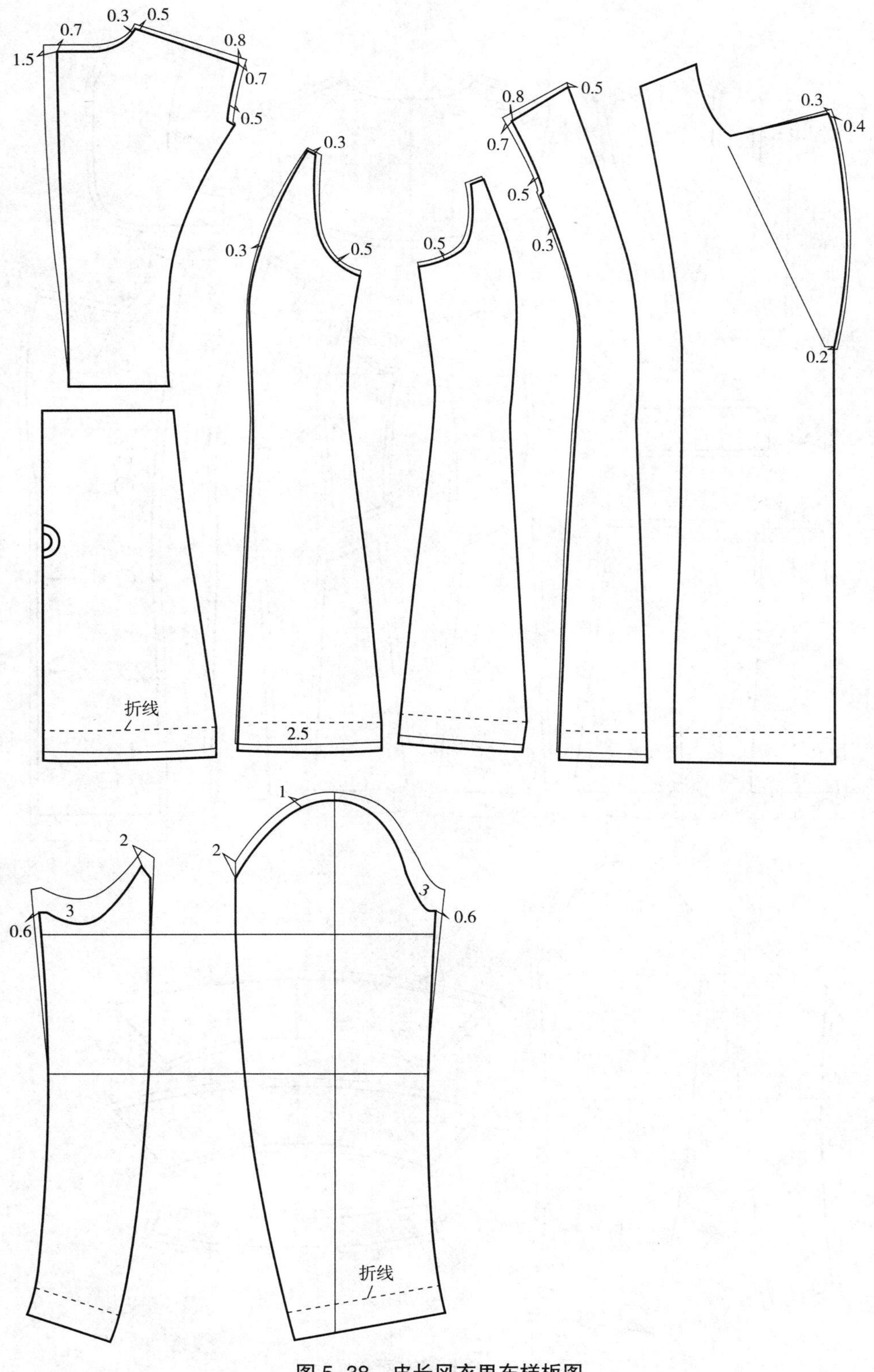

图 5-38　皮长风衣里布样板图

思考题与练习

一、思考题

1. 查阅资料，简述女外套有哪些形式分类和风格特点？
2. 查阅资料，简述女外套翻领宽度与倾倒的关系。
3. 简述女外套合体两片袖的袖山与袖窿的关系。
4. 简述女外套服装形态与围度松量加放的关系。
5. 查阅资料，搜集时尚女外套的图片，简述女外套廓型和衣长的变化风格，以及其与下装、内衣及饰品的整体协调搭配。
6. 简述皮装的结构特点，及其不同于其他面料服装的结构差异。

二、练习

1. 针对本章女外套、女皮装变化款，有选择性地进行结构制图与纸样制作，制图比例分别为1∶1结构图和1∶3的缩小图。

要求：制图步骤合理，基础图线与轮廓线清晰分明，公式尺寸、纱向、符号标注工整明确。

2. 根据市场调研收集的时尚流行女外套，分类整理，自行设计系列女外套或女皮装3~5款，选择1~3款展开1∶1结构纸样设计与成衣制作，达到举一反三、灵活应用能力。

要求：制图步骤合理，基础图线与轮廓线清晰分明，公式尺寸、纱向、符号标注工整明确。

应用理论与训练

现代男西服结构样板技术

课程内容：浅析现代男西服风格演变及创新（西服的演变与发展、男西服风格、经典西服与商务西服的探析、时尚西服工艺简化及创新设计）

男西服结构样板（单排扣平驳领商务西服结构样板、双排扣戗驳领商务西服结构样板、单排扣戗驳领修身休闲西服结构样板）

课程时数：20 课时

教学目的：一是向学生介绍现代男西服风格的演变与创新，主要了解经典西服与商务西服的区别以及时尚西服工艺简化和创新设计；二是向学生介绍各款男西服的款式特点、规格与工艺单设计、结构样板制作，并通过学习和技能训练，掌握不同款式男西服结构样板制作的技术。

教学要求：1. 使学生了解与掌握现代男西服风格演变及时尚西服工艺简化和创新设计。

2. 使学生了解与掌握男西服不同款式结构样板制作技术的思路与技巧，并进行相应项目训练。

课前准备：阅读服装结构设计相关书籍的男西服结构样板设计的内容。

第六章 现代男西服结构样板技术

第一节 浅析现代男西服风格演变及创新

随着时代的发展和着装观念的改变，男士恪守传统的西服着装律条已不复存在。本章针对西服企业生产实际和发展中遇到的瓶颈，指出现代男士西服风格特征的差异，深入探究现代男西服的色彩与面料、造型、板型技术及工艺特点等的变革，以及不同风格西服在当今社会中各自存在的意义和发展规律，从根本上鉴定与认识现代男西服文化。为我国西服行业发展提供借鉴作用，使西服企业从中找出顺应社会、适合自身发展的道路。

一、西服的演变与发展

资料显示，西服起源于西欧17世纪后半叶的法国路易十四时代的绝对主义、中央集权君主制和重商主义经济政策的明令推行，使得法国国力也因此得到迅速发展，成为欧洲的时装中心。而另一说法“西服发源于英国”，年代的久远已无从考证，但至今英国的萨维尔街（Savile Row）仍是世界男装工艺的典范，其先传播到法国、德国、西班牙、意大利，后又传到印度、日本和中国。清末时期，中国激进青年怀着对西方文明的向往，崇尚“天赋人权、自由平等”的新风潮，西装传入中国，由此也引进了全套西服技术。

三百多年来，西服一直是男士工作、社交和生活的专用服装，不仅是一件衣服，而是一种社会语言，即服装领域的“世界通用语”。尤其男士礼服已形成遵循国际惯例的一套较为完整和成熟的、追求绅士修养的正式场合的着装体系。男装时尚的开创者布鲁梅尔曾经说过，“在社交场合中，读懂我穿的衣服，远比说些漂亮的场面话更为重要”。政商界人士都干脆直接在生活中运用这种特殊语言注释身份。由于背景与职业的特殊性，西服的“制服化”的穿衣方式也不断涌现。如双排扣西服是英国男士最喜欢的选择，配宽条纹衬衫、黑色经典皮鞋；律师、银行界人士则更喜欢干净利落的白衬衫配黑西装或素雅高档的西装，打着昂贵的真丝领带，这些经典风格已成为我们识别特定行业的符号。

二、男西服风格

（一）早期西服风格

早期的西服风格主要分为四大流派：

（1）传承历史的英伦风："双经双纬"紧密织造厚实面料，演绎的刚硬挺拔，恪守严谨细致、低调奢华的老绅士格调。

（2）以意大利为代表的欧陆风：以毛、棉、麻等天然纤维"单经单纬"织造面料为主角，呈现自然柔和、潇洒飘逸、浪漫优雅感，从裁剪、工艺和地域分为米兰派、罗马派和那不勒斯派三派（米兰派近似英式，廓型圆润，肩背圆滑，袖子微肥稍长，腰部线条柔和，前裤身一个褶；罗马派的轮廓硬朗，板型微瘦，强调胸部的饱满柔挺，注重口袋等细节精致，具有权威性的力量感；那不勒斯派特别柔顺，胸衬柔软，穿在身上轻若无物，注重手工精细，最著名的是那不勒斯肩，强调穿着的贴体、舒适和轻柔感）。

（3）1968 年出现的美式风：线条平直、外观扁方的宽松休闲西服，追求自在轻松、舒适年轻时尚。

（4）低调庄重、做工精致的日式西服。

（二）现代男西服风格

现代男西服风格多样、内涵丰富，不仅包含设计师的文化底蕴和创意，也涉及款式造型、面料手感、弹性等诸多因素；尤其男士礼服要遵循国际认可的 TPO 规则和知识系统，不同人、不同时间或不同场合，对服装的情感理解会不同。

然而现代新技术、新材料、新设备、新工艺相继而出，多元化的市场、个性化的需求促使不同风格的西服博采众长改变自己，难以区分流派。随着人类高度现代化和快节奏的生活，西装革履已不是现代男士唯一的形象，着装观念不断改变，融入流行元素或品位而成为时尚。时尚西服已强劲地冲击着当今西服市场与企业的生存和发展。由此，本章以经典风格、商务风格、运动休闲风格、时尚风格来注释现代男西服文化。

1. 经典风格

即指正式和半正式场合的男士礼服。包括第一礼服［晚间燕尾服（White Tie）和晨礼服（Morning Coat）］、正式礼服［晚间的塔士多礼服（Tuxedo）和日间董事套装（Director' s Suit）］和全天候礼服［黑色套装（Black Suit）］，男士礼服的色彩、搭配、配饰及细节均有规范，呈现出永恒的精美雅致，诠释男性的优雅与端庄，打造完美无瑕的穿衣美学，如图 6-1（a）所示。

2. 商务风格

即指公务和商务中的西服套装（Suit），非正式场合穿着。以鼠灰色为代表，上下配套；整体廓型硬朗，衣摆偏长包臀，线条简洁整齐，肩微宽，胸挺括饱满；西裤微肥直筒，烫迹线笔挺清晰。商务西服具有庄重、典雅、古朴、含蓄、矜贵的风格，拥有气势磅礴的大家风范，如图 6–1（b）所示。

3. 运动休闲风格

即指非正式场合穿着的常服。包括运动西装（Blazer）和夹克西装（Jacket）。运动西装上深下浅搭配，金属扣为代表元素；夹克西装即休闲西装，大贴袋、粗纺朴素面料为代表元素，上下、内外可不同色彩、不同画料的自由搭配，如图 6–1（c）所示。

4. 时尚风格

既指近年来青年人追崇中性化设计的缩小版西服，似乎每个尺寸和细节都缩号，窄肩贴身、窄领，衣长至臀围线上下，胸围松量少，薄垫肩或无垫肩符合肩部自然曲度。搭配低腰裤、无烫迹线，酷似牛仔裤格调，也可配收窄的及膝或七分裤，是一种青春激情活力的象征，如图 6–1（d）所示。

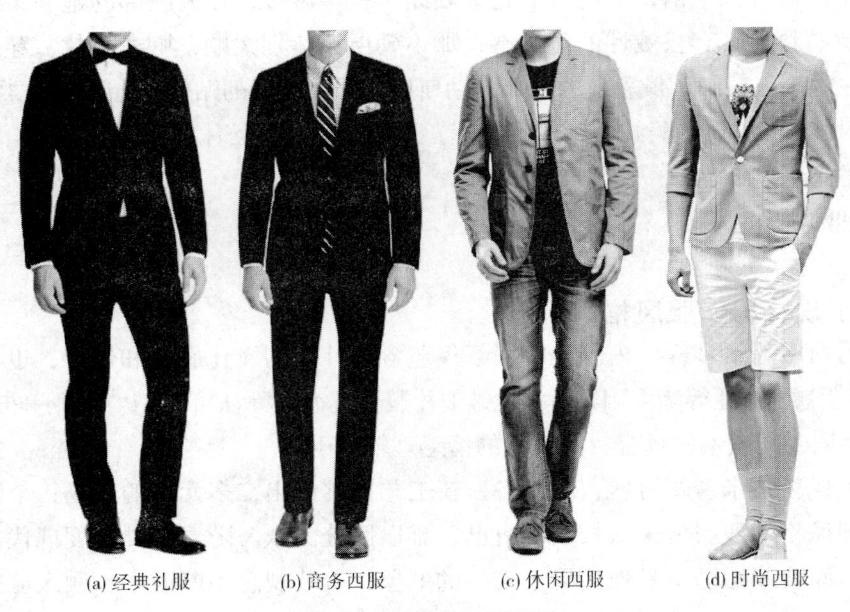

(a) 经典礼服　(b) 商务西服　(c) 休闲西服　(d) 时尚西服

图 6–1　现代男西服风格

三、经典西服与商务西服的探析

（一）色彩与面料的探析

色彩与面料是西服品质的重要因素，对西服的外观造型起重要作用，彰显高品质、舒适度和经典形象。从西服面料标准看，含羊毛量越高品质越好，是高档西服的精致之选。常见西服面料档次：

（1）100% 纯羊毛精纺高档面料：具有光泽、挺括、柔软、弹性，质感轻薄、纹路清晰，折而无痕等特点，但不耐磨，易起球、虫蛀、发霉，保存与维护成本昂贵。

（2）毛 / 棉、毛 / 黏混纺面料：光泽较暗淡，弹性和挺括感不及羊毛或毛 / 涤、毛 / 腈混纺面料，价格较便宜，但维护简单，穿着较舒适，是中档西服的最佳选择。

（3）黏纤、人造毛为主的仿毛化纤面料：光泽暗淡，手感疲软，挺括感弱，弹性差，压折有皱痕，浸湿发硬变厚，价格低廉，是低档西服的主要面料。

1. 经典礼服的色彩与面料特征解析

经典夜间礼服以恒久的黑色为主、日间晨礼服以白色为主，体现出男人成熟典雅、稳重大方的优雅魅力，展现着穿着者的自信与成就；选用精纺羊毛或羊毛混纺中、高档面料，翻驳领采用光泽高贵优雅的缎面拼接，让人从经典中进入高贵的殿堂，体现绅士风范。

2. 商务和休闲西服色彩与面料特征解析

商务西服以鼠灰色和藏青色为主，给人以深沉、庄重之感；董事西服以精纺羊毛或羊毛混纺面料为主，运动和休闲西服可选用毛、棉、麻等天然纤维粗纺朴素的面料。

（二）男西服结构造型的探析

西服造型的关键是处理好肩、腰、摆三围比例关系，构成和谐美观的整体。经典礼服、商务西服的结构造型较稳定，一般是领、袖、衣长、口袋等细节造型或工艺随流行风貌而变化，如图 6–2 所示。

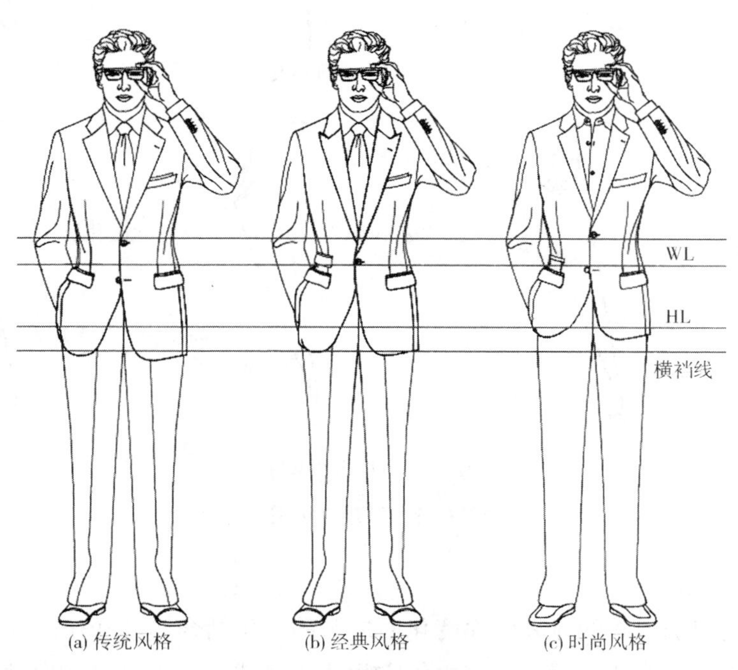

图 6–2 现代男西服造型的比较

1. 西服领款变化

领款造型是西服设计的关键，因受流行元素影响而变化多样，如图 6–3 所示。经典礼服采用贵族偏爱的绸缎领，浓浓的绅士味，彰显典雅独特个性，呈现精美与高贵；商务西服领款保持基本型，古朴典雅，历经时光雕琢、岁月磨砺而成就永恒；时尚西服根据贴身短小的整体造型，领款趋向细窄、串口低平，驳头与翻领结合得俊美秀气。

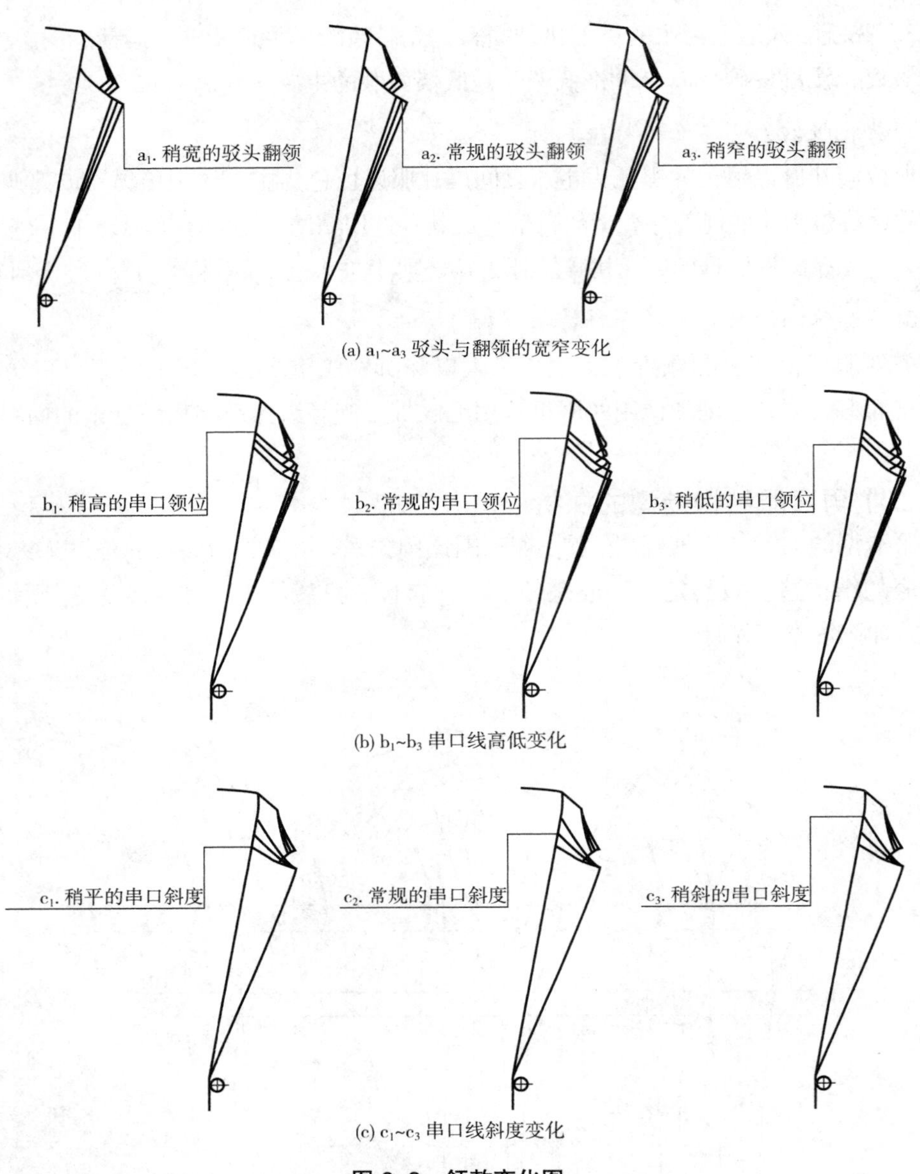

(a) a_1~a_3 驳头与翻领的宽窄变化

(b) b_1~b_3 串口线高低变化

(c) c_1~c_3 串口线斜度变化

图 6–3　领款变化图

2. *衣身结构造型*

西服结构是围绕男体的体表曲面变化而展开的，包括合体性和功能性，对其整体廓型和部位进行优化；按款式要求确定立体空间的体量感，利用垫肩、胸衬、敷衬搭建西服造型的框架，按既定标准重塑一个更完美的外化形体。

本章基于校企合作，引用企业的西服为例。合作企业一直走商务与经典路线，以 50 后、60 后男士为目标客户，随着政商界精英普遍年轻化，60 后、70 后甚至 80 后的男士精英成为社会的主要力量，为满足年轻化路线，西服板型整体收小显腰身，符合时代气息，但保持商务西服的特征，衣摆包臀，肩、胸、背比人体对应部位略大，辅以垫肩、毛衬等使肩胸达到饱满平整效果。以 175/92B 为基础标准板，规格尺寸见表 6–1，衣身结构如图 6–4 所示。其中前衣身胸围◎ =1.5*B*/10+6.5，后衣身胸围● =1.5*B*/10+4，则侧身胸围 =*B*/2– ◎ – ●。

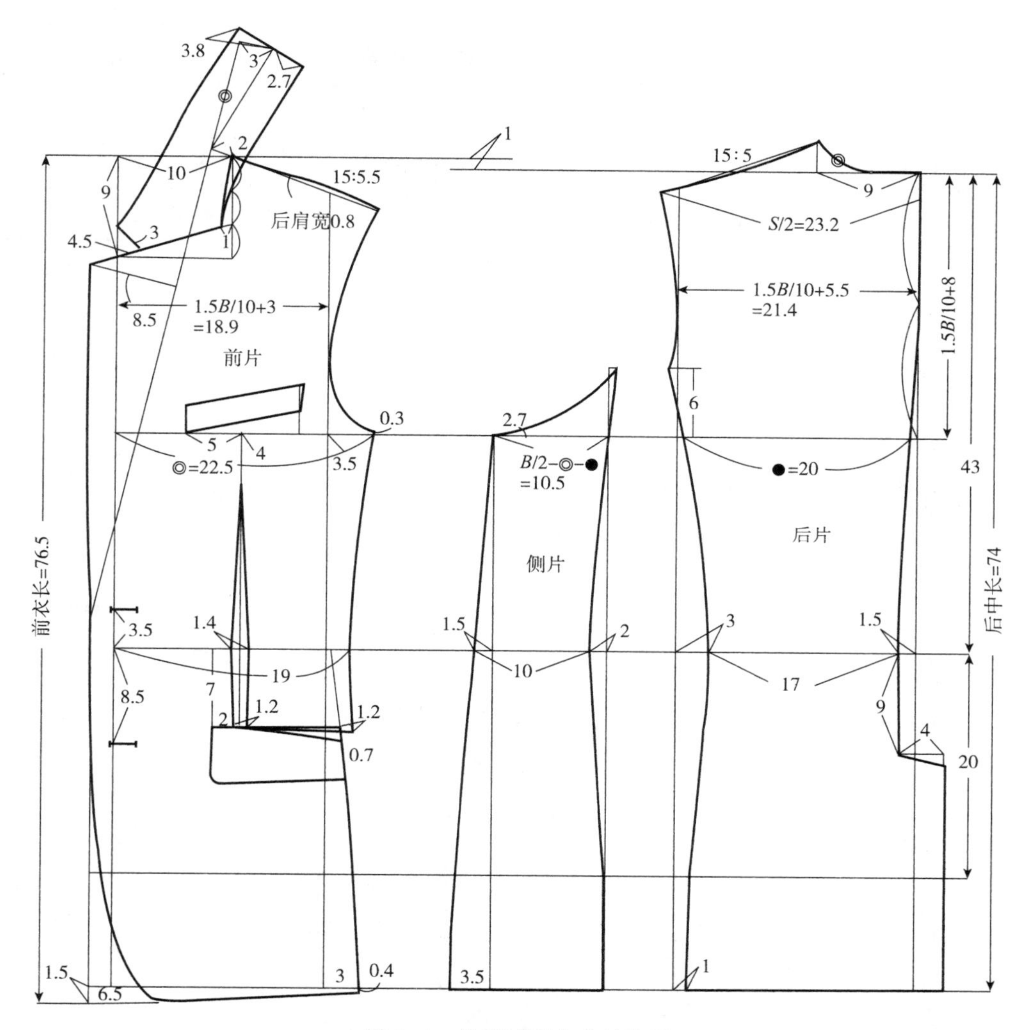

图 6–4　传统西服衣身结构图

经典礼服以一粒扣的独特设计为主，整体尺寸稍小，衣长稍短，比例适中，腰身贴体留长，廓型柔和，辅以垫肩、毛衬，使肩、胸丰满圆润，衣身板型如图 6–5 所示。

表 6–1　传统男西服、西裤标准板系列规格尺寸表

单位：cm

品种	上衣						裤子				
规格	号型	英寸	肩宽	胸围	后衣长	袖长	号型	英寸	腰围	臀围	裤长
	160/80B	42	42.8	94	68	57.0	160/66B	26	66	88	108
	165/84B	44	44.0	98	70	58.5	165/70B	28	70	92	110

续表

品种	上衣					裤子				
规格	170/88B	46	45.2	102	72	60.0	170/74B	30	74	96	112
	175/92B	48	46.4	106	74	61.5	175/78B	32	78	100	114
	180/96B	50	47.6	110	76	63.0	180/82B	34	82	104	116
	185/100B	52	48.8	114	78	64.5	185/86B	36	86	108	118
	190/104B	54	50.0	118	80	66.0	190/90B	38	90	112	120

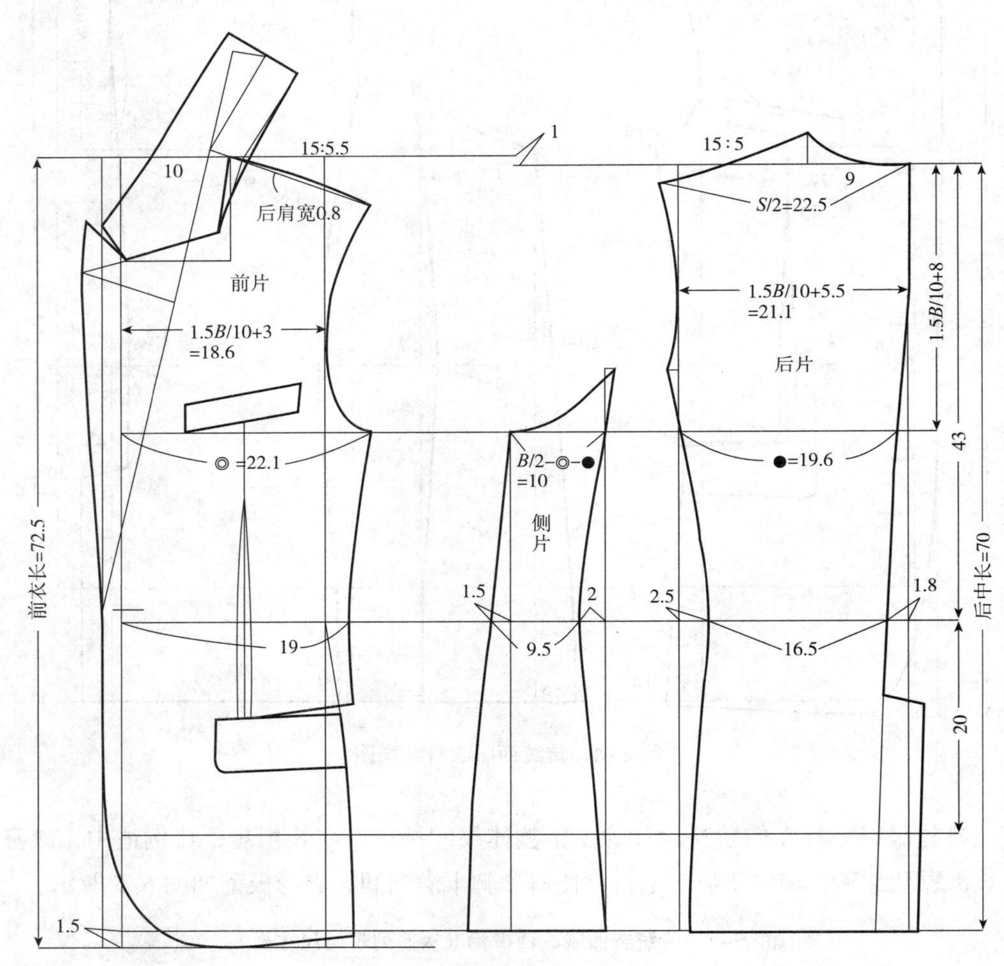

图 6–5　经典礼服衣身结构图

3. 袖片结构

西服袖要在静态下呈现完美的造型，同时要考虑动态松量，使手臂尽可能达到最大活动范围，因此要在衣身袖窿的宽度和深度之间寻求动与静的平衡，及其与袖肥和袖山高的匹配，这也正是西服袖造型的价值体现。经典礼服和商务西服袖结构以袖山造型与衣身袖窿密切配合并达到平衡，以臂根围大小为基础，袖山高 = 前后袖窿平均深度的 4/5，形成柔和饱满的肩型，减少手臂下垂时的褶皱，保证舒适性和运动功能，如图 6–6 所示。

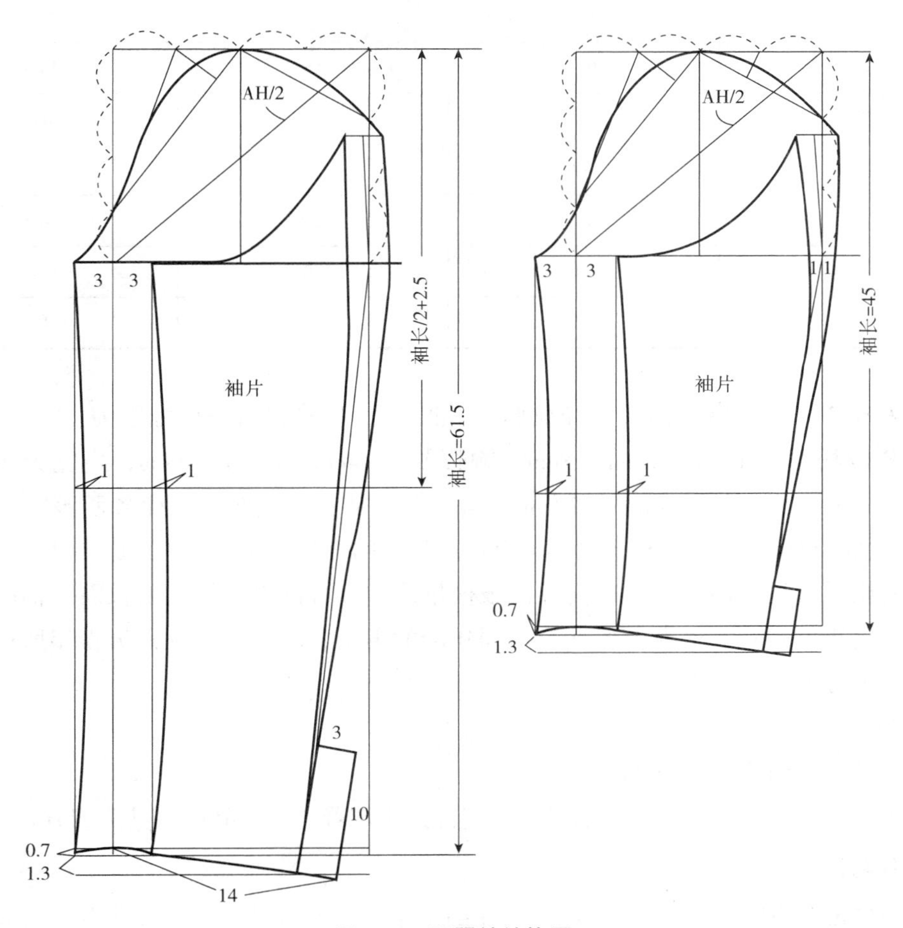

图 6–6　西服袖结构图

4. 松量及关键部位的分析

胸围松量是指成衣胸围与人体净胸围的差值，对衣身造型起着决定性作用。合体美观的西服追求松量适宜、穿着舒适、比例适中大方。常规西服松量为 12~14 cm 较为适宜，双手放于胸前可轻松上下举动，背部感到一定拉力，不紧绷也不松弛。如果前扣扣不上则是太紧，空隙太大则是太松，也影响美观。根据不同风格的西服结构（以 175/92B 为例），其关键部位的规格尺寸对照见表 6–2。

表 6–2　不同风格西服的规格尺寸对照表

单位：cm

部位	商务西服	经典西服	时尚西服
胸围	106	104	102

续表

部位	商务西服	经典西服	时尚西服
腰围	92	90	86
肩宽	46.4	45	43.5
背宽	42.8	41.6	41
胸宽	37.8	37.2	36
前衣长	76.5	72.5	66.5
后中长	74	70	64
袖长	60	60	45

从表 6–2 可见，商务西服、经典西服及时尚西服的胸围松量分别为 14cm、12cm、10cm，腰围松量为 14cm、12cm、8cm，胸腰差为 14cm、14cm、16cm，肩宽为 46.4cm、45cm、43.5cm，后衣长为 74cm、70cm、64cm 等。从数据表明，从商务西服→经典西服→时尚西服的整体廓型、长宽比例等均有不同程度的缩小，尤其时尚西服合体短小，胸、腰、摆的松量接近极限。因此，商务西服松量适中，可修饰因年纪增长而发福的身材，是中老年男士的首选，经典西服适合不同年龄的男士，时尚西服则是男青年所追崇的，打造出青年男士完美的体型。

（三）男西服工艺技术探析

众所周知，西服前大身选用毛衬的工艺方式决定着西服的品质。其工艺方式如下：

1. 全毛衬

全毛衬是西服的传统工艺，需要手工精工细做，工业化生产难度系数为☆☆☆☆☆。由于前衣片不粘衬，保持面料原始的天然性，对面料的要求更高，如图 6–7（a）所示；成衣外观宽松微皱（全毛衬的特征），但立体感好，其龙骨通过手工立体塑型与天然面料融为一体，不仅加强了面料的品质感，保持胸部饱满、衣型不变，贴身无压迫感，且翻领、驳头优雅地贴在胸前，完美配合穿着者的体型，舒适感达到极致。

2. 半毛衬

半毛衬是手工与工业化结合生产的西服，需要较精准的缝制设备，对缝制技术和经验有一定要求，其工艺难度系数为☆☆。前衣片除驳头外均粘黏合衬使成衣外观平服，驳头加毛衬如图 6–7（b）所示，挺括度较好，但面料原始的天然性能、舒适感较差。

3. 准全毛衬

由于全毛衬的工艺难度高和面料要求高，难以批量生产，因此出现准全毛衬西服，其工艺难度系数为☆☆☆。像半毛衬一样在前衣片上粘稍薄的黏合衬，如图 6–7（c）所示，胸衬龙骨与全毛衬相同，黏合衬使外观平服，广泛应用于中高档西服生产中。

4. 黏合衬

采用先进的流水线设备，新型的黏合衬代替黑炭衬，简化敷衬工艺，工艺难度系数为☆。在不影响面料手感、风格的前提下，借助衬料的硬挺和弹性使服装平挺，是现代时尚西服、休闲西服首选的生产工艺模式，也称黏合衬西服，如图 6–7（d）所示。

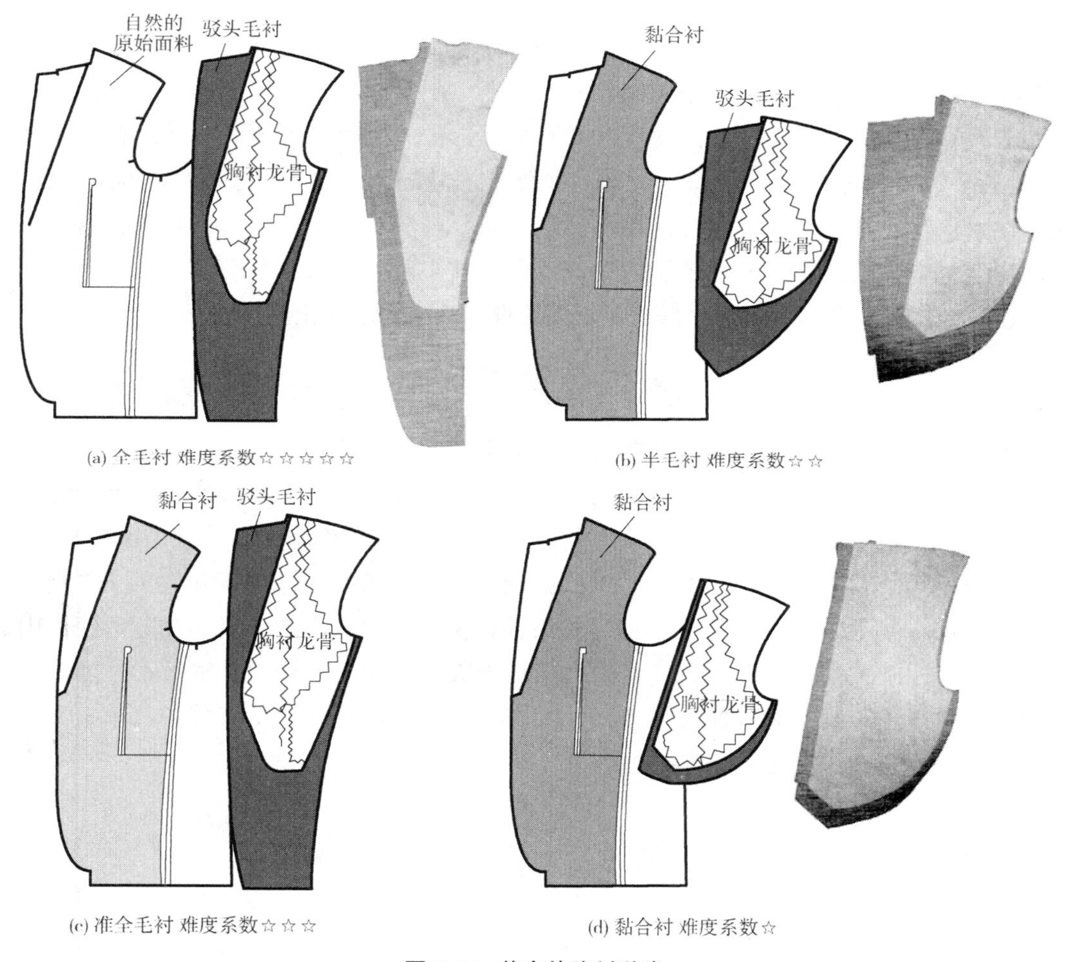

(a) 全毛衬 难度系数☆☆☆☆☆　(b) 半毛衬 难度系数☆☆

(c) 准全毛衬 难度系数☆☆☆　(d) 黏合衬 难度系数☆

图 6–7　前衣片胸衬种类

四、时尚西服工艺简化及创新设计

在大数据时代下，西服演变直接影响着西服产业的发展，传统半毛衬工业化生产的中低档西服产量已供大于求，市场饱和积压，西服企业的生产和发展遇到瓶颈，急待转化产品风格和生产方式。基于西服板型稳定性程式，本章从衣长、造型、色彩、面料、板型和工艺等多方面对时尚西服进行了深入探究。

（一）工艺简化

随着纺织服装科技的发展，现代工业生产的西服采用目前国内外先进的西服缝制流水线设备；具挺括和弹性的新型黏合衬料，使服装的平挺度达到预期效果，且不影响面料手感和风格。时尚西服无需垫肩、胸衬、敷衬等辅料，打破原有西服的烫衬、敷衬等工艺特点，抛开归拔技术的束缚，简化了工艺方式和生产模式，既降低了工艺技术的要求也节省了成本，提高了生产效率和生产量，可以说新型黏合衬西服是现代时尚西服首选的生产工艺。

（二）色彩与面料的创新变革

新型黏合衬和工艺技术也使现代时尚西服不再拘泥于羊毛等天然纤维面料，取材广泛，真皮、羊绒、棉、麻、缎、绒（金丝绒、桃面绒、平绒、灯芯绒）及化纤面料等均可选用，秋冬选用保暖面料、春夏选用轻薄休闲面料，舞台表演等特殊场合选用光泽亮丽面料；在色彩上也打破男西服恪守的传统律条而趋向丰富多彩，亮丽明快的、艳丽怡人的、光泽夺目的，甚至多色异料拼接，彰显青年人的青春活力和个性化。

（三）结构造型创新设计

由于简化了敷衬工艺，省去了塑造男士胸突的归拔烫技术，时尚西服在衣身结构上利用省道转移原理替代西服的归拔烫技术和抛开衬布的束缚，男体的胸突造型余量，分别在领口、袖窿和腋下设省 0.5~1 cm，并转移至肚省，肩胛突造型余量转至肩部为吃势量，衣身结构板型如图 6-8 所示；也打破常规的长袖，尤其春夏季追求细窄短小的个性设计，如图 6-6（b）所示，保证袖窿底与前后宽最佳比例，同时减少袖山高和袖宽，使袖山弧与袖窿良好匹配，袖身贴合手臂，肩峰自然，既美观时尚又不妨碍基本运动，显现年轻人活力。时尚西服既达到轻便合体效果，又节省了辅料的成本；不仅维护简单，又满足了年轻人审美方式，追求快时尚特点。

（四）西服着装的时尚混搭

现今，西服不再是八股式制服，时尚西服只要在适当的场合，根据自己的喜好搭配，不仅能体现出穿衣的品位，还能反映出独特的个性。从面料到款式造型，从色彩到搭配，取决于穿着者的目的与喜好，时刻展现男青年的激情活力和俊美秀气。如西服搭配西短裤成为新的审美观，非正统皮鞋搭配西服不再是大逆不道，西裤塞进长靴中的军装风格在巴黎时装周中是最赞的搭配方法，大牌们让围巾、丝巾取代正统的领带，让西服搭配牛仔裤也有优雅性感的视觉效果。总而言之，全球时尚西服正走向灵活搭配路线，休闲化的搭配使西服造型更趋千姿百态，但仍能释放出高贵的气质、本真的魅力和绅士的风范。

总而言之，虽然以垫肩、胸衬、敷衬搭建的西服造型框架的经典西服、商务西服经久不衰，但顺应时代的不断发展演变，现今时尚西服演绎了"无框"设计的全新面貌，利用新型黏合衬，抛弃胸衬、敷衬等工艺，以省道转移原理替代传统西服的归拔烫技术，并从色彩、面料的取材广泛、技术创新及生产方式简化等方面变革，强劲地冲击了当今西服市场、企业的生存和发展，时尚西服成为西服企业开辟市场的一大路径；现今高级定制也是西服企业发展的一大亮点，高级西服定制是现代大数据云平台与个性化裁剪和精心缝制结合的产物，根据穿着者的体型特征和要求，确保西服的高品质，备受政商界精英男士追捧。

对西服文化及其创新探究需要不断深入完善，本章的探究为西服行业的发展提供借鉴，使企业能够顺应社会的需要，拓展自身的发展之路。

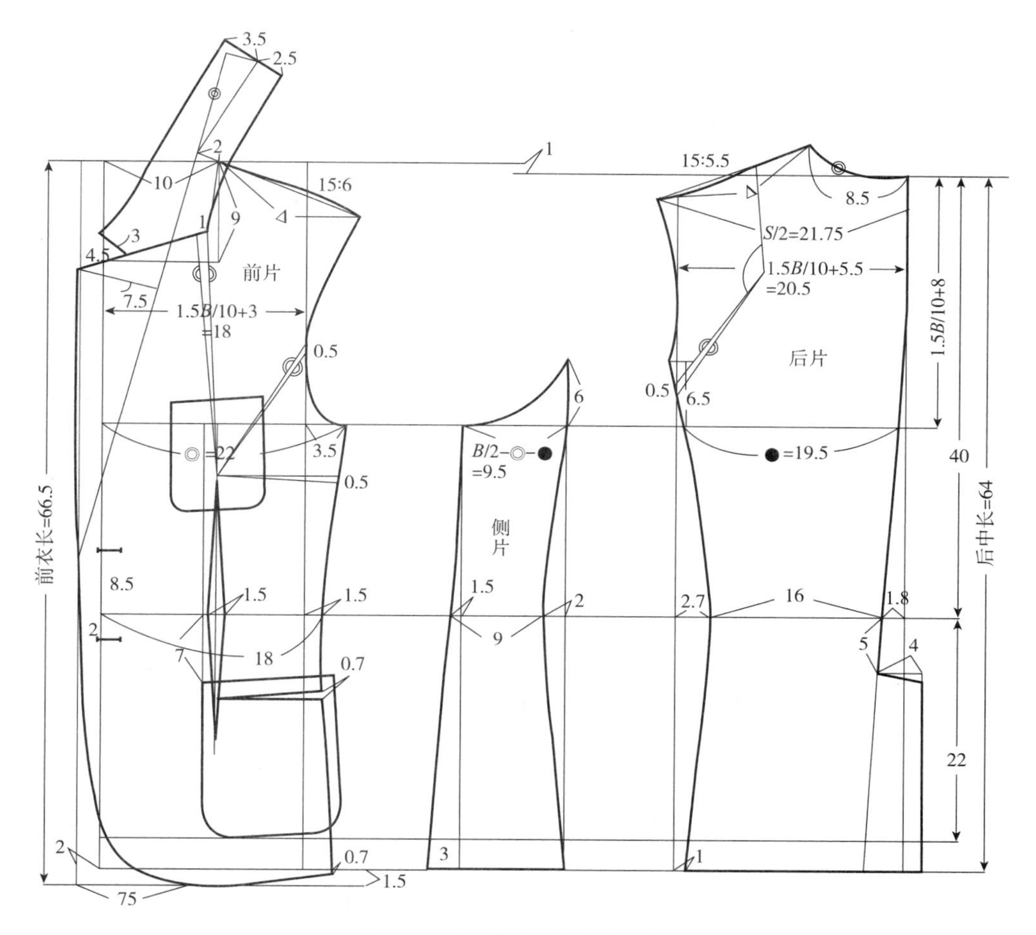

图 6-8　时尚西服衣身结构图

第二节　男西服结构样板

一、单排扣平驳领商务西服结构样板

（一）款式解析

男西服以其外观挺括、线条流畅、穿着舒适受到广大男士的青睐。款式特点为较贴体加腹省三开身结构，平驳翻折领，前门襟单排两粒扣，直手巾袋，后中开衩，较贴体袖山、两片弯身袖，袖口四粒扣。选料一般以纯羊毛面料和羊毛混纺面料为主，面料质地以细腻、柔软、滑爽、挺括为宜，要求经、纬纱密度适当高些。款式图如图 6–9 所示。

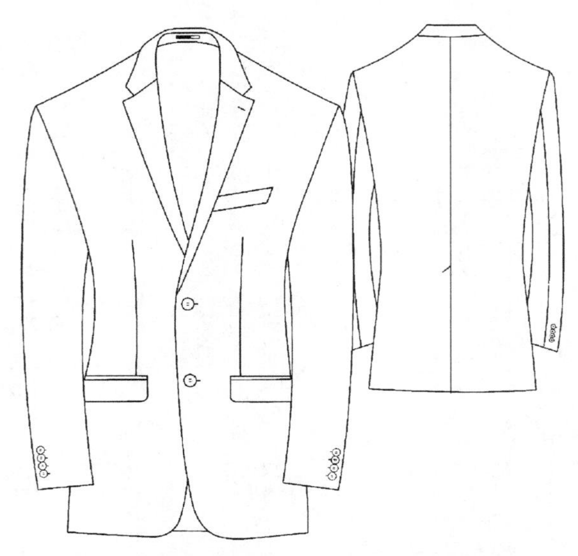

图 6–9　单排扣平驳领商务西服款式图

（二）样衣工艺计划单（表 6–3）

表 6–3　样衣工艺计划单

单位：cm

<table>
<tr><td colspan="4">产品名称：单排扣平驳领商务西服</td><td colspan="3">客户：× × ×</td><td>数量：× × × 件</td></tr>
<tr><td colspan="4">订单号：× × × × × ×</td><td colspan="3">款号：× × × × ×</td><td>交货日期：× 年 × 月 × 日</td></tr>
<tr><td rowspan="7">成衣规格</td><td colspan="2" rowspan="2">号型 / 部位</td><td>S（46）</td><td>M（48）</td><td>L（50）</td><td>XL（52）</td><td>XXL（54）</td><td rowspan="2">面料小样</td></tr>
<tr><td>170/92A</td><td>175/96A</td><td>180/100A</td><td>185/104A</td><td>190/108A</td></tr>
<tr><td colspan="2">后中长</td><td>74</td><td>76</td><td>78</td><td>80</td><td>82</td><td rowspan="5">细格纹精纺薄呢</td></tr>
<tr><td colspan="2">肩宽</td><td>47.4</td><td>48.6</td><td>49.8</td><td>51</td><td>52.2</td></tr>
<tr><td colspan="2">胸围</td><td>110</td><td>114</td><td>118</td><td>122</td><td>126</td></tr>
<tr><td colspan="2">腰围</td><td>98</td><td>102</td><td>106</td><td>110</td><td>114</td></tr>
<tr><td colspan="2">袖长</td><td>60</td><td>61.5</td><td>63</td><td>64.5</td><td>66</td></tr>
<tr><td rowspan="2">质量要求</td><td rowspan="2">样板要求</td><td>裁剪样板</td><td colspan="6">前身面里、侧片面里、后身面里、大小袖面里、挂面、黏合衬裁剪样板；胸衬、袖胆裁剪样板</td></tr>
<tr><td>工艺样板</td><td colspan="6">前身线丁板，领子、驳头净样工艺板；直手巾袋、驳头锁眼定规、袖口定规、袋盖（宽 4cm）工艺板</td></tr>
</table>

续表

产品名称：单排扣平驳领商务西服			客户：×××		数量：×××件
订单号：××××××			款号：×××××		交货日期：×年×月×日
质量要求	工艺要求	前身	手巾袋内口固定，肩缝与衬固定4cm		
		后身	单开衩		
		下摆	下摆底边折4cm，下摆底边与里布相距1.5cm		
		袖子	袖衩类型：假衩	扣眼：假眼	缝份
			袖山缝方式：分缝	垫肩类型：薄型	止口缝：0.7
			扣眼数：4	纽扣：依次排纽扣，不相叠扣	挂面拼缝：0.8
			袖口普通制作		前侧缝：0.8
		领子	领底：领底呢	领串口：缝份用线固定	前里侧缝：1.0
			领面：面料	领挂：按客户要求	摆缝：1.5
			驳头锁眼：如下图		后中缝：1.5
		外袋	手巾袋：直手巾袋		袖外侧缝：1.0
			面大袋：袋盖（4cm宽）		袖内侧缝：0.8
		内袋	左内大袋：双嵌线，嵌线用里布制作	笔袋：无	绱袖缝：0.9
			右内大袋：为机票袋，双嵌线加三角，均用里布制作	卡袋：双嵌线，嵌线用里布制作	肩缝：1.0
		拱针	拱针无；挂面为靠边链式拱针		装领缝：1.0
		附件	洗水唛：缉在右内大袋里面	商标：根据客户要求	

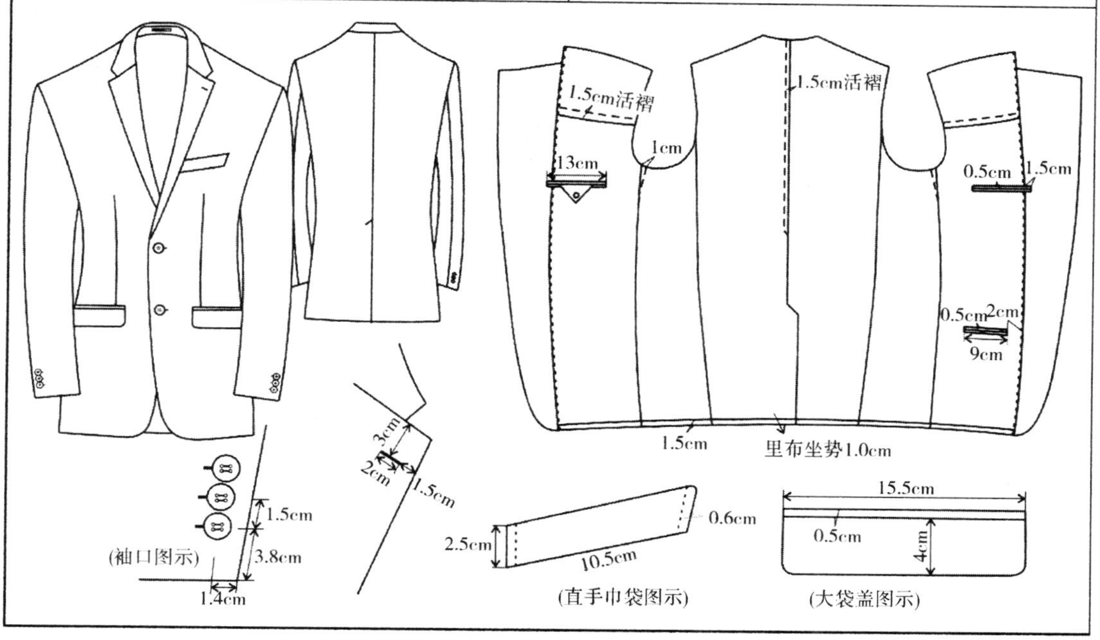

1.5cm活褶　1.5cm活褶　1cm　13cm　0.5cm　1.5cm　0.5cm　2cm　9cm　1.5cm　里布坐势1.0cm

1.5cm　3.8cm　1.4cm　(袖口图示)

3cm　2cm　1.5cm

2.5cm　10.5cm　0.6cm　(直手巾袋图示)

15.5cm　0.5cm　4cm　(大袋盖图示)

（三）结构设计

1. 结构图（图 6-10、图 6-11）

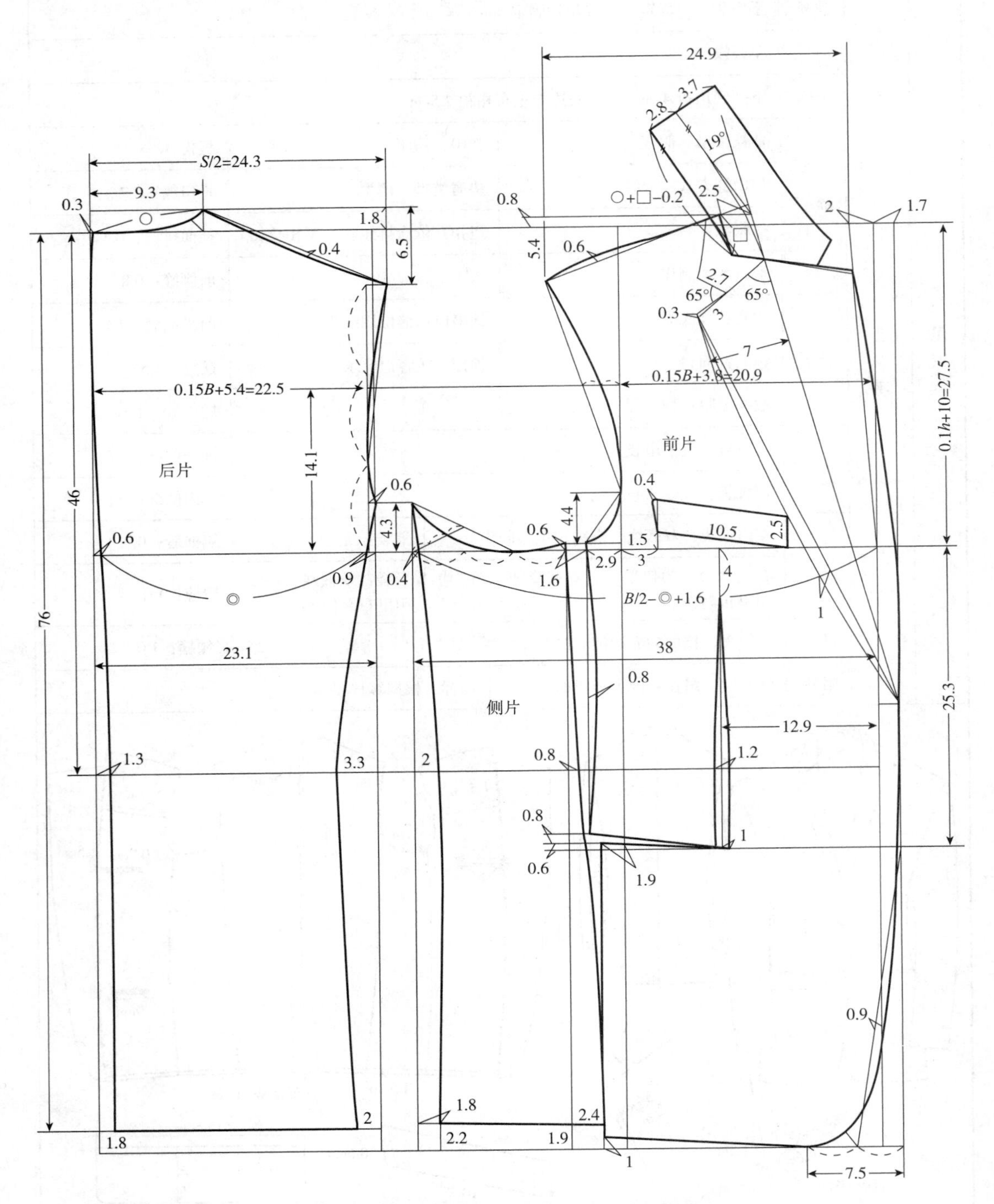

图 6-10　单排扣平驳领商务西服衣身结构图

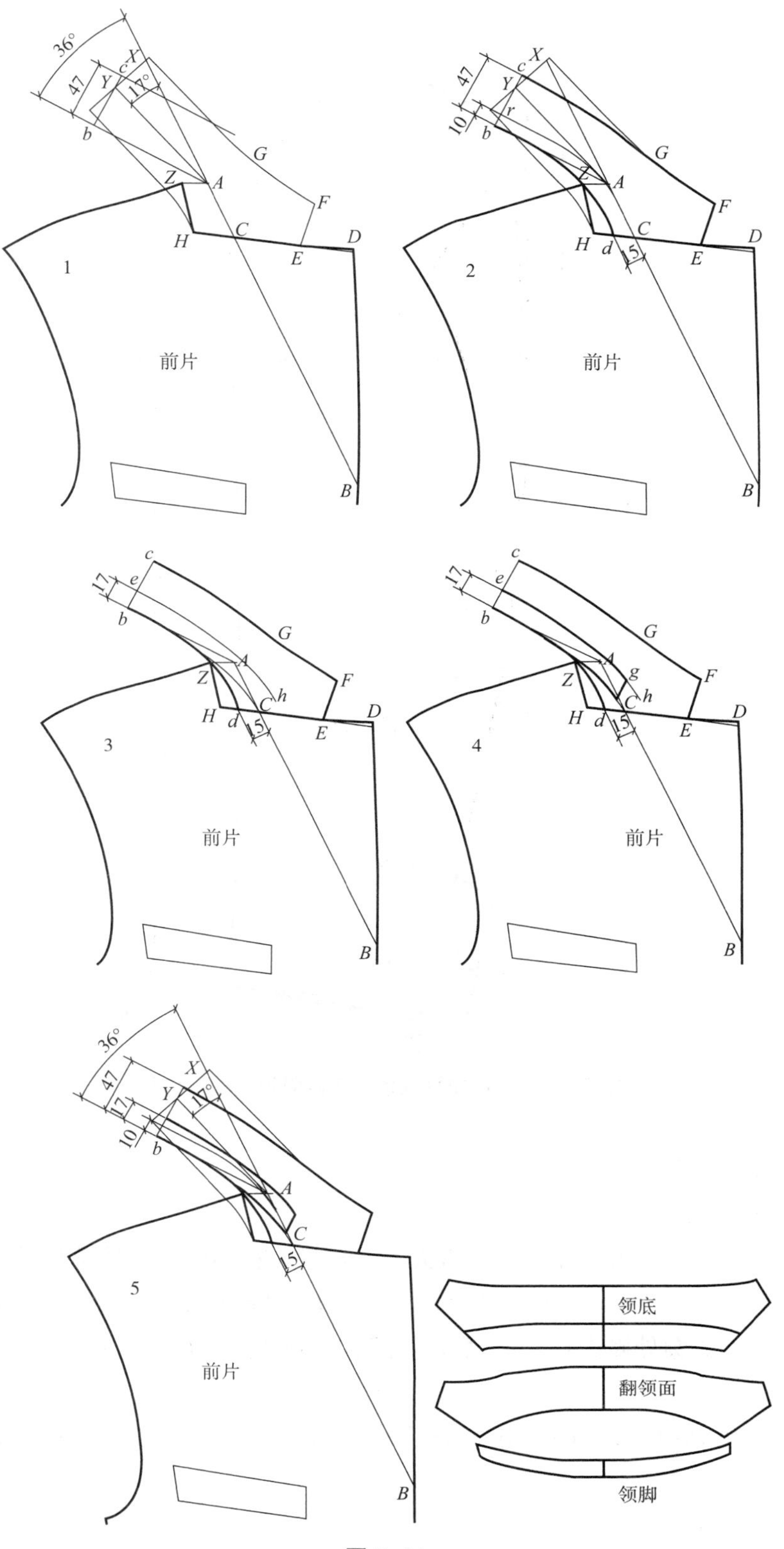

图 6–11

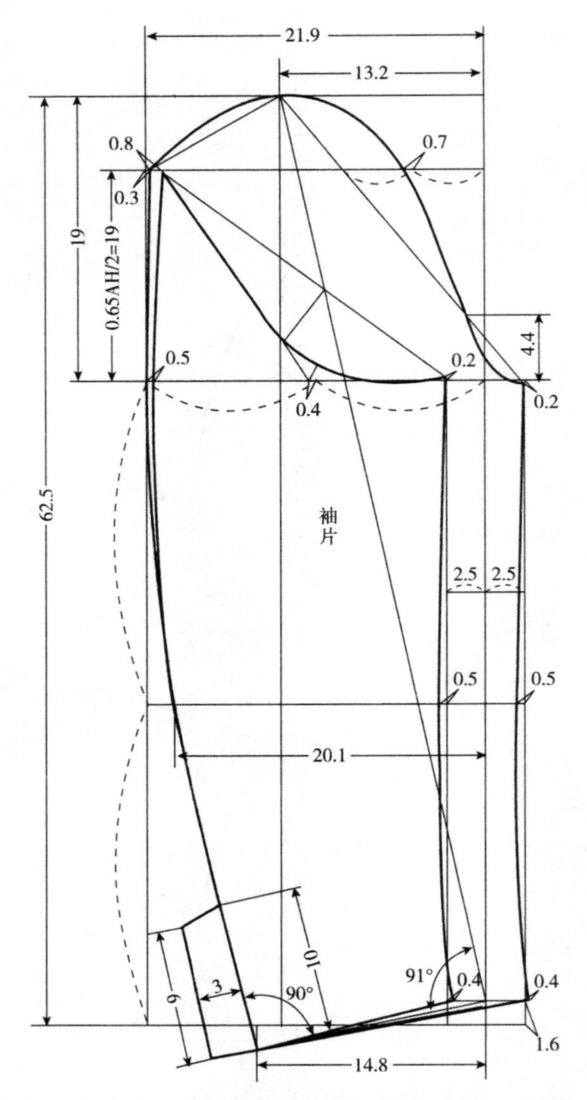

图 6–11　单排扣平驳领商务西服领、袖结构图

2. 结构设计要点

（1）衣身结构：

① 本款为加腹省三开身结构。腰省为 1.2cm，腹省为 0.8cm，既能使前摆收紧又能在腹部产生微妙的曲面造型。前撇胸量为 2cm，与腹省共同作用以改善腹部的容量。

② 后中线在领窝处撇进 0.3cm，后片侧缝长于侧片侧缝 0.3cm 左右，以满足背部的整体隆起。

③袖窿深 =0.1h+10=27.5cm（其中 h= 身高），后胸围 = 后背宽 –0.9=0.15B+5.4–0.9=*，则前胸围 =B/2–*+1.6。

（2）领子结构：

领子与驳头可以按款式造型进行结构设计，力求达到最佳的美感。先绘制领底，再在领底的基础上进行领面的绘制。行业内领底大部分采用弹性较强的领底呢制作，故领底不做分割。

★上翻领制图：

① A 为翻驳基点，B 为翻驳止点，BA 延长至 X，以 A 点旋转 36° 至 Ab；

② Y 为启中心领座宽点，经 Y 点做 Ab 的垂线 bYc =4.7cm（上翻领宽）；

③在 BH 上取 d 点，d 至 AB 的垂直距离为 1.5cm，圆顺 bZd 为上翻领下弧线，并圆顺 cGF 弧，完成上翻领制图；

④ bc 线上取 r 点，br =1cm，圆顺 rc 弧，起始段平行于 bA。

★领脚制图：

①圆顺 bZc，以 1.7cm 距离作 bc 弧的平行弧 eh；

②在 bc 弧上取 bf 弧 =bd 弧 +0.2cm；

③在 eh 弧上取 g 点，使∠ bfg ∠ ZdH，完成领脚制图。

（3）袖子结构：

① 绘制袖子时，袖山高根据款式造型取 AH/2 × 0.65，袖山造型饱满且吃势量一般控制在 3.5~4cm，以增加肩头的容量。袖山具体吃势量的大小应根据面料的厚薄、弹性及服装的款式造型作相应调整。

② 绘制时，小袖前侧缝应大于大袖前侧缝 0.4cm 左右，大袖后侧缝大于小袖后侧缝 0.2cm 左右，以满足袖子的弯势。

（四）样衣试穿（图 6–12）

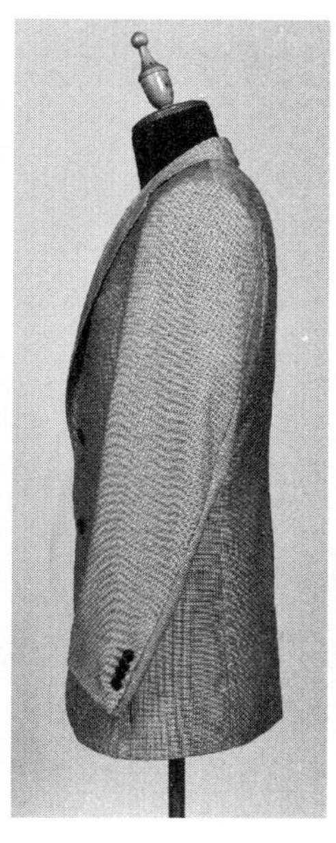
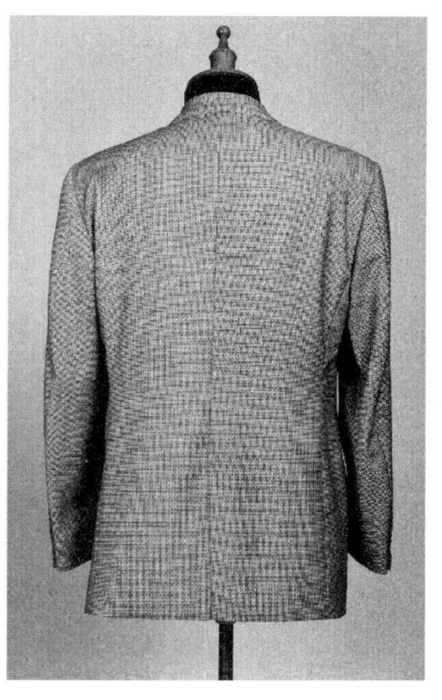

图 6–12　单排扣平驳领商务西服试穿效果

（五）样板图（图 6–13、图 6–14）

样板的放缝应根据面料性能、工艺的处理方法等不同来确定其缝份的大小。

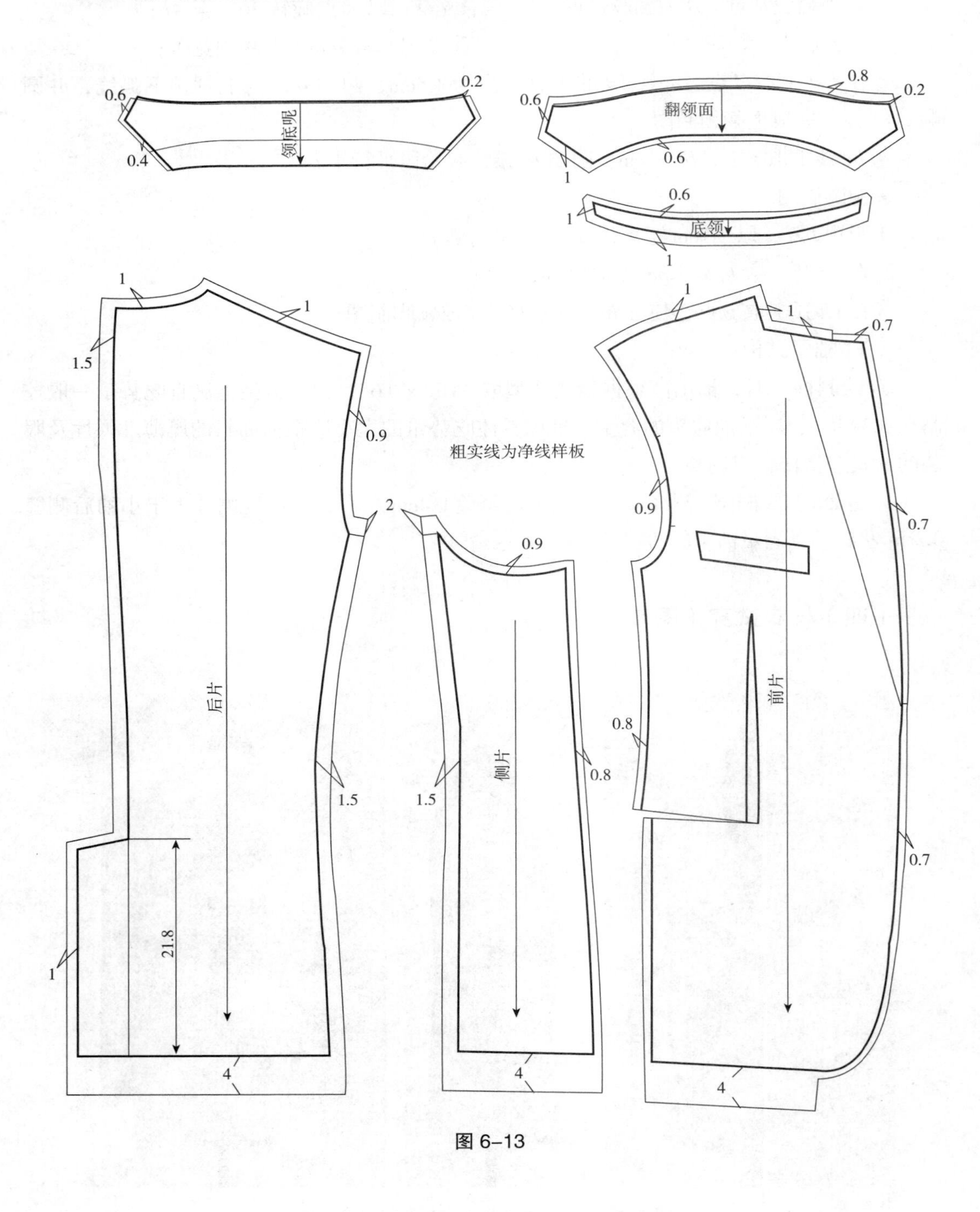

图 6–13

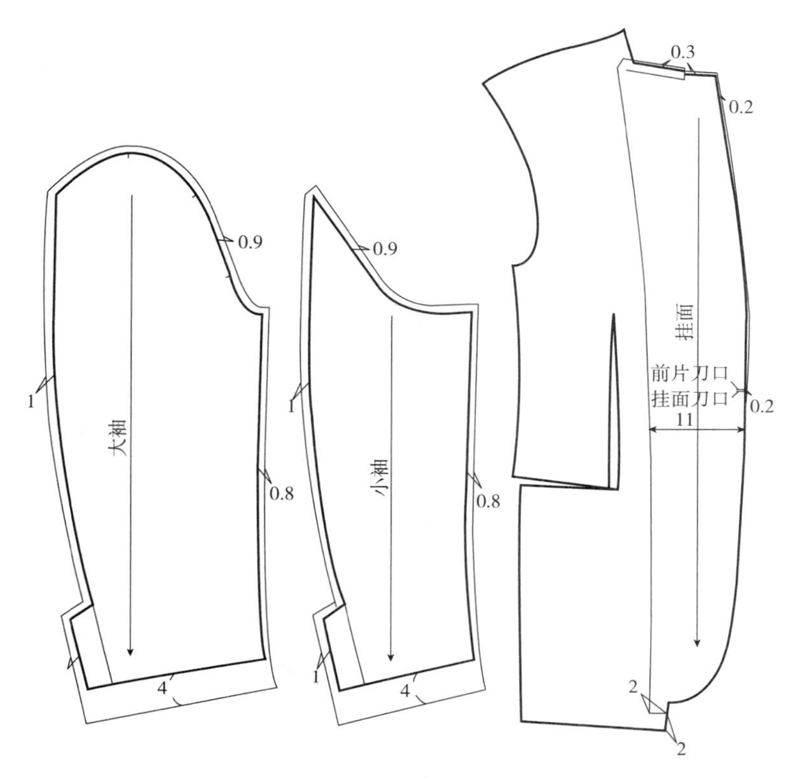

图 6-13　单排扣平驳领商务西服面布样板图

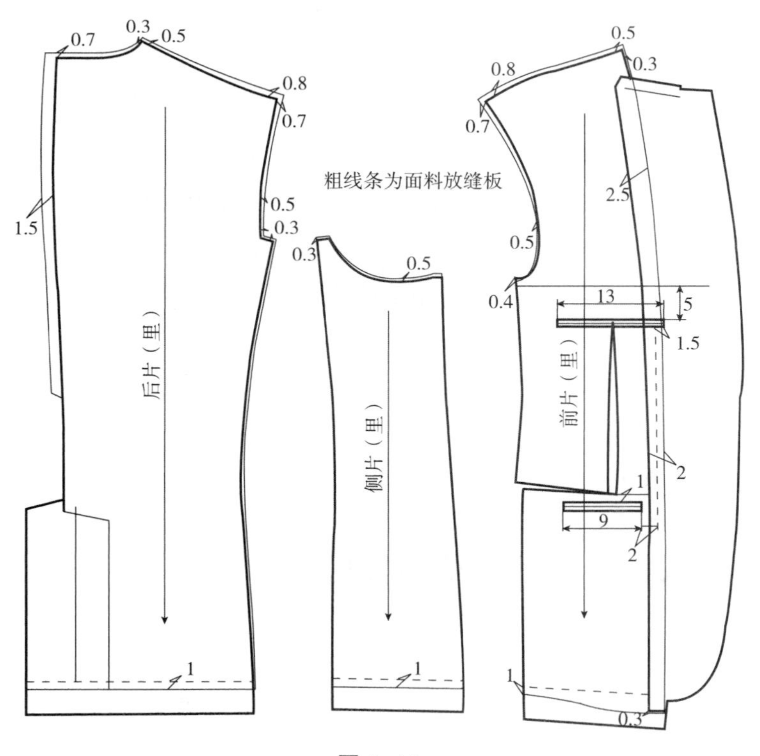

图 6-14

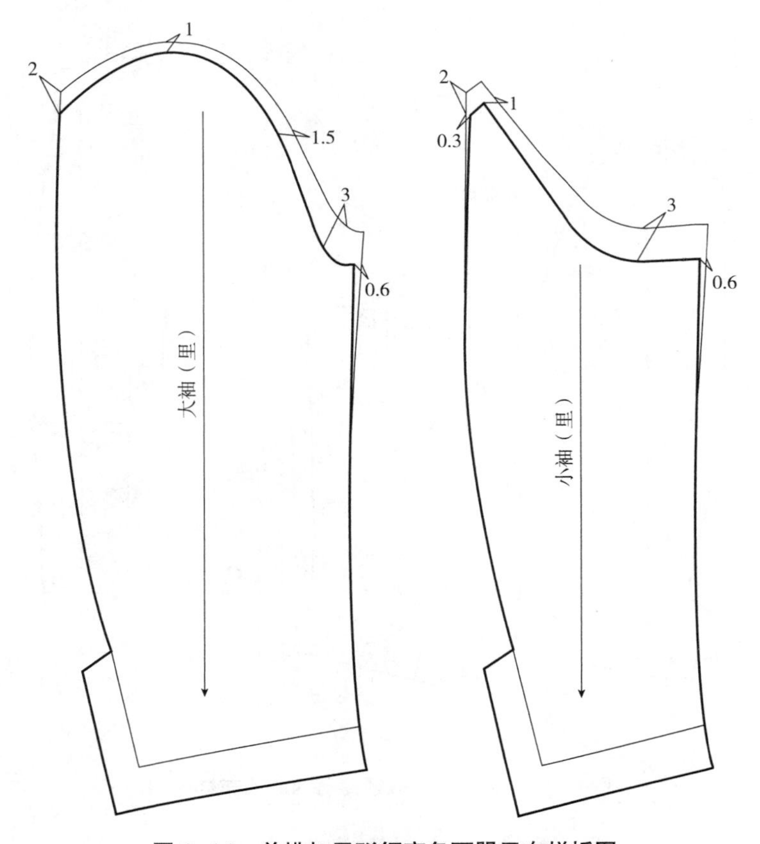

图 6–14　单排扣平驳领商务西服里布样板图

（六）样板校对

（1）校验各部位的尺寸是否正确。

（2）前、后片肩缝假缝对合，领窝曲线是否圆顺；前片、侧片、后片侧缝假缝对合，袖窿曲线是否圆顺；大、小袖侧缝假缝对合，袖山曲线是否圆顺等。

（3）袖山、袖窿假缝对合，相应部位的吃势是否合理。

（4）缝份大小、折边量是否符合工艺要求等。

（5）全套纸样是否齐全。

（6）刀口整齐、弧线圆顺、造型美观、划线清楚，规格、纱向、文字、缝份、款式均应标注清楚，刀口齐全。

二、双排扣戗驳领商务西服结构样板

（一）款式解析

本款式特点为修身加腹省三开身结构，戗驳领，前门襟双排六粒扣，直手巾袋，后片双开衩，较贴体袖山、两片弯身袖，袖口三粒扣。选料一般以纯羊毛面料或羊毛 / 涤纶混纺面料为主，面料质地以细腻、柔软、滑爽、挺括为宜，要求经纬纱密度适当高些。款式图如图 6–15 所示。

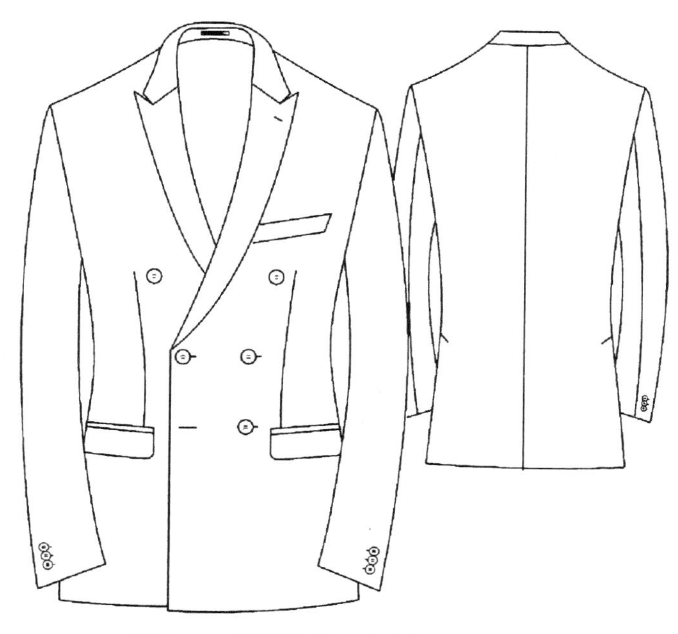

图 6–15　双排扣戗驳领商务西服款式图

（二）样衣工艺计划单（表 6–4）

表 6–4　样衣工艺计划单

单位：cm

<table>
<tr><td colspan="3">产品名称：双排扣戗驳领商务西服</td><td colspan="3">客户：××××</td><td>数量：×××件</td></tr>
<tr><td colspan="3">订单号：××××××</td><td colspan="3">款号：××××××</td><td>交货日期：×年×月×日</td></tr>
<tr><td rowspan="7">成品规格</td><td rowspan="2">号型
部位</td><td>S（46）</td><td>M（48）</td><td>L（50）</td><td>XL（52）</td><td>XXL（54）</td><td rowspan="2">面料小样</td></tr>
<tr><td>170/92A</td><td>175/96A</td><td>180/100A</td><td>185/104A</td><td>190/108A</td></tr>
<tr><td>后中长</td><td>72</td><td>74</td><td>76</td><td>78</td><td>80</td><td rowspan="5">竖条纹精纺薄毛呢</td></tr>
<tr><td>肩宽</td><td>44.8</td><td>46</td><td>47.2</td><td>48.4</td><td>49.6</td></tr>
<tr><td>胸围</td><td>101</td><td>105</td><td>109</td><td>113</td><td>117</td></tr>
<tr><td>腰围</td><td>90</td><td>94</td><td>98</td><td>102</td><td>106</td></tr>
<tr><td>袖长</td><td>63.5</td><td>65</td><td>66.5</td><td>68</td><td>69.5</td></tr>
<tr><td rowspan="2">质量要求</td><td rowspan="2">样板要求</td><td>裁剪样板</td><td colspan="5">前身面里、侧片面里、后身面里、大小袖面里、挂面、黏合衬裁剪样板；胸衬、袖胆裁剪样板</td></tr>
<tr><td>工艺样板</td><td colspan="5">前身线丁板、领子、驳头净样工艺板；直手巾袋、驳头锁眼定规、袖口定规、袋盖（宽4cm）工艺板</td></tr>
</table>

续表

产品名称：双排扣戗驳领商务西服			客户：××××		数量：×××件
订单号：××××××			款号：××××××		交货日期：×年×月×日
质量要求	工艺要求	前身	手巾袋内口固定，肩缝与衬固定 4cm		
		后身	双开衩		
		下摆	下摆底边折 4cm，下摆底边与里布相距 1.5cm		
		袖子	袖衩类型：假衩	扣眼：假眼	缝份
			袖山缝方式：分缝	垫肩类型：薄型	止口缝：0.7
			扣眼数：3	纽扣：依次排纽扣，不相叠扣	挂面拼缝：0.8
			袖口普通制作		前侧缝：0.8
		领子	领底：领底呢		前里侧缝：1.0
			领面：面料	领串口：缝头用线固定	摆缝：1.5
			驳头锁眼：如下图	领挂：按客户要求	后中缝：1.5
		外袋	手巾袋：直手巾袋		袖外侧缝：1.0
			面大袋：袋盖（4cm 宽）		袖内侧缝：0.8
		内袋	左内大袋：双嵌线，嵌线用里布制作	笔袋：无	绱袖缝：0.9
			右内大袋：为机票袋，双嵌线加三角，用里布制作		肩缝：1.0
		拱针	挂面为靠边链式拱针		装领缝：1.0
		附件	洗水唛：缉在右内大袋里面	商标：根据客户要求	

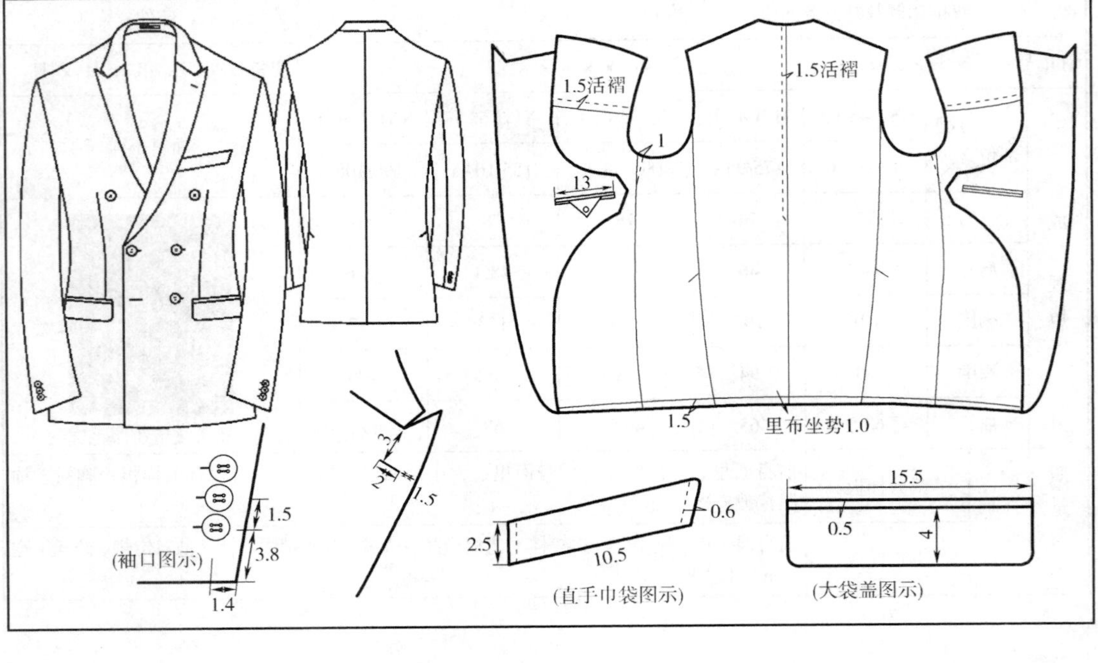

1.5活褶 1.5活褶 1 13 1.5 里布坐势1.0

1.5 3.8 1.4 (袖口图示)

3 1 1.5

0.6 2.5 10.5 (直手巾袋图示)

15.5 0.5 4 (大袋盖图示)

（三）结构设计

1. 结构图（图 6-16、图 6-17）

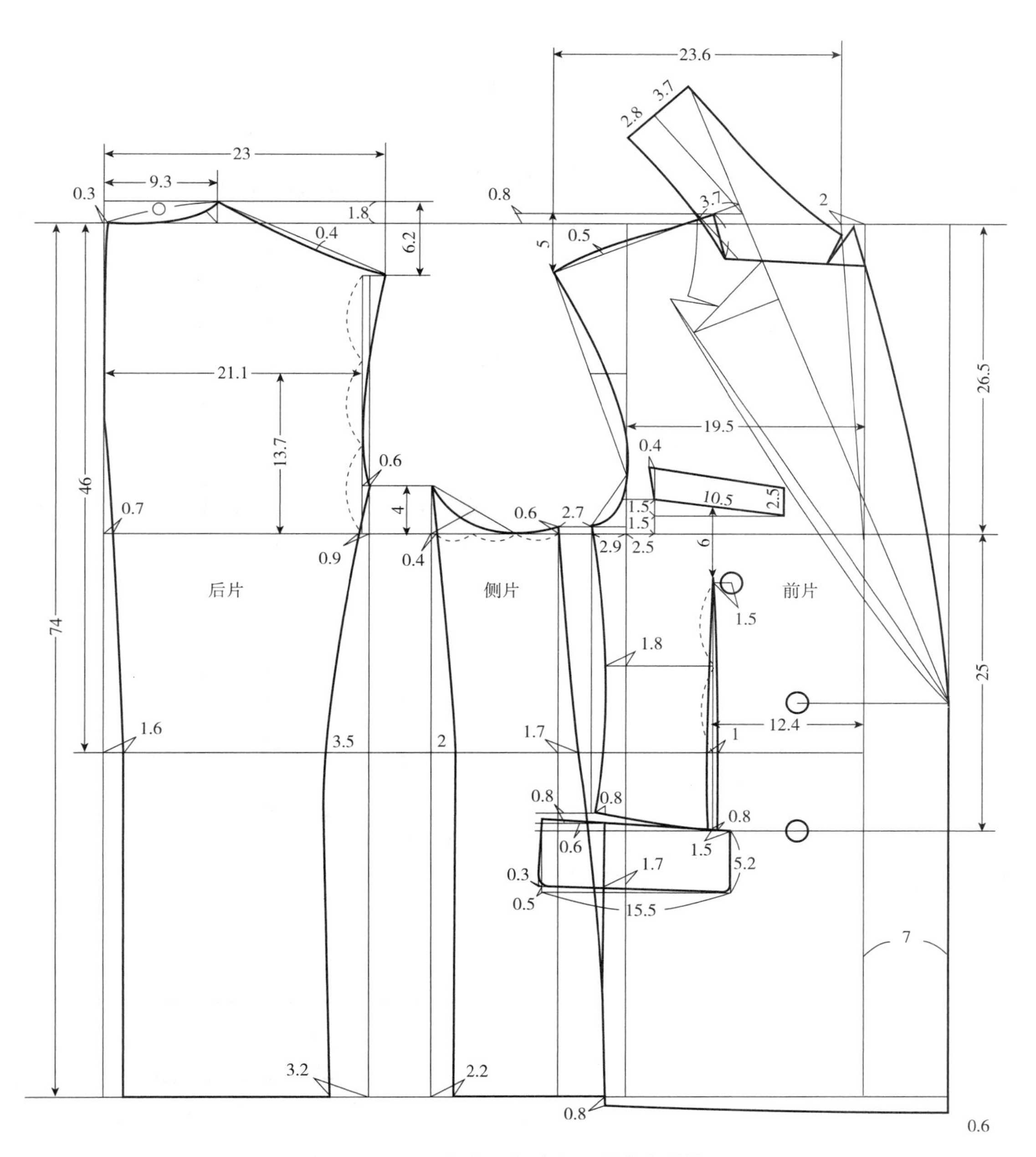

图 6-16 双排扣戗驳领商务西服衣身结构图

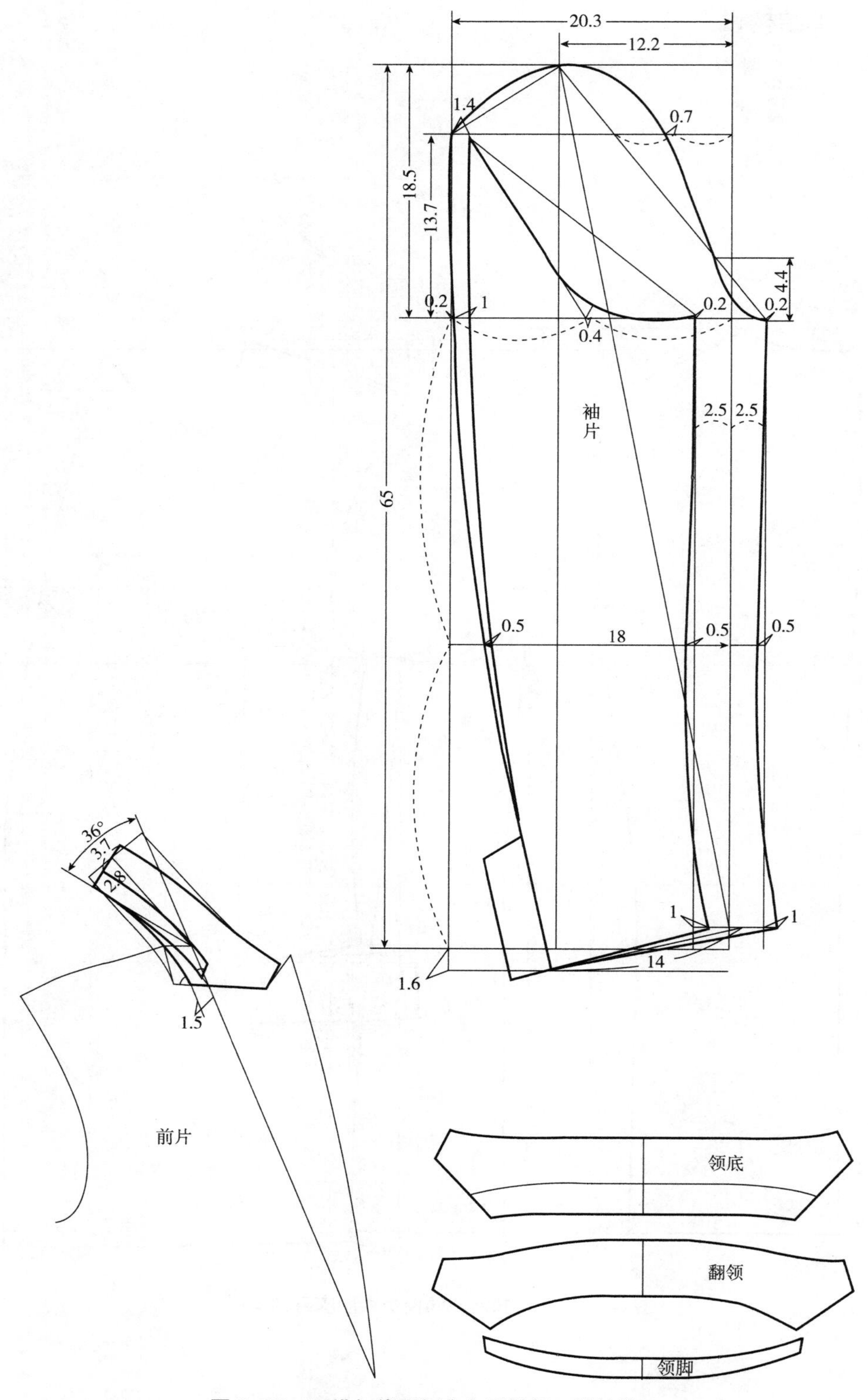

图 6-17　双排扣戗驳领商务西服领、袖结构图

2. 结构设计要点

（1）衣身结构：

① 本款为加腹省三开身结构，但与平驳领商务西服的稳重相比，在造型上更加修身时尚，从后背看有较明显的 X 造型。在尺寸设置时，相应减少后中长、肩宽、胸围、腰围、背长的尺寸，同时增加袖长尺寸。

② 因本款为双排扣，故应加大搭门量以满足造型的需要，且门襟止口做直角处理。

（2）领子结构：领子的绘制方法与单排扣平驳领商务西服相同（图文略）。

（3）袖子结构：与平驳领商务西服相比，本款袖子的袖肥、袖山和袖肘尺寸有所减少，以便与衣身袖窿配伍。同时袖子的弯势、后袖缝的撇势及袖长的尺寸会有所增加，以满足弯身袖的造型需要。

（四）样衣试穿（图 6–18）

图 6–18　双排扣戗驳领商务西服试穿效果

（五）样板图（图 6–19）

样板的放缝应根据面料性能、工艺的处理方法等不同来确定其缝份的大小。本款的领子与里布样板制作同单排扣平驳领商务西服（略）。

（六）样板校对

（1）校验各部位的尺寸是否正确。

（2）前、后片肩缝假缝对合，领窝曲线是否圆顺；前片、侧片、后片侧缝假缝对合，袖窿曲线是否圆顺；大、小袖侧缝假缝对合，袖山曲线是否圆顺等。

（3）袖山、袖窿假缝对合，相应部位的吃势是否合理。

（4）缝份大小、折边量等是否符合工艺要求。

（5）全套纸样是否齐全。

（6）刀口整齐、弧线圆顺、造型美观、划线清楚，规格、纱向、文字、缝份、款式均应标注清楚，刀口齐全。

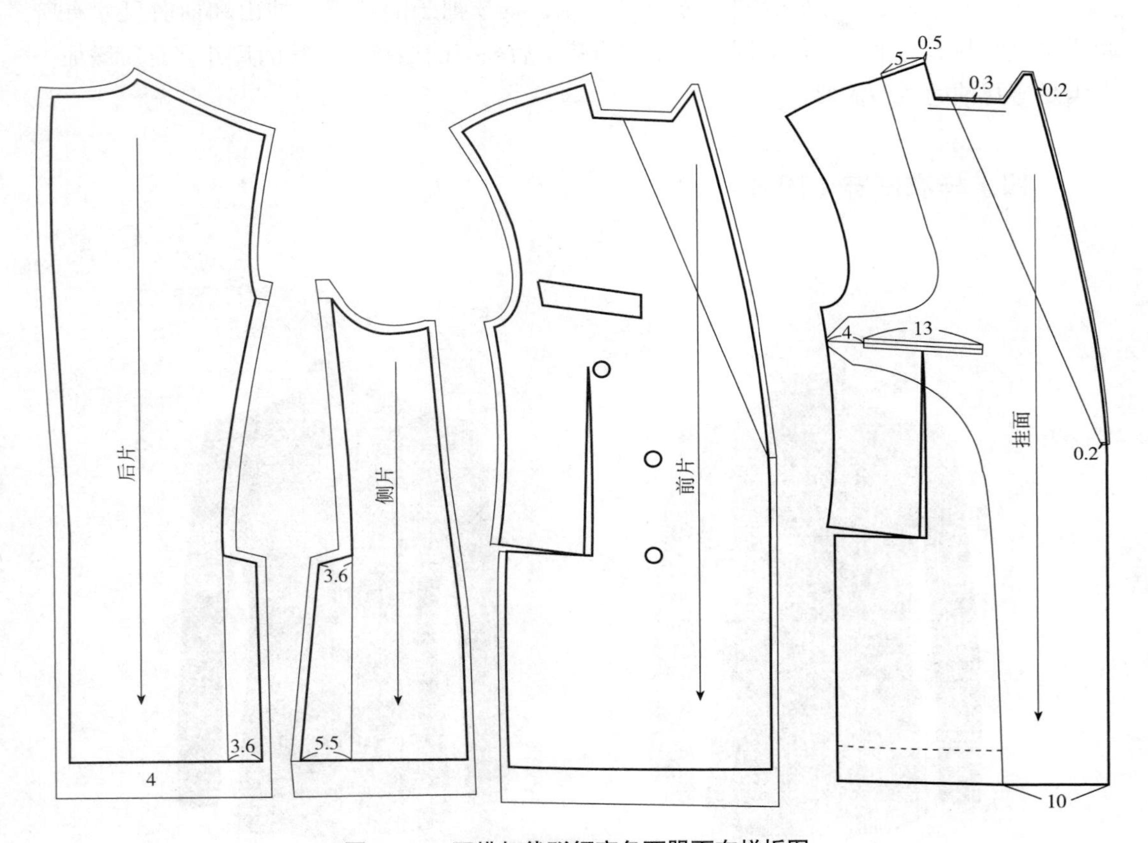

图 6-19　双排扣戗驳领商务西服面布样板图

三、单排扣戗驳领修身休闲西服结构样板

（一）款式解析

本款式特点为修身加腹省三开身结构，戗驳领，前门襟单排一粒扣，直手巾袋，后中单开衩，较贴体袖山、两片弯身袖，袖口三粒扣。选料一般以羊毛 / 涤纶混纺面料为主，面料质地以细腻、柔软、滑爽、挺括为宜，要求经纬纱密度适当高些。款式图如图 6-20 所示。

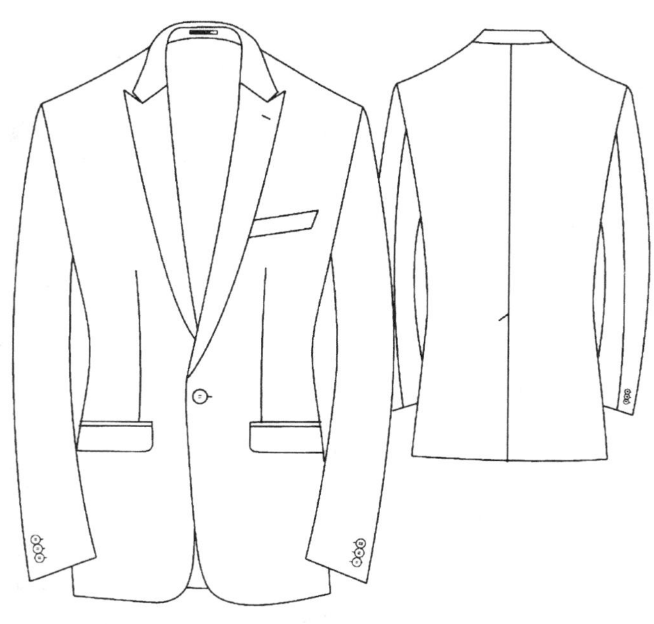

图 6–20　单排扣戗驳领修身休闲西服款式图

（二）样衣工艺计划单（表 6–5）

表 6–5　样衣工艺计划单

单位：cm

<table>
<tr><td colspan="4">产品名称：单排扣戗驳领修身休闲西服</td><td colspan="3">客户：××××</td><td>数量：××××件</td></tr>
<tr><td colspan="4">订单号：××××××</td><td colspan="3">款号：××××××</td><td>交货日期：×年×月×日</td></tr>
<tr><td rowspan="7">成品规格</td><td rowspan="2">号型
部位</td><td>S（46）</td><td>M（48）</td><td>L（50）</td><td>XL（52）</td><td>XXL（54）</td><td rowspan="2">面料小样</td></tr>
<tr><td>170/88A</td><td>175/92A</td><td>180/96A</td><td>185/100A</td><td>190/104A</td></tr>
<tr><td>后中长</td><td>67</td><td>69</td><td>71</td><td>73</td><td>75</td><td rowspan="5">制服呢</td></tr>
<tr><td>肩宽</td><td>42.8</td><td>44</td><td>45.2</td><td>46.4</td><td>47.6</td></tr>
<tr><td>胸围</td><td>98</td><td>102</td><td>106</td><td>110</td><td>114</td></tr>
<tr><td>腰围</td><td>84</td><td>88</td><td>92</td><td>96</td><td>100</td></tr>
<tr><td>袖长</td><td>61</td><td>62.5</td><td>64</td><td>65.5</td><td>67</td></tr>
<tr><td rowspan="5">质量要求</td><td rowspan="2">样板要求</td><td>裁剪样板</td><td colspan="5">前身面里、侧片面里、后身面里、大小袖面里、挂面、黏合衬裁剪样板；胸衬、袖胆裁剪样板</td></tr>
<tr><td>工艺样板</td><td colspan="5">前身线丁板，领子、驳头净样工艺板；直手巾袋、驳头锁眼定规、袖口定规、袋盖（宽4cm）工艺板</td></tr>
<tr><td rowspan="3">工艺要求</td><td>前身</td><td colspan="5">橄榄型省道 0.4cm×2，手巾袋内口固定，肩缝与衬固定 4cm</td></tr>
<tr><td>后身</td><td colspan="5">单开衩</td></tr>
<tr><td>下摆</td><td colspan="5">下摆底边折 4cm，下摆底边与里布相距 1.5cm</td></tr>
</table>

续表

产品名称：单排扣戗驳领修身休闲西服			客户：××××		数量：××××件
订单号：××××××			款号：××××××		交货日期：×年×月×日
质量要求	工艺要求	袖子		扣眼：假眼	缝份
			袖山缝方式：分缝	垫肩类型：薄型	止口缝：0.7
			扣眼数：3	纽扣：依次排纽扣、不相叠扣	挂面拼缝：0.8
			袖口普通制作		前侧缝：0.8
		领子	领底：领底呢	领串口：缝头用线固定	前里侧缝：1.0
			领面：面料 驳头锁眼：如下图	领挂：按客户要求	摆缝：1.5
		外袋	手巾袋：直手巾袋		后中缝：1.5
			面大袋：袋盖（4cm 宽）		袖外侧缝：1.0
		内袋	左内大袋：双嵌线，嵌线用里布制作		袖内侧缝：0.8
			右内大袋：为机票袋，双嵌线加三角，均用里布制作 笔袋：无 卡袋：双嵌线，嵌线用里布制作		绱袖缝：0.9
		拱针	挂面为靠边链式拱针		肩缝：1.0
		附件	洗水标（唛）：缉在右内大袋里面	商标：根据客户要求	装领缝：1.0

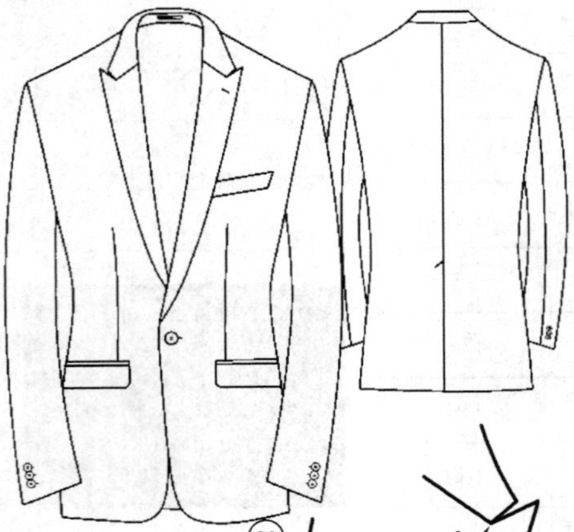

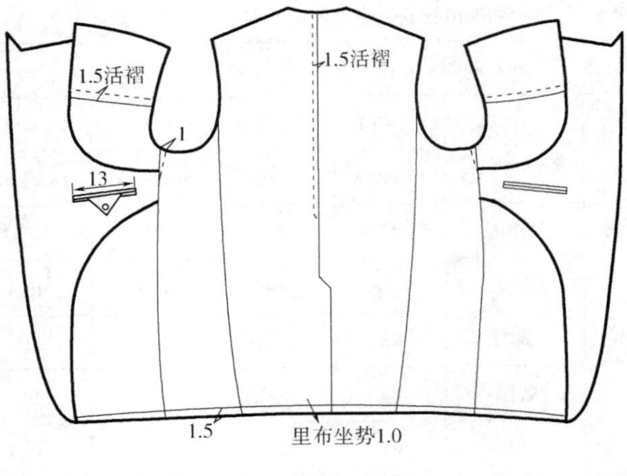

1.5活褶
1.5活褶
1
13
1.5
里布坐势1.0

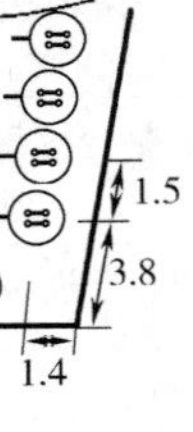

1.5
3.8
1.4
(袖口图示)

3
2
1.5

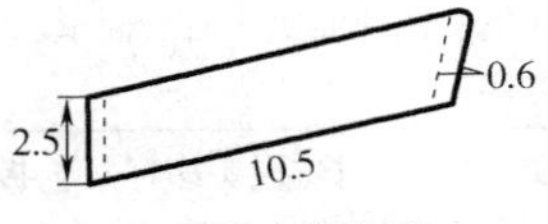

0.6
2.5
10.5
(直手巾袋图示)

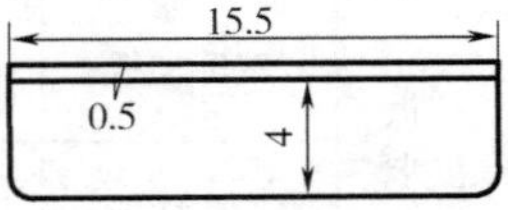

15.5
0.5
4
(大袋盖图示)

（三）结构设计

1. 结构图（图 6-21、图 6-22）

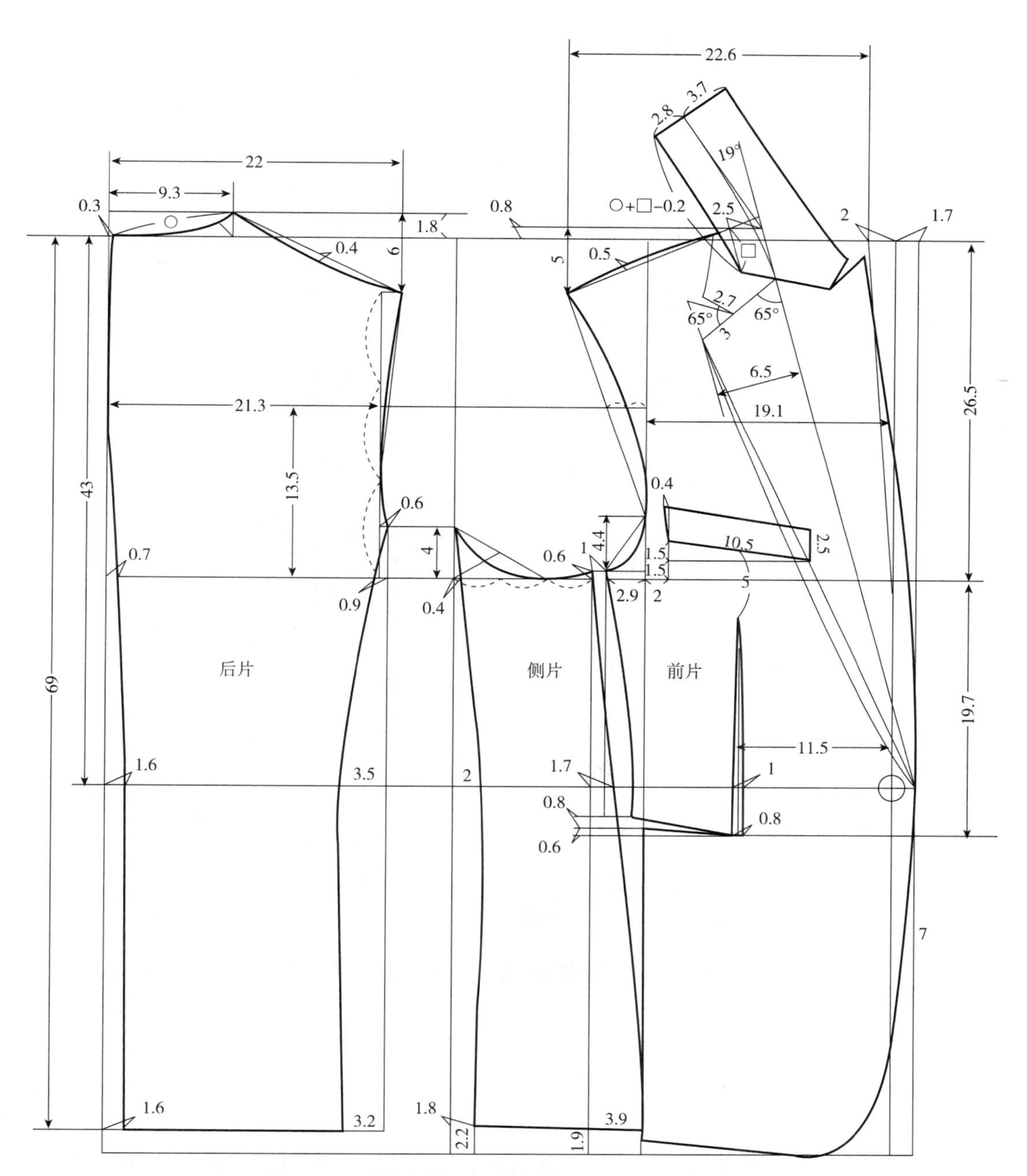

图 6-21　单排扣戗驳领修身休闲西服衣、领结构图

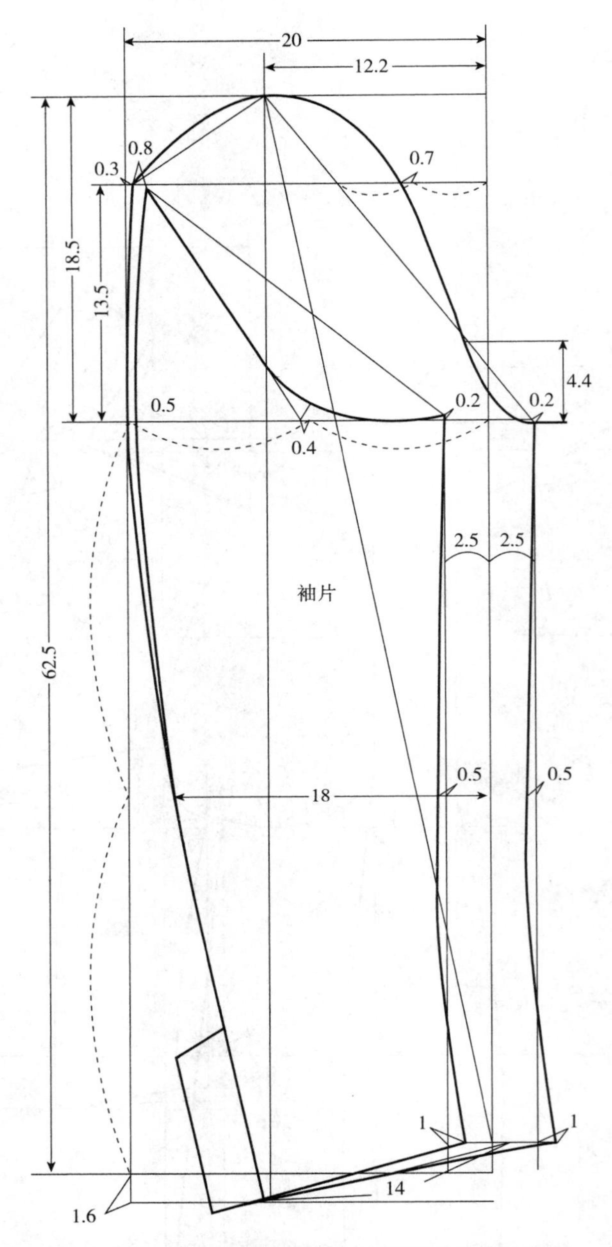

图 6-22　单排扣戗驳领修身休闲西服袖片结构图

2. 结构设计要点

（1）衣身结构：

①本款同样为加腹省三开身结构，但与平驳领商务西服相比，在造型上更加修身、更加时尚，从后背看有明显的X造型。在尺寸设置时，应减少后中长、肩宽、胸围、腰围、背长的尺寸，同时增加袖长尺寸。

②翻折止点向下移到腰围线附近。因为衣长减短，应适当减少腰省长度。

（2）领子结构：领子的绘制方法与单排扣平驳领商务西服相同。

（3）袖子结构：与平驳领商务西服相比，本款袖子的袖肥、袖山和袖肘尺寸有所减少，以便与衣身袖窿配伍。同时袖子的弯势、后袖缝的撇势及袖长的尺寸会有所增加，以满足弯身袖的造型需要。

（四）样衣试穿（图6–23）

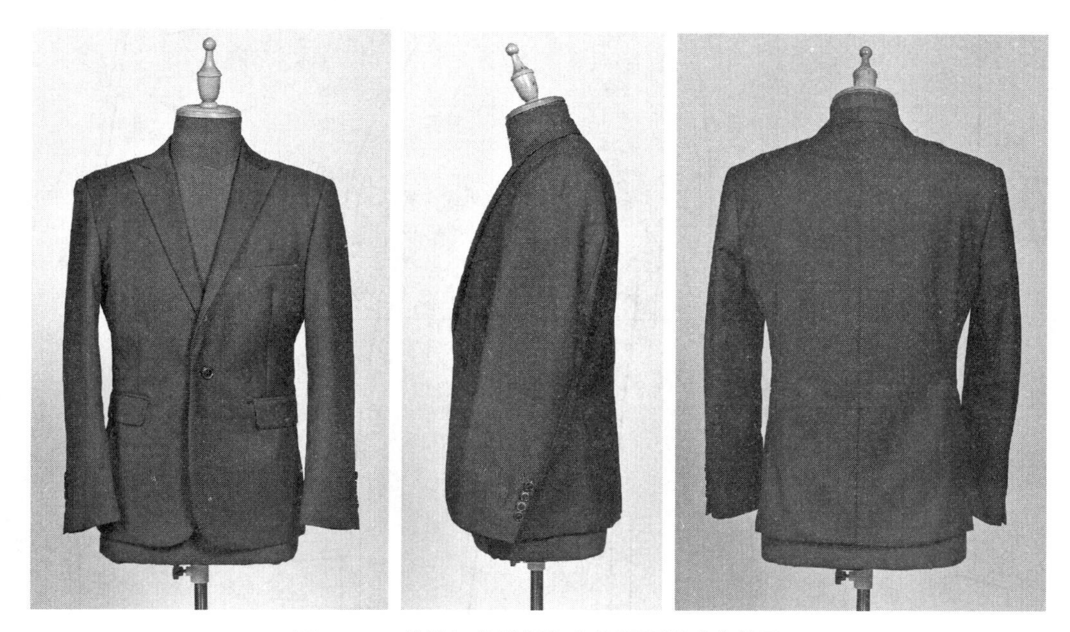

图6–23　单排扣戗驳领修身休闲西服试穿效果

（五）样板图（图6–24、图6–25）

样板的放缝应根据面料性能、工艺的处理方法等不同来确定其缝份的大小。本款领子与里布的样板制作同单排扣平驳领商务西服。

（六）样板校对

（1）校验各部位的尺寸是否正确。

（2）前、后片肩缝假缝对合，领窝曲线是否圆顺；前片、侧片、后片侧缝假缝对合，袖窿曲线是否圆顺；大、小袖侧缝假缝对合，袖山曲线是否圆顺等。

（3）袖山、袖窿假缝对合，相应部位的吃势是否合理。

（4）缝份大小、折边量是否符合工艺要求等。

（5）全套纸样是否齐全。

（6）刀口整齐、弧线圆顺、造型美观、划线清楚，规格、纱向、文字、缝份、款式均应标注清楚，刀口齐全。

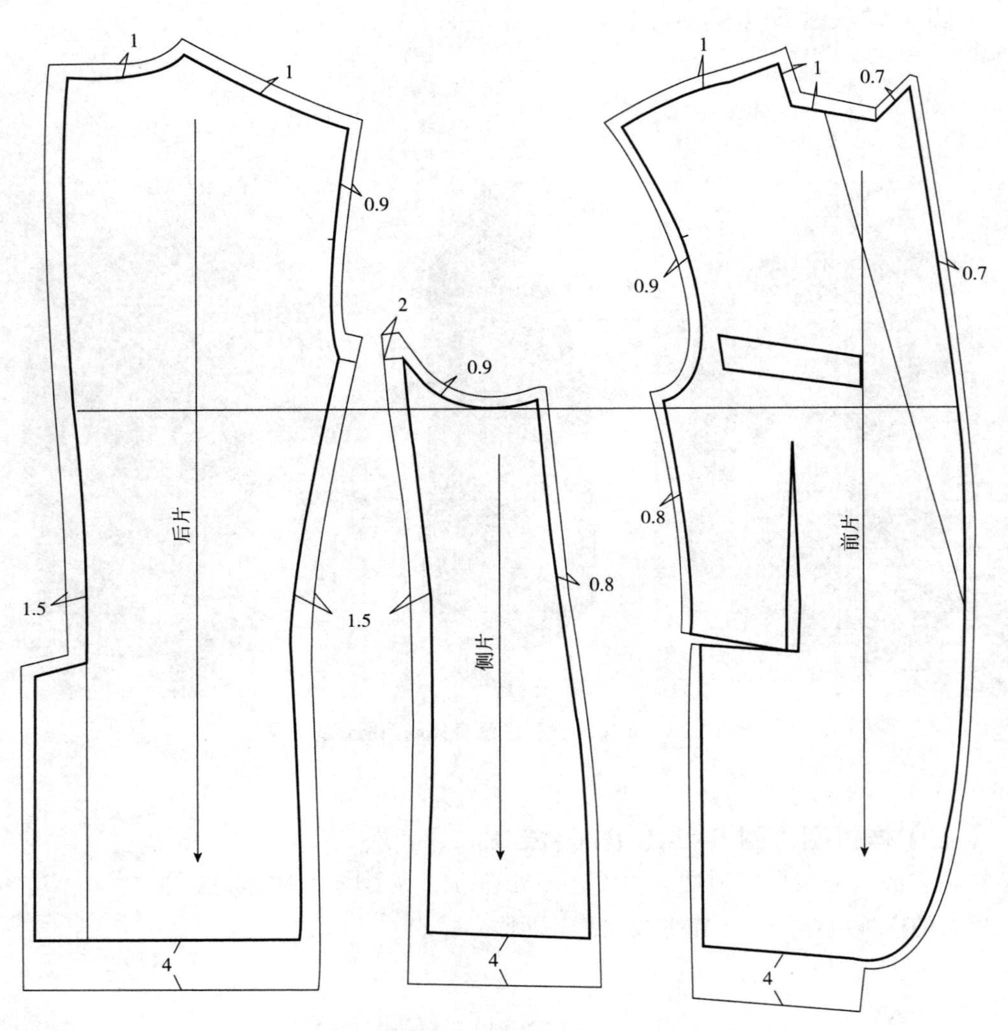

图 6-24　单排扣戗驳领修身休闲西服面布样板图

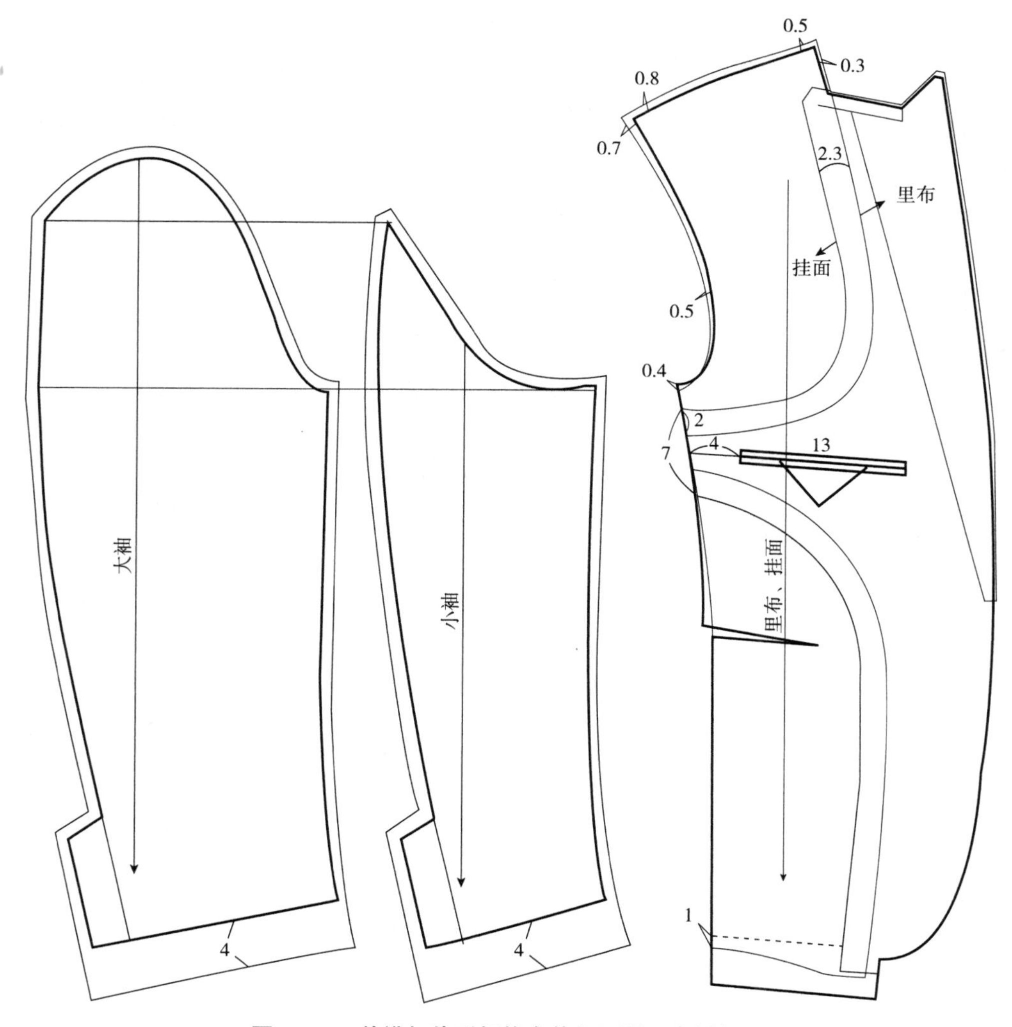

图 6-25　单排扣戗驳领修身休闲西服里布样板图

思考题与练习

一、思考题

1. 查阅资料，搜集时尚男西服的图片，简述现代男西服板型与面料的不同风格特点。
2. 简述西服领款变化与整体廓型的协调搭配。
3. 简述西服毛衬作用和不同的工艺方式。
4. 西服结构独成一体，简述其结构特点。

二、练习

1. 针对本章男西服款式，有选择性地进行结构制图与纸样制作，制图比例分别为 1∶1 结构图和 1∶3 的缩小图。

要求：制图步骤合理，基础图线与轮廓线清晰分明，公式尺寸、纱向、符号标注工整明确。

2. 根据市场调研收集的时尚男装，自行创新设计系列男西服 3 款，选择 1~2 款展开 1∶1 结构纸样设计与成衣制作，达到举一反三、灵活应用能力。

要求：制图步骤合理，基础图线与轮廓线清晰分明，公式尺寸、纱向、符号标注工整明确。

应用理论与训练

男便装结构样板技术

课程内容：休闲外套结构样板
夹克结构样板

课程时数：8 课时

教学目的：向学生介绍男休闲外套、夹克的款式特点、规格与工艺单设计、结构样板制作，并通过学习和技能训练，掌握不同风格男便装的结构样板制作的技术。

教学要求：使学生了解与掌握男便装的结构样板制作技术的思路与技巧，并进行相应项目训练。

课前准备：阅读服装结构设计相关书籍的男便装结构样板设计的内容。

第七章 男便装结构样板技术

一、休闲外套结构样板

（一）款式解析

休闲外套是从西服造型演变而来，并在肩襻、前后覆肩、口袋等局部借鉴了风衣的经典设计，既有西服的修身造型，又具备日常休闲的特征，是男性大众的日常服装之一。款式特点为分体式翻立领，双排六粒扣，前、后装覆肩，侧腰收身，下摆略收，袖子采用合体式两片袖，袖口加装宝剑头袖襻。该款式在春秋两季可作为外套穿着，并可以和衬衫、针织薄毛衫等搭配穿着。面料可选用毛料、轻薄呢料、化纤混纺等织物。款式图如图 7–1 所示。

图 7–1　休闲外套款式图

（二）样衣工艺计划单（表 7–1）

表 7–1　样衣工艺计划单

单位：cm

<table>
<tr><td colspan="4">产品名称：休闲外套</td><td colspan="2">客户：×××</td><td colspan="2">数量：×××件</td></tr>
<tr><td colspan="4">订单号：××××××</td><td colspan="2">款号：×××××</td><td colspan="2">交货日期：×年×月×日</td></tr>
<tr><td rowspan="12">成品规格</td><td rowspan="2">号型
部位</td><td>S</td><td>M</td><td>L</td><td>XL</td><td>XXL</td><td rowspan="2">面料小样</td></tr>
<tr><td>170/88A</td><td>175/92A</td><td>180/96A</td><td>185/100A</td><td>190/104A</td></tr>
<tr><td>后衣长</td><td>76</td><td>78</td><td>80</td><td>82</td><td>84</td><td rowspan="10">大衣呢</td></tr>
<tr><td>肩宽</td><td>46.8</td><td>48</td><td>49.2</td><td>50.4</td><td>51.6</td></tr>
<tr><td>胸围</td><td>106</td><td>110</td><td>114</td><td>118</td><td>122</td></tr>
<tr><td>腰围</td><td>94</td><td>98</td><td>102</td><td>106</td><td>110</td></tr>
<tr><td>下摆围</td><td>106</td><td>110</td><td>114</td><td>118</td><td>122</td></tr>
<tr><td>后背宽</td><td>42.8</td><td>44</td><td>45.2</td><td>46.4</td><td>47.6</td></tr>
<tr><td>前胸宽</td><td>37.8</td><td>39</td><td>40.2</td><td>41.4</td><td>42.6</td></tr>
<tr><td>袖长</td><td>62.5</td><td>64</td><td>65.5</td><td>67</td><td>68.5</td></tr>
<tr><td>袖肥</td><td>19</td><td>19.5</td><td>20</td><td>20.5</td><td>21</td></tr>
<tr><td>袖口宽</td><td>14.5</td><td>15</td><td>15.5</td><td>16</td><td>16.5</td></tr>
<tr><td colspan="8">质量要求</td></tr>
<tr><td colspan="6">工艺要求</td><td colspan="2">特殊要求</td></tr>
<tr><td colspan="6">（1）前片：双排扣门襟，大翻领，前有覆肩
（2）后片：中缝开衩，整片覆肩，里子中缝做活褶处理
（3）衣领：左右对称，明线均匀，宽窄一致
（4）衣袖：做好袖山与袖窿的对位，距袖口 6cm 处在前袖缝加装袖襻，袖襻宝剑头处锁扣眼
（5）下摆：下摆底边折边 4cm，下摆底边与里布相距 2cm
（6）锁眼：圆头大锁眼 9 个（左门襟 5 个，右门襟 2 个，前覆肩 2 个），扣眼大 2.5cm；圆头小锁眼 8 个（后覆肩 2 个，袖襻 2 个，肩襻 4 个），扣眼大 2cm
（7）明线：0.8cm 压明线部位：前止口、后中缝、后袖缝、侧缝、前后覆肩、翻领、袋口；0.7cm 压明线部位：袖襻、肩襻
（8）口袋：外袋为斜插袋，袋口宽 4.5cm；里袋为双嵌线袋，嵌线宽 0.5cm</td><td colspan="2">（1）裁剪要求：裁剪时，丝缕按样板上标注
（2）用衬要求：前片 ×2，挂面 ×2，口袋 ×2，翻领 ×2，衣领 ×2，前、后领口 ×4，前、后袖窿 ×4，袖口 ×2，开衩 ×1，袖襻 ×2，肩襻 ×2
（3）缝线要求：明线针距 11~12 针 /3cm，暗线针距 12~13 针 /3cm
（4）整烫要求：熨烫温度为 170~180℃；前领口不可烫煞，留有窝势；整件衣服无污渍与极光</td></tr>
<tr><td colspan="8">备注：</td></tr>
</table>

（三）结构设计

1. 结构图（图 7-2、图 7-3）

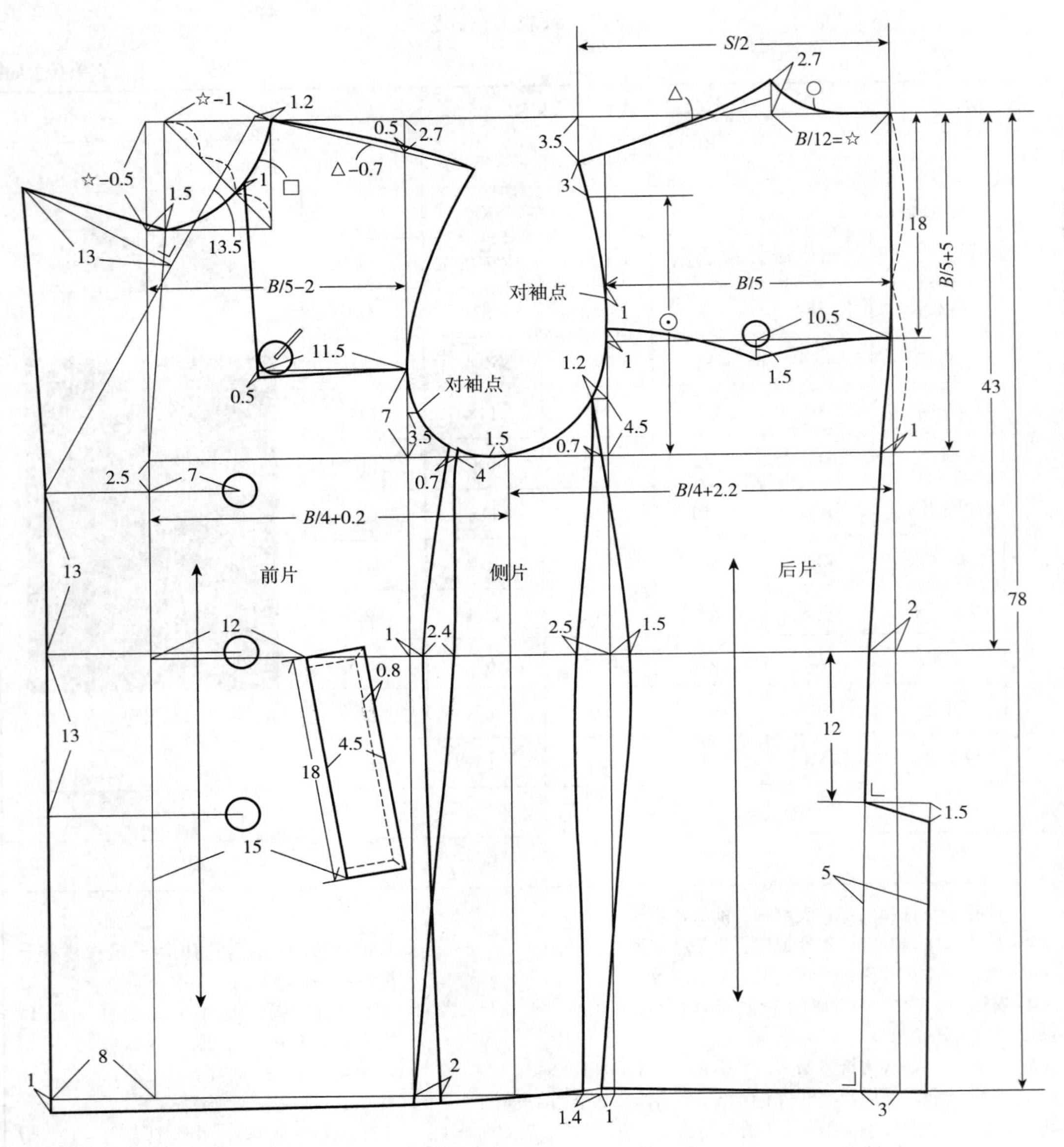

图 7-2　休闲外套衣身结构图

2. 结构设计要点

如图 7-2 所示，前半胸围 =$B/4$+2.2cm，后半胸围 =$B/4$+0.2cm。

（1）休闲外套的衣身板型采用三开身结构，这是为了使外套既有体现休闲特征的局部设计，同时又兼具西服整体的收身造型。

（2）后背缝的臀部收量大于腰部的收量，这是与男子体型特征相吻合的，距腰节线12cm处为后背开衩的起始点。

（3）侧缝的收腰处理要保持后侧缝大于前侧缝，并且它们之间的比例不宜过大，总体的胸腰差应控制在12cm左右。

（4）袖子采用两片式西服袖造型，袖山高取自后肩点下降3cm后至袖窿深线的垂直距离，袖肥为前对袖点至后对袖点水平位置之间斜向截取AH/2−4cm。

（5）袖肥的1/2向后偏移2cm为肩部的对袖点，袖口宽取自定寸15cm，距袖口6cm处为袖襻的位置，其宽度为4cm。

（6）领子采用分体式的结构设计，由翻领与底领共同组成，底领的翘势为2cm，使领口贴合颈部的程度较为适中。

（7）采用双排扣设计，搭门宽8cm，三粒扣，扣间距13cm。

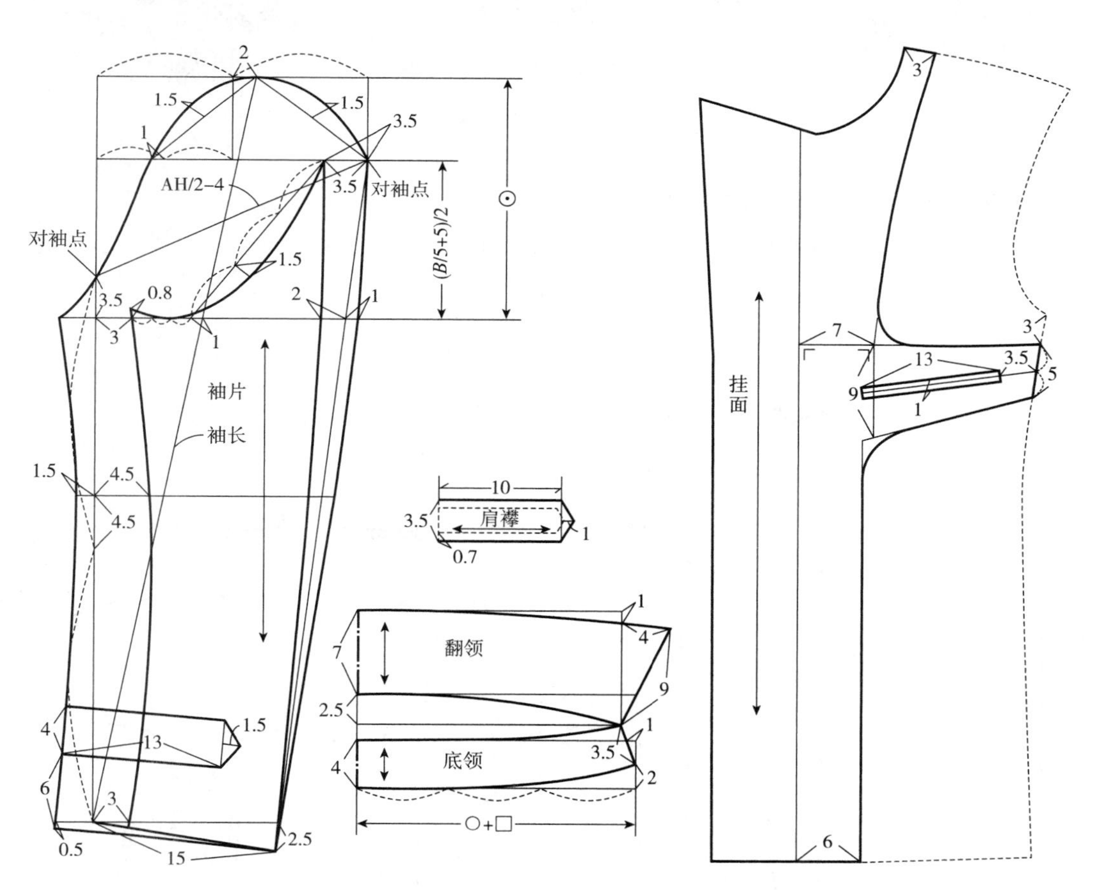

图7-3　休闲外套袖片、领、挂面结构图

（四）样衣试穿（图 7–4）

图 7–4　休闲外套试穿效果

（五）样板图（图 7–5、图 7–6）

休闲外套里布的样板图是在面布样板图的基础上调整而成，图中以粗线表示。前后覆肩、袖襻、肩襻的里布与面布配置相同，在图中予以省略。

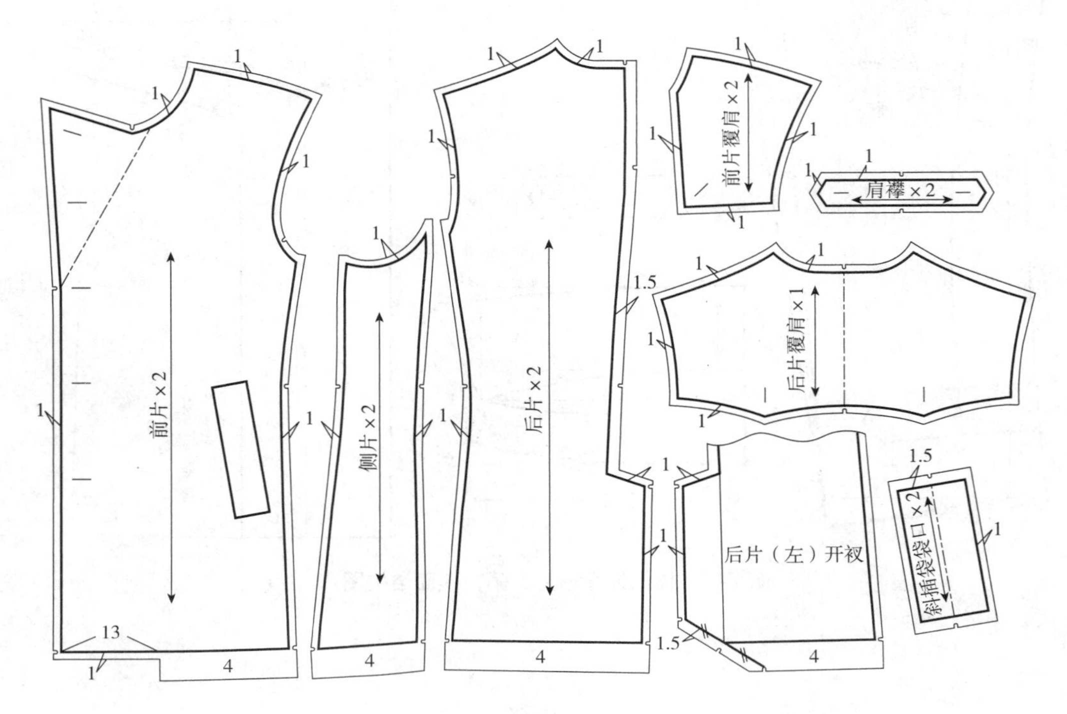

图 7–5

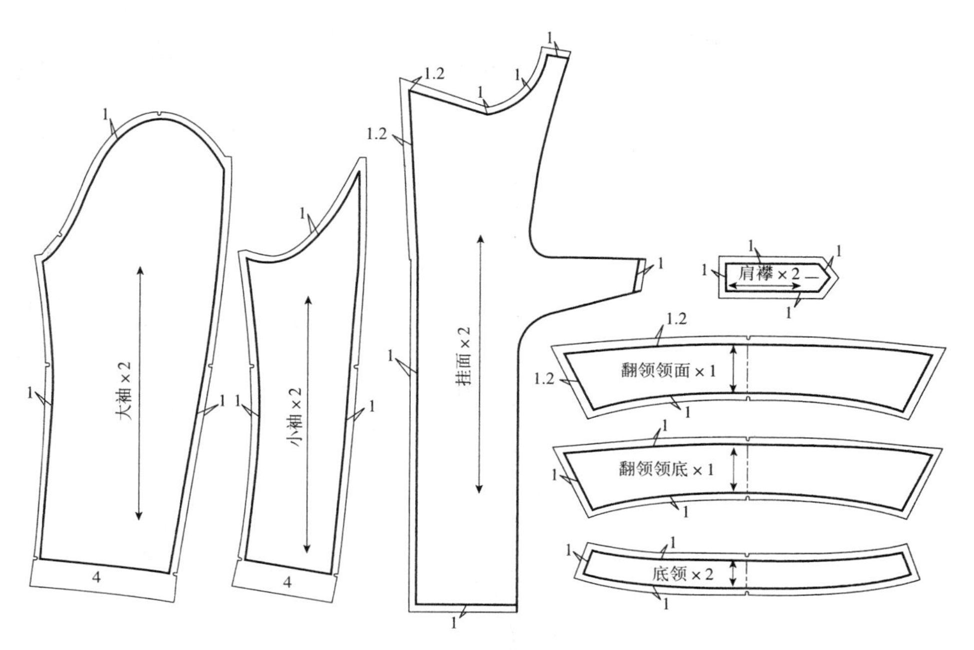

图 7-5 休闲外套面布样板图

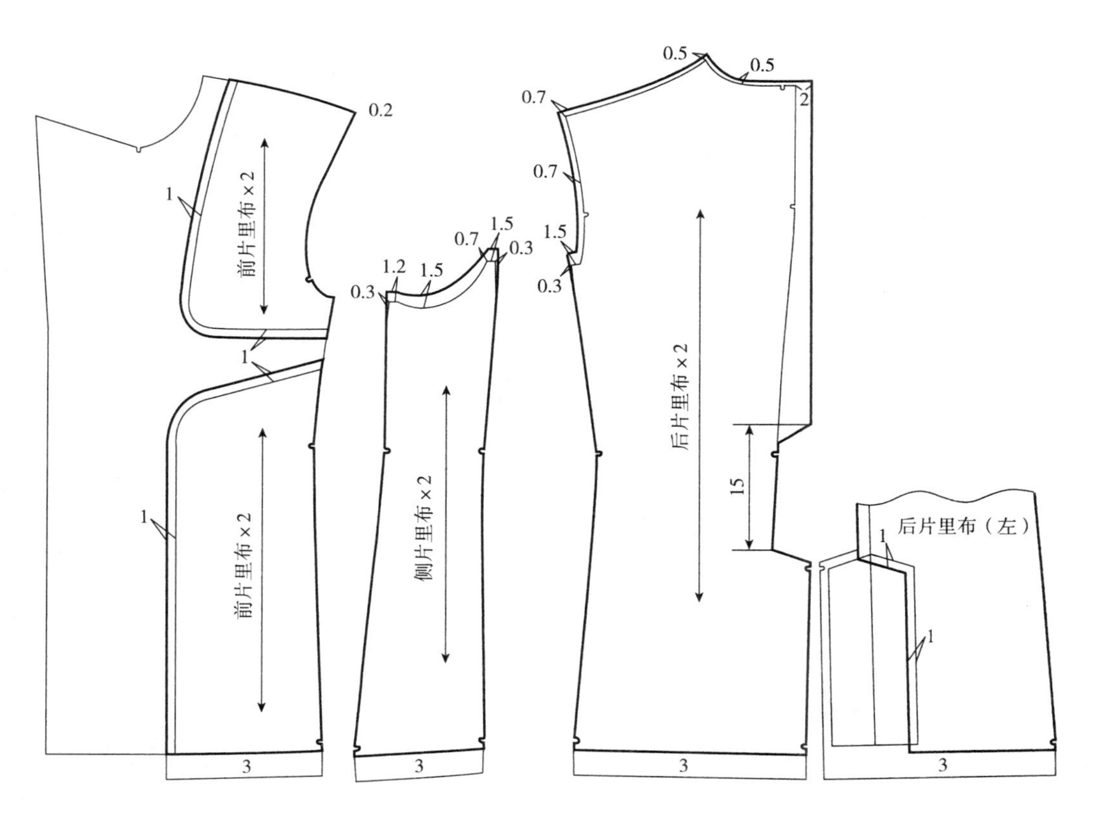

图 7-6

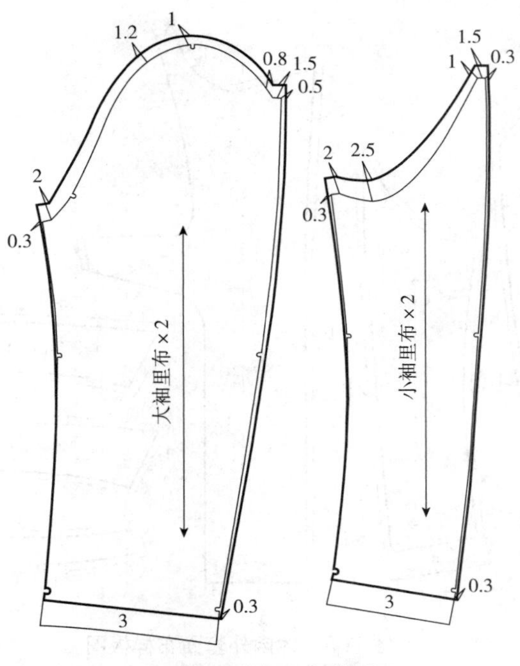

图 7-6　休闲外套里布样板图

（六）黏合衬配置

休闲外套的粘衬部位包括前片、挂面、领口、袖窿、袖口、开衩、翻领、底领、口袋、袖襻、肩襻，材料采用薄的有纺黏合衬。

（七）样板校对

（1）校验各部位的尺寸是否正确。

（2）曲线部位的弧度是否合理、圆顺等。

（3）对合相应，缝合部位的长短是否一致。

（4）缝份的大小、折边量是否符合工艺要求等。

（5）全套纸样是否齐全。

（6）刀口整齐、弧线圆顺、造型美观、划线清楚，规格、纱向、文字、缝份、款式均应标注清楚，刀口齐全、摆缝长短一致，后肩缝应有吃量，吃势均匀。

二、夹克结构样板

（一）款式解析

夹克指衣长较短、胸围宽松、下摆及袖口收紧的轻便型男、女均能穿着的短上衣。其局部设计灵活多变，可以满足不同年龄穿着者的工作和日常活动需要，是现代生活中常见的一种服装类型。款式特点为立领，拉链开襟，前、后衣身及袖子进行横向结构分割，袖子较为合体，下摆和袖口通过罗纹布收紧。该款式在春秋两季均可作为普通外衣穿着，可以和衬衫、针织薄毛衫等服装搭配。面料既可选用毛料、轻薄呢料、化纤混纺等织物，也可采用天然皮革、仿皮革等其他材料。款式图如图 7-7 所示。

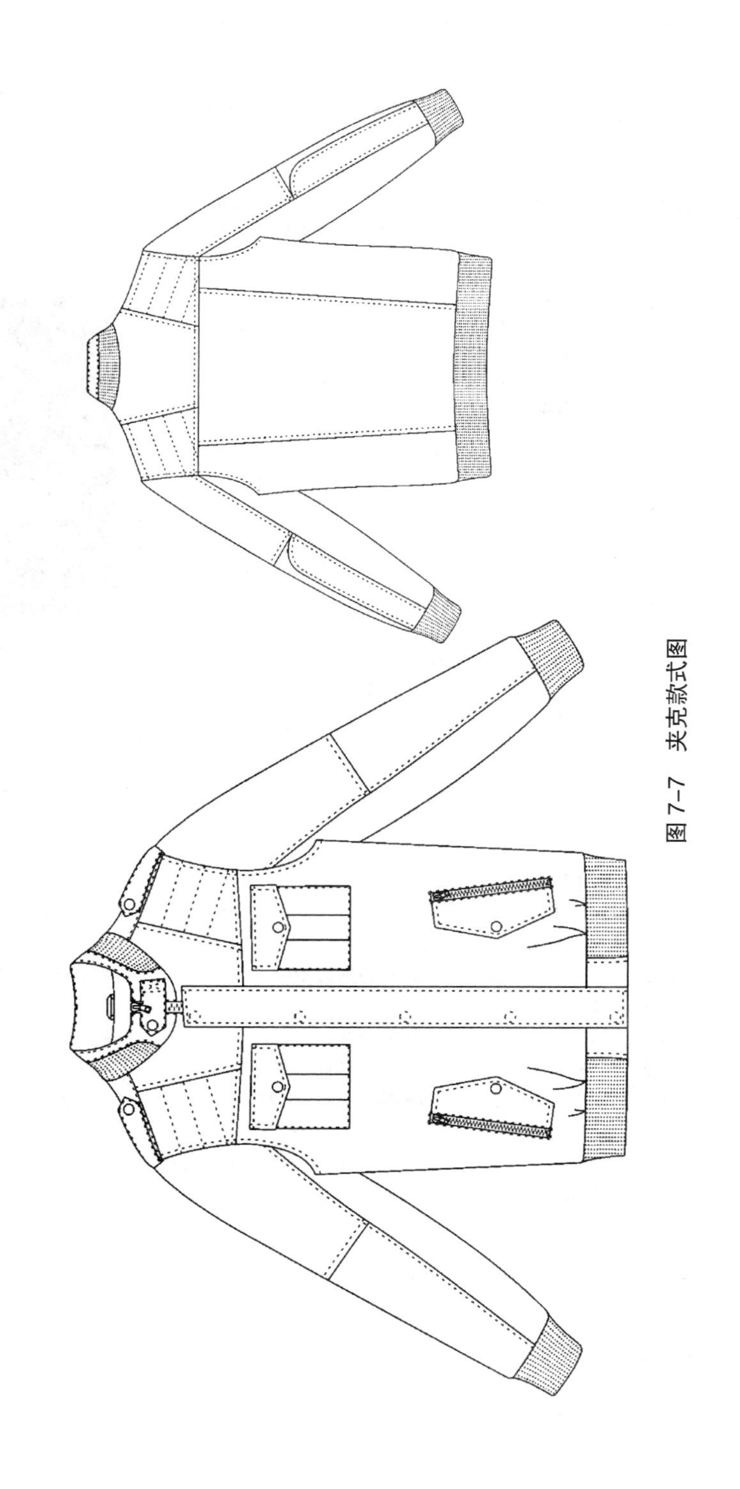

图 7-7　夹克款式图

（二）样衣工艺计划单（表 7-2）

表 7-2　样衣工艺计划单

单位：cm

<table>
<tr><td colspan="4">产品名称：夹克</td><td colspan="2">客户：×××</td><td colspan="2">数量：×××件</td></tr>
<tr><td colspan="4">订单号：××××××</td><td colspan="2">款号：×××××</td><td colspan="2">交货日期：×年×月×日</td></tr>
<tr><td rowspan="12">成品规格</td><td rowspan="2">号型
部位</td><td>S</td><td>M</td><td>L</td><td>XL</td><td>XXL</td><td rowspan="2">面料小样</td></tr>
<tr><td>170/88A</td><td>175/92A</td><td>180/96A</td><td>185/100A</td><td>190/104A</td></tr>
<tr><td>后衣长</td><td>65</td><td>67</td><td>69</td><td>71</td><td>73</td><td rowspan="10">牛皮</td></tr>
<tr><td>肩宽</td><td>45.8</td><td>47</td><td>48.2</td><td>49.4</td><td>50.6</td></tr>
<tr><td>胸围</td><td>106</td><td>110</td><td>114</td><td>118</td><td>122</td></tr>
<tr><td>腰围</td><td>100</td><td>104</td><td>108</td><td>112</td><td>116</td></tr>
<tr><td>下摆围</td><td>88</td><td>92</td><td>96</td><td>100</td><td>104</td></tr>
<tr><td>后背宽</td><td>41.8</td><td>43</td><td>44.2</td><td>45.4</td><td>46.6</td></tr>
<tr><td>前胸宽</td><td>37.8</td><td>39</td><td>40.2</td><td>41.4</td><td>42.6</td></tr>
<tr><td>袖长</td><td>62.5</td><td>64</td><td>65.5</td><td>67</td><td>68.5</td></tr>
<tr><td>袖肥</td><td>19</td><td>19.5</td><td>20</td><td>20.5</td><td>21</td></tr>
<tr><td>袖口宽</td><td>9.5</td><td>10</td><td>10.5</td><td>11</td><td>11.5</td></tr>
<tr><td colspan="8">质量要求</td></tr>
<tr><td colspan="7">工艺要求</td><td>特殊要求</td></tr>
<tr><td colspan="7">（1）前片：前襟装拉链，门襟贴边，前有分割线
（2）后片：后片为整片，采用分割线
（3）衣领：立领，左边有领襻，领面采用罗纹布拼接
（4）衣袖：衣袖有分割线，做好袖山与袖窿的对位，袖口通过罗纹布收紧
（5）下摆：下摆通过罗纹布收紧
（6）纽扣：在门襟、肩襻、领襻、袋盖等部位有金属四合扣
（7）明线：0.7cm 压明线部位：衣身分割线、门襟贴边、袖窿、袖子分割线、下摆罗纹接口、袋盖；0.1cm 压明线部位：拉链、胸贴袋、领襻、肩襻、领子外口、领子罗纹接口
（8）口袋：外袋为两个有袋盖的贴袋作为胸袋、两个装拉链的斜插袋并加装袋盖；里袋为双嵌线袋，嵌线宽 0.5cm</td><td>（1）裁剪要求：裁剪时，丝缕按样板上标注
（2）缝线要求：明线针距 10~11 针 /3cm，暗线针距 11~12 针 /3cm
（3）缝制要求：采用皮革缝制的专用设备、工具和工艺</td></tr>
<tr><td colspan="8">备注：</td></tr>
</table>

（三）结构设计

1. 结构图（图 7-8、图 7-9）

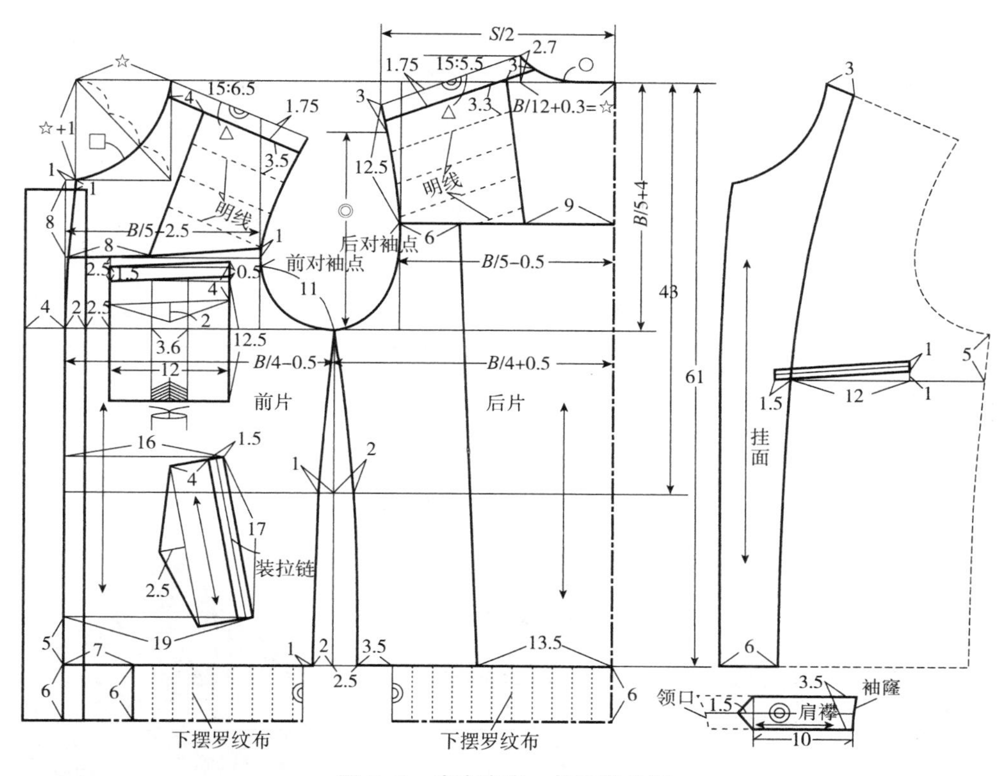

图 7-8　夹克衣身、挂面结构图

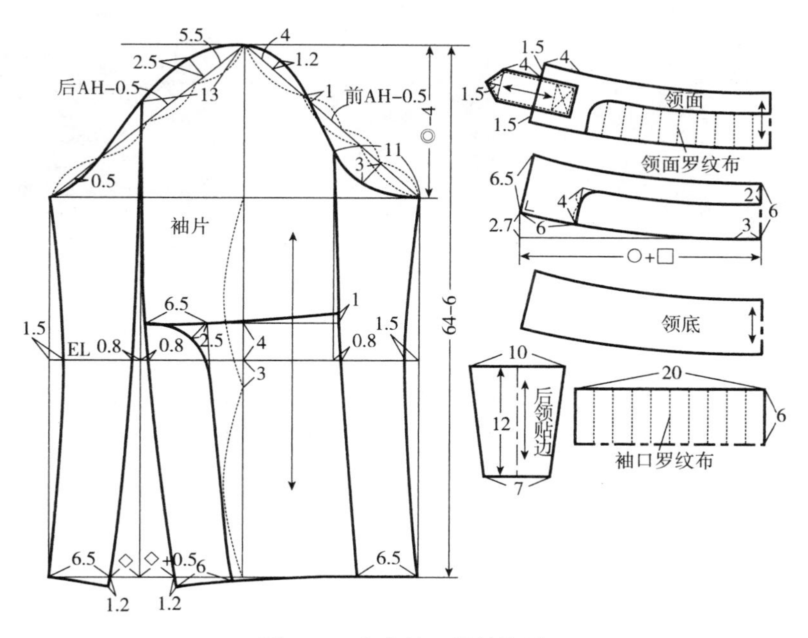

图 7-9　夹克袖、领结构图

2. 结构设计要点

（1）夹克的衣身板型在前、后袖窿处有横向分割，前中为无搭门的拉链设计，并在左片加装门襟贴边，胸袋有活褶。

（2）侧缝的收腰处理要保持后侧缝大于前侧缝，胸腰差为 6cm。

（3）袖子在一片袖的基础上进行了分割处理，采用三片式的袖子造型，其中大袖在袖肘线以上 4cm 处横向分割。

（4）袖山高取自后肩点下降 3cm 后至袖窿深线的垂直距离减 4cm，分别量取前 AH 与后 AH 来定出袖肥。

（5）领子采用立领式的结构设计，领面进行分割处理，并采用罗纹布进行拼接。

（6）下摆和袖口通过带有弹性的罗纹布进行收紧。

（四）样衣试穿（图 7-10）

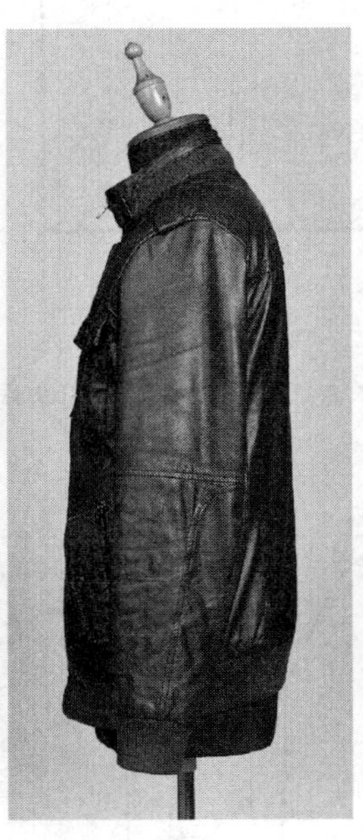
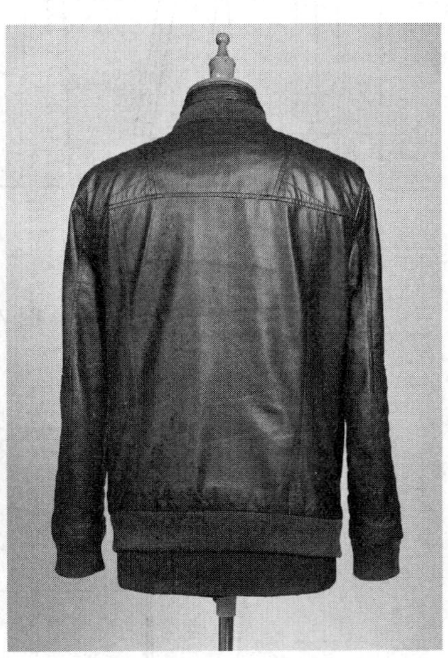

图 7-10　夹克穿着效果

（五）样板图（图 7-11、图 7-12）

与面布样板图不同，夹克里布样板图采用了无分割处理。

（六）样板校对

（1）校验各部位的尺寸是否正确。

（2）曲线部位的弧度是否合理、圆顺等。

（3）对合相应，缝合部位的长短是否一致。

（4）缝份的大小是否符合工艺要求等。

（5）全套纸样是否齐全。

（6）刀口整齐、弧线圆顺、造型美观、划线清楚，款式、纱向、缝份均应标注清楚，刀口齐全、摆缝长短一致。

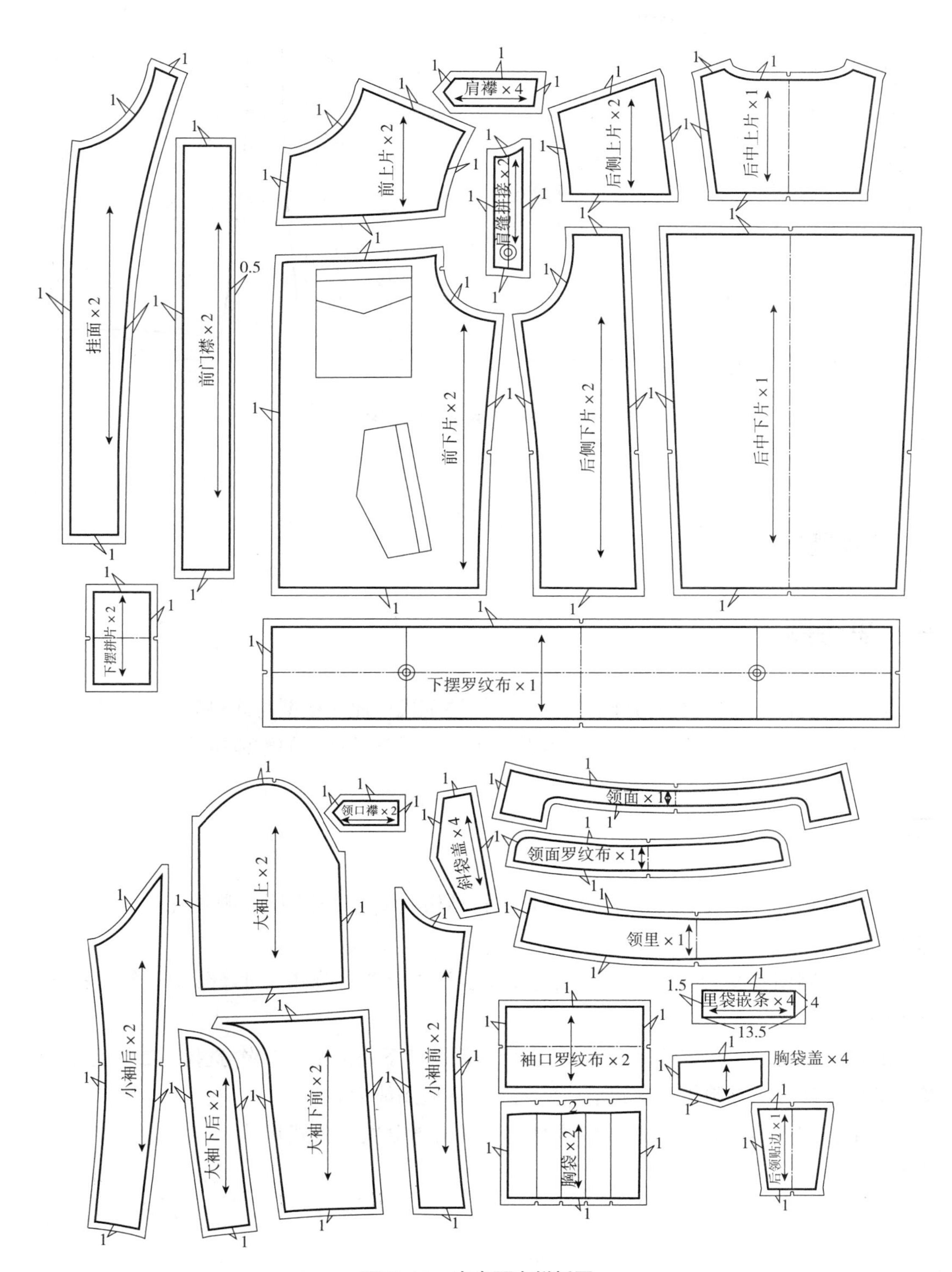

图 7-11　夹克面布样板图

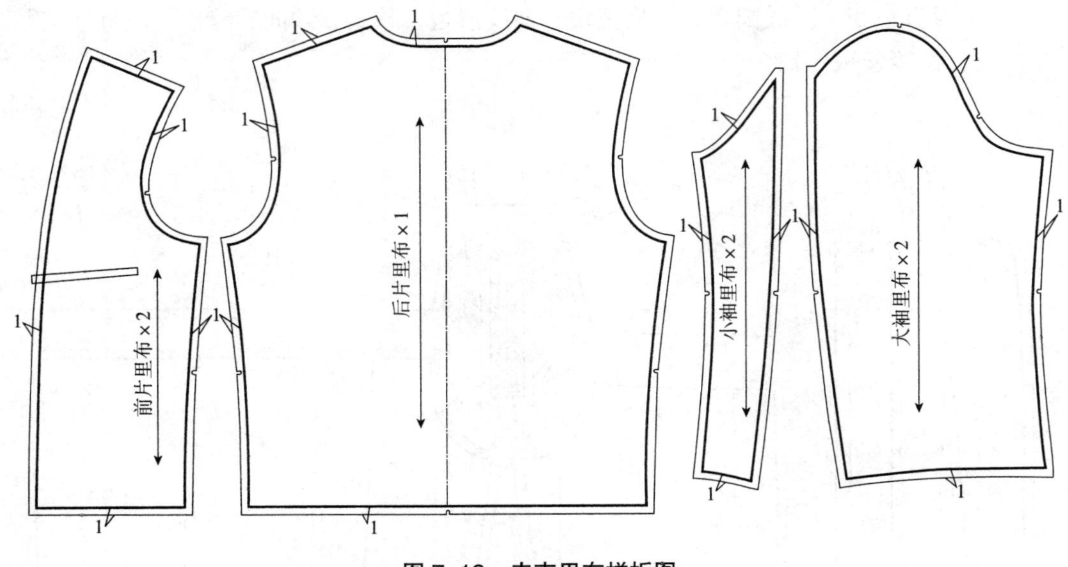

图 7-12 夹克里布样板图

思考题与练习

一、思考题

1. 查阅资料，搜集时尚男外套的图片，简述现代男便装板型与面料的风格特点。

2. 简述现代男便装的款式变化，及其与下装、衬衫及饰品的整体协调搭配。

二、练习

1. 针对本章男便装款式，有选择性地进行结构制图与纸样制作，制图比例分别为 1：1 和 1：3 的缩小图。

要求：制图步骤合理，基础图线与轮廓线清晰分明，公式尺寸、纱向、符号标注工整明确。

2. 根据市场调研收集的时尚男装，自行创新设计系列男便装 3 款，选择 1~2 款展开 1：1 结构纸样设计与成衣制作，达到举一反三、灵活应用能力。

要求：制图步骤合理，基础图线与轮廓线清晰分明，公式尺寸、纱向、符号标注工整明确。

参考文献

[1] 陈明艳 . 裤子结构设计与纸样 [M] . 2 版 . 上海：东华大学出版社，2012.

[2] 陈明艳，孙莉，章纬超，朱江晖，等 . 女装结构设计与纸样 [M] . 2 版 . 上海：东华大学出版社，2016.

[3] 文化服装学院 . 服饰造型讲座 [M] . 张祖芳，等译 . 上海：东华大学出版社，2005.

[4] 张文斌 . 成衣工艺学 [M] . 3 版 . 北京：中国纺织出版社，2008.

[5] 张文斌 . 服装结构设计 [M] . 北京：中国纺织出版社，2006.

[6] 张文斌 . 服装工艺学（结构设计分册）[M] . 3 版 . 北京：中国纺织出版社，2008.

[7] 刘瑞璞 . 服装纸样设计原理与应用 · 女装编 [M] . 北京：中国纺织出版社，2008.

[8] 刘瑞璞，张宁 . TPO 品牌化男装系列设计与制板训练 [M] . 上海：上海科学技术出版社，2010.

[9] 魏静 . 服装结构设计（上册）[M] . 北京：高等教育出版社，2006.

[10] 张向辉，于晓坤 . 女装结构设计（上）[M] . 上海：东华大学出版社，2009.

[11] 章永红，等 . 女装结构设计（上）[M] . 浙江：浙江大学出版社，2005.

[12] 阎玉秀，等 . 女装结构设计（下）[M] . 浙江：浙江大学出版社，2005.

[13] 中泽 愈 . 人体与服装 [M] . 袁观洛，译 . 北京：中国纺织出版社，2000.

[14] 杜劲松 . 女装平面结构设计 [M] . 北京：中国纺织出版社，2008.

[15] 周邦桢 . 高档女装结构设计制图 [M] . 北京：中国纺织出版社，2001.

[16] 吴经熊，吴颖，等 . 最新时装配领技术 [M] . 2 版 . 上海：上海科学技术出版社，2001.

[17] 戴鸿 . 服装号型标准及其应用 [M] . 2 版 . 北京：中国纺织出版社，2003.

[18] 陈明艳 . 现代男西服风格演变及工艺特点 [J] . 北京：纺织学报，2015，10：120–127.

[19] 陈明艳 . 比例法裤子结构参数的调整 [J] . 北京：纺织学报，2007，28（8）：82–86.

[20] 陈明艳 . 紧身裤结构参数与样板优化设计的探讨 [J] . 上海：东华大学学报（自然科学版），2009.10.

[21] 张海波，黄铁军，修毅，赵野军，章江华，等 . 基于神经网络的男西装图像情感语义识别 [J] . 北京：纺织学报，2013.34（12）：138–143.

[22] 徐继红，张文斌，杨子田，等 . 男西服后身板型合理化研究 [J]. 上海：东华大学学报（自然科学版），2004.30（1）：62-65.
[23] 朱迪 . 中国商务男士着装习惯及指导性方案研究 [D]. 上海：东华大学学报，2010.12.
[24] 李艳艳 . 男西装造型的演变 [J]. 武汉：武汉科技学院学报，2002.15（5）：22-25.
[25] 魏琳琳，崔荣荣 . 浅析时尚西装的人体美与中性美 [J]. 上海：轻工科技，2013（8）：118-119，131.
[26] 罗蓉 . 西服溯源 [J]. 辽宁：辽宁丝绸，2006（4）：24-25.
[27] 魏振乾 . 西装时尚化趋势：一种产业发展的视角 [J]. 南通：南通纺织职业技术学院学报，2009（2）：49-53.
[28] 黄剑庆 . 关于“现代西服”与“传统西服”的工艺及配衬的比较 [J]. 广西：广西纺织科技；2007，36（3）：35-37.
[29] 孙兆全 . 现代男西服造型与结构设计特征 [J]. 浙江：饰，1999（1）：36-37.
[30] 赵玉华，许树文，李兴刚，等 . 男西服风格的演变与用衬的新理念 [J]. 上海：国际纺织导报，2005（10）：70-71.